全国交通运输职业教育教学指导委员会规划教材

水工建筑材料

主　编　赵苏政
主　审　曹　昕

大连海事大学出版社

图书在版编目(CIP)数据

水工建筑材料 / 赵苏政主编. —大连：大连海事大学出版社，2017.4
全国交通运输职业教育教学指导委员会规划教材
ISBN 978-7-5632-3461-5

Ⅰ. ①水… Ⅱ. ①赵… Ⅲ. ①水工建筑物—建筑材料—高等职业教育—教材 Ⅳ. ①TV6

中国版本图书馆 CIP 数据核字(2017)第 069678 号

出 版 人：徐华东
策　　划：徐华东　时培育
责任编辑：张　华
封面设计：解瑶瑶
版式设计：海　大
责任校对：张　冰　宋彩霞

出 版 者：大连海事大学出版社
地址：大连市凌海路 1 号
邮编：116026
电话：0411 -84728394
传真：0411 -84727996
网址：www.dmupress.com
邮箱：cbs@dmupress.com
印 刷 者：大连住友彩色印刷有限公司
发 行 者：大连海事大学出版社

幅面尺寸：185 mm ×260 mm
印　　张：13.75
字　　数：333 千
印　　数：1 ~2000 册

出版时间：2017 年 4 月第 1 版
印刷时间：2017 年 4 月第 1 次印刷
书　　号：ISBN 978-7-5632-3461-5
定　　价：28.00 元

前 言

随着我国“一带一路”“长江经济带”等战略的实施，一大批港口、航道等涉水工程项目在建，迫切需要一批懂专业、有技能的技术技能型人才。这为以培养技术技能型人才为主的高职教育提供了前所未有的发展机遇，一大批高职院校纷纷开设了水利类、港航类、交通类专业。

由于原有的教材、教学标准、教学文件等，均是立足于本科教育制定的，随着水利类、港航类、交通类等高职专业的开办，以及新技术、新材料、新规范的出现，急需制定和编写面向高职教育的专业教学文件和配套教材。

在交通职业教育教学指导委员会的关心、支持和指导下，从2008年开始，港口与航道工程技术专业开展了专业教学标准和课程标准的研究工作，并与出版社共同策划，同步规划了该专业的相关教材，先后分两批进行建设，第一批编写的教材已经出版发行，第二批教材正在建设。本教材为第二批重点建设教材，针对高职教育的特点，本着“必需、够用、理论联系实际”的原则，经过广泛调研而编写，本教材理论联系实际，重点章节列举工程实例，以方便学生的学习。

本教材注重水工建筑材料的基本物理性质介绍和相关性质指标检测，注重理论在工程实际中的运用。全书共分十个模块，内容包括：水工建筑材料的基本性质，水泥和胶凝材料，混凝土，砂浆，金属材料，木材，墙体材料，防水、止水材料，土工合成材料，装饰材料。

本教材具体编写分工如下：模块一、二、四、五、八、十由南通航运职业技术学院赵苏政编写，模块六、七、九由南通航运职业技术学院吴丽华编写，模块三由南通航运职业技术学院施小飞编写。全书由赵苏政统稿，担任主编。

本教材由南通市经济技术开发区建设工程质量安全监督站站长、高级工程师曹昕担任主审。

限于编者的水平，教材内容难免会有错误与不妥之处，敬请各位技术人员、专家和广大读者在使用本教材时提出修改意见和建议，以便再版时修订改正。

编 者

2017年2月

目　录

模块一 水工建筑材料的基本性质

水工建筑材料是指在水工建筑工程中所使用的各种材料及制品的总称。水工建筑材料有广义和狭义之分。广义水工建筑材料是指用于港口、船闸、护岸、防波堤、大坝、桥梁等涉水结构中的所有材料,包括:构成水工建筑物实体的材料,如构成水工建筑物所使用的水泥及胶凝材料、混凝土、砂浆、钢材、砖、止水防水材料和各类装饰材料等;在施工过程中所需的辅助材料,如脚手架、模板、安全防护网等;各种设备器材,如给水排水设备、管道系统设备、电力通信设备、消防设备等。狭义水工建筑材料是指构成水工建筑物实体的材料。本书所介绍的水工建筑材料是指狭义的水工建筑材料。

项目一　水工建筑材料认知

水工建筑材料是水工建筑工程的物质基础,水工建筑材料对水工建筑工程的质量、造价、水工建筑技术进步以及水工建筑业的发展等都有着重要的影响。因此,一切从事水工建筑工程的技术人员都必须了解水工建筑材料的基本知识,能够在工程中正确选择和合理使用水工建筑材料。

一、水工建筑材料的分类

水工建筑材料种类繁多,性能各异,用途也各不相同,为了便于区分和应用,工程中常从不同的角度对水工建筑材料进行分类。

(一)按材料的化学成分分类

根据化学成分不同,水工建筑材料可分为无机材料、有机材料和复合材料三大类,且还可以继续进行详细分类,如下所示。

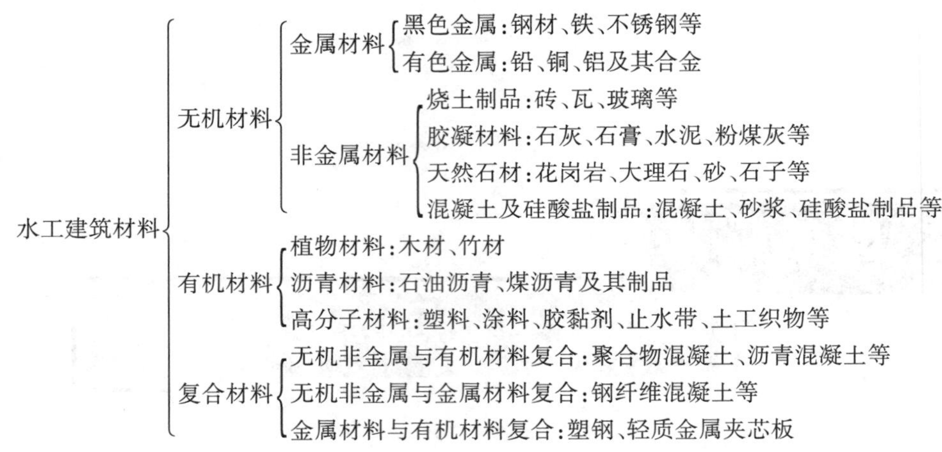

(二)按材料的使用功能分类

按材料的使用功能不同,水工建筑材料可分为结构材料和功能性材料两大类。

结构材料是指用作承重构件的材料,如水工建筑物的梁、板、柱、基础、框架及承重墙体等所用的材料。目前,所用的结构材料主要有混凝土、钢筋混凝土、钢材、砖、石材等,其中钢筋混凝土和钢材是主要的结构材料。

功能材料是指为满足水工建筑物各种功能要求所使用的材料,如满足水工建筑防水要求使用的防水材料;满足水工建筑美观要求使用的各类装饰材料;满足水工建筑节能要求使用的保温隔热材料;满足水工建筑隔声要求、改善音响效果而使用的隔声、吸声材料等。

二、水工建筑材料在水工建筑工程中的作用

(一)保证水工建筑工程质量

水工建筑材料是保证水工建筑工程质量的重要因素,在材料的选择、生产、储运、保管、使用和检验评定等各个环节中,任何一个环节的失误都有可能造成水工建筑工程的质量缺陷,甚至是重大安全事故。事实表明,国内外水工建筑工程的重大质量事故,都与材料的质量不良和使用不当有关。因此,一个合格的工程技术人员只有准确、熟练掌握水工建筑材料的有关知识,才能正确选择和合理使用水工建筑材料,从而确保水工建筑物的安全、适用等各项性能要求。作为学习水工建筑工程类专业的大学生,要想学好后续的专业课程,为以后的工作打下良好的专业基础,必须要掌握好水工建筑材料的有关知识。

(二)影响水工建筑工程造价

在一般水工建筑工程的总造价中,水工建筑材料费用占总工程造价的50%以上,有的甚至高达70%。因此,材料的选择、使用、管理是否合理,直接影响到水工建筑工程的造价。只有学习并掌握水工建筑材料知识,才可以优化选择和正确使用材料,充分利用材料的各种功能,提高材料的利用率,在满足使用要求的前提下节约材料,从而显著降低工程造价。

(三)促进水工建筑技术进步和建筑业的发展

水工建筑材料是影响水工建筑结构形式和施工方法的重要因素。新材料的不断涌现,可以促使水工建筑形式的变化、结构形式的改进和施工技术的革新。一个国家、地区水工建筑业的发展水平,都与该地区水工建筑材料发展情况密切相关。因此,水工建筑材料的改进和发展,将直接促进水工建筑技术进步和建筑业的发展。例如,钢筋和水泥的出现,产生了钢筋混凝土结构;轻质高强材料的出现,推动了现代大跨度结构和高层建筑的发展;各种功

能的装饰材料在水工建筑物中与人生活相关的设施中的广泛应用，把建筑物装扮得富丽堂皇、绚丽多彩，不断地为人类创造着舒适的生活、生产环境。

三、建筑材料的发展概况

建筑材料是随着人类社会生产力的发展和科学技术水平的提高逐步发展起来的。远古时期，人们利用天然材料建造简陋的房屋。后来，人类能够利用黏土烧制砖、瓦，由天然材料进入人工生产阶段，为较大规模建造房屋创造了基本条件。18 世纪以后，钢筋、水泥、混凝土、钢筋混凝土等材料相继问世，为现代建筑工程奠定了坚实的基础。进入 20 世纪后，社会生产力的高速发展和材料科学的形成，使水工建筑材料在性能上不断得到改善和提高，而且品种大大增加。以有机材料为主的化学建材异军突起，一些具有特殊功能的新型材料不断涌现，如绝热材料，防火材料，吸声材料，防水抗渗材料，以及耐腐蚀、防辐射材料等；为适应现代水工建筑装饰装修的需要，玻璃、塑料、陶瓷等各种新型装饰材料更是层出不穷。21 世纪以来，建筑材料日益向着轻质、高强、多功能、节能、绿色环保方向发展，大量的新材料被广泛应用。如 2007 年完工的迪拜“世界岛”、2008 年北京奥运会的主场馆“鸟巢”、游泳馆“水立方”，2016 年完工的亚洲第一高楼——上海中心大厦，2016 年建设的海南省三沙市赤瓜礁人工岛等使用了大量新型建筑材料。

水工建筑材料与普通建筑材料具有很多的相同或相似性，如混凝土材料，在涉水结构中与房屋建筑、桥梁所用材料具有绝大多数的相同性。涉及具体的水工或海工结构受水影响大的工程时，水工混凝土应运而生，这对普通混凝土又提出了一些特殊性的要求。故学生在使用本教材时要知道普通建筑材料与水工建筑材料之间的相同性和不同性。

四、水工建筑材料的相关技术标准

要对水工建筑材料进行现代化的科学管理，必须对材料产品的各项技术性能制定统一的执行标准。水工建筑材料的标准，是企业生产的产品质量是否合格的依据，也是供需双方对产品质量进行验收的依据。通过按标准合理选用材料，使设计、施工等也相应标准化，从而可加快施工速度，降低工程造价。

目前，我国现行的水工建筑材料标准有国家标准、行业标准、地方标准和企业标准。各级标准分别由相应的标准化管理部门批准并颁布。国家标准和行业标准是全国通用标准，是国家指令性文件，各级生产、设计、施工部门必须严格遵照执行。

（一）国家标准

国家标准有强制性标准（代号 GB）和推荐性标准（代号 GB/T）。对强制性国家标准，任何技术（或产品）不得低于规定的要求；对推荐性国家标准，也可执行其他标准。例如：《通用硅酸盐水泥》（GB 175—2007），其中，“GB”为国家标准的代号，“175”为标准的编号，“2007”为标准的颁布年代号（颁布年代为 2007 年）；《碳素结构钢》（GB/T 700—2006），其中，“GB”为国家标准的代号，“T”为推荐性标准，“700”为标准的编号，“2006”为标准的颁布年代号（颁布年代为 2006 年）。

（二）行业标准

行业标准有建材行业标准（代号 JC）、交通行业标准（代号 JT）、电力行业标准（代号 DL）、建工行业标准（代号 JG）、冶金行业标准（代号 YB）、建工行业工程建设标准（代号为 JGJ ）等。例如：《铝箔面石油沥青防水卷材》（JC/T 504—2007），“JC”为建材行业标准的代号,“T”为推荐性标准,“504”为标准的编号,“2007”为标准的颁布年代号(颁布年代为2007年);《混凝土用水标准》(JGJ 63—2006),“JGJ ”为建工行业工程建设标准的代号,“63”为标准的编号,“2006”为标准的颁布年代号(颁布年代为2006年);《水工混凝土配合比设计规程》(DL/T 5330—2015)“DL”为电力行业标准的代号,“T”为推荐性标准,“5330”为标准的编号,“2015”为标准的颁布年代号(颁布年代为2015年)。

(三)地方标准和企业标准

地方标准(代号DB)是由地方主管部门发布的地方性技术指导文件,如江苏省地方标准《乳化沥青冷再生路面施工技术规范》(DB32/T 2884—2016)。企业标准(代号QB)仅适用于本企业,凡没有制定国家标准和行业标准的产品,均应制定企业标准。地方标准或企业标准所制定的技术要求应高于国家标准。地方标准和企业标准的表示方法同国家标准,由标准名称、标准代号、标准编号和标准颁布年代号组成。

另外,我们还可能涉及一些与水工建筑材料密切相关的国际和国外标准,常用的有:国际标准(代号ISO)、美国材料与试验协会标准(代号ASTM)、德国工业标准(代号DIN)、英国标准(代号BS)、日本工业标准(代号JIS)、法国标准(代号NF)等。

五、本课程的主要内容及学习任务

(一)本课程的主要内容

本课程除介绍了水工建筑材料的一些基本性质以外,主要讲述了水工建筑工程中常用的水泥、混凝土、砂浆、墙体材料、止水防水材料、金属等材料的基本组成、性能特点、技术标准、检测及应用,还介绍了建筑塑料、绝热材料、吸声材料、装饰材料等的基本知识。

(二)本课程的学习任务

水工建筑材料是土木建筑工程类专业的专业基础课,学好本课程,为以后学习混凝土结构构造、施工、预算、工程经济等后续课程提供材料学方面的基本知识,也为今后从事工程实践和科学研究打下良好的基础。

本课程学习分为理论课学习和试验课学习。本课程的学习任务如下:

(1)通过对理论课的学习,重点掌握各种材料的技术性能,并掌握常用水工建筑材料的主要品种、规格、储运、标准及应用等方面知识,并深化理解水工中特殊的水工建筑材料的生产、组成与材料性能的特殊关系,做到在水工建筑工程中能合理选用水工建筑材料和正确使用普通建筑材料。

(2)通过对试验课的学习,一方面掌握常规建筑材料的试验方法和质量检测评定方法,会对常规建筑材料进行质量合格性判定;另一方面要对水工建筑材料加深理解,培养严谨的科学态度,提高分析问题和解决问题的实际能力。

项目二　水工建筑材料的基本性质

构成水工建筑物的水工建筑材料在使用过程中要受到各种因素的作用,例如用于各种受力结构的材料要受到各种外力的作用;用于水工建筑物不同部位的材料还可能受到风吹、日晒、雨淋、海水浸泡、温度变化、冻融循环、磨损、化学腐蚀等作用。为了保证水工建筑物经

久耐用,所选用的建筑材料应能够抵抗各种因素的作用。而要能够合理地选用材料,就必须掌握各种材料的性质。

本项目所讲述的材料基本性质,是指材料处于不同的使用条件和使用环境时,必须考虑的最基本的、共有的性质。对于不同种类的材料,由于在水工建筑物中所起的作用不同,应考虑的基本性质也不尽相同。

一、材料基本性质的计算公式

(一)材料的密度、表观密度与堆积密度

1. 密度

密度是指材料在绝对密实状态下单位体积的质量,用式(1-1)表示。

$$\rho = \frac{m}{V} \tag{1-1}$$

式中:ρ——密度,g/cm^3;

m——材料在干燥状态的质量,g;

V——材料在绝对密实状态下的体积,cm^3。

材料在绝对密实状态下的体积是指不包括孔隙在内的体积。除了钢材、玻璃等少数材料外,绝大多数材料内部都存在一些孔隙。在测定有孔隙的材料密度时,应把材料磨成细粉,干燥后,用李氏瓶法测定其体积,用李氏瓶测得的体积可视为材料绝对密实状态下的体积。材料磨得越细,测得的密度值越精确。

2. 表观密度

表观密度是指材料在自然状态下单位体积的质量,用式(1-2)表示。

$$\rho_0 = \frac{m}{V_0} \tag{1-2}$$

式中:ρ_0——表观密度,g/cm^3 或 kg/m^3;

m——材料的质量,g 或 kg;

V_0——材料在自然状态下的体积,cm^3 或 m^3。

材料在自然状态下的体积又称表观体积,是包含材料内部孔隙在内的体积。几何形状规则的材料,可直接按外形尺寸计算出表观体积;几何形状不规则的材料,可用排液法测量其表观体积,然后按式(1-2)计算出表观密度。

当材料含有水分时,其质量和体积将发生变化,影响材料的表观密度。故在测定表观密度时,应注明其含水情况。一般情况下,材料的表观密度是指在气干状态(长期在空气中干燥)下的表观密度。在烘干状态下的表观密度,称为干表观密度。

3. 堆积密度

堆积密度是指粉状(水泥、石灰等)或散粒材料(砂子、石子等)在堆积状态下单位体积的质量,用式(1-3)表示

$$\rho_0' = \frac{m}{V_0'} \tag{1-3}$$

式中:ρ_0'——堆积密度,kg/m^3;

m——材料的质量,kg;

V_0'——材料的堆积体积,m^3。

材料的堆积体积包含了颗粒内部的孔隙和颗粒之间的空隙。测定材料的堆积密度时，按规定的方法将散粒材料装入一定容积的容器中，材料质量是指填充在容器内的材料质量，材料的堆积体积则为容器的容积。

在水工建筑工程中，计算材料的用量和构件的自重，进行配料计算以及确定材料的堆放空间时，经常要用到密度、表观密度和堆积密度等数据。表 1-1 列举了常用工程材料的密度、表观密度和堆积密度。

表 1-1　常用水工建筑材料的密度、表观密度和堆积密度

材料名称	密度(g/cm^3)	表观密度(kg/m^3)	堆积密度(kg/m^3)
建筑钢材	7.83	7 850	—
混凝土	—	2 100 ~ 2 600	—
烧结普通砖	2.50 ~ 2.70	1 600 ~ 1 900	—
花岗岩	2.70 ~ 3.00	2 500 ~ 2 900	—
碎石(石灰岩)	2.48 ~ 2.76	2 300 ~ 2 700	1 400 ~ 1 700
砂	2.50 ~ 2.60	—	1 450 ~ 1 650
粉煤灰	1.96 ~ 2.40	—	550 ~ 800
木材	1.55 ~ 1.60	400 ~ 800	
水泥	2.80 ~ 3.10	—	1 200 ~ 1 300
普通玻璃	2.45 ~ 2.55	2 450 ~ 2 550	—

(二)材料的密实度与孔隙率、填充率与空隙率

1. 密实度与孔隙率

(1)密实度

密实度是指材料体积内被固体物质充实的程度，以 D 表示，可按式(1-4)计算。

$$D = \frac{V}{V_0} = \frac{\rho_0}{\rho} \times 100\% \tag{1-4}$$

(2)孔隙率

孔隙率是指在材料体积内，孔隙体积所占的比例，以 P 表示，可按式(1-5)计算。

$$P = \frac{V_0 - V}{V_0} = 1 - \frac{V}{V_0} = (1 - \frac{\rho_0}{\rho}) \times 100\% \tag{1-5}$$

材料的密实度和孔隙率之和等于 1，即 $D + P = 1$。

孔隙率的大小直接反映了材料的致密程度。孔隙率越小，说明材料越密实。

材料内部孔隙可分为连通孔隙和封闭孔隙两种构造。连通孔隙不仅彼此连通而且与外界相通，封闭孔隙不仅彼此封闭而且与外界相隔绝。孔隙按其孔径尺寸大小可分为细小孔隙和粗大孔隙。材料的许多性能(如强度、吸水性、吸湿性、耐水性、抗渗性、抗冻性、导热性等)都与孔隙率的大小和孔隙特征有关。

2. 填充率与空隙率

(1)填充率

填充率是指散粒材料在堆积体积中被其颗粒所填充的程度，以 D' 表示，可按式(1-6)计算。

$$D' = \frac{V_0}{V_0'} = \frac{\rho_0'}{\rho_0} \times 100\% \tag{1-6}$$

(2)空隙率

空隙率是指散粒材料在堆积体积中，颗粒之间的空隙所占的比例，以 P' 表示，可按式(1-7)计算。

$$P' = \frac{V_0' - V_0}{V_0'} = 1 - \frac{V_0}{V_0'} = \left(1 - \frac{\rho_0'}{\rho_0}\right) \times 100\% \tag{1-7}$$

材料的填充率和空隙率之和等于1，即 $P' + D' = 1$。空隙率的大小反映了散粒材料的颗粒之间互相填充的致密程度。空隙率可作为控制混凝土骨料级配及计算砂率的依据。

(三)材料与水有关的性质

1. 亲水性与憎水性

材料与水接触时能被水润湿的性质称为亲水性。具备这种性质的材料称为亲水性材料。大多数建筑材料，如砖、混凝土、木材、砂、石等都属于亲水性材料。

材料与水接触时不能被水润湿的性质称为憎水性。具备这种性质的材料称为憎水性材料，如沥青、石蜡、塑料等。憎水性材料一般能阻止水分渗入毛细管中，因而可用作防水材料，也可用于亲水性材料的表面处理，以降低其吸水性。

2. 吸水性

材料在水中吸收水分的性质称为吸水性。吸水性的强弱用吸水率表示，吸水率有两种表示方法：质量吸水率和体积吸水率。

(1)质量吸水率

质量吸水率是指材料在吸水饱和时，所吸收水分的质量占材料干燥质量的百分比。质量吸水率的计算公式如下：

$$W_m = \frac{m_1 - m}{m} \times 100\% \tag{1-8}$$

式中：W_m——材料的质量吸水率，%；

m_1——材料在吸水饱和状态下的质量，g 或 kg；

m——材料在干燥状态下的质量，g 或 kg。

(2)体积吸水率

体积吸水率是指材料在吸水饱和时，所吸收水分的体积占材料自然状态体积的百分率。体积吸水率的计算公式如下：

$$W_V = \frac{V_{水}}{V_0} = \frac{m_1 - m}{m} \times \frac{\rho_0}{\rho_W} \times 100\% \tag{1-9}$$

式中：W_V——材料的体积吸水率，%；

$V_{水}$——材料吸收水分的体积，cm^3；

V_0——材料在自然状态下的体积，cm^3；

ρ_0——材料在干燥状态下的表观密度，g/cm^3；

ρ_W——水的密度，g/cm^3，常温下取 1.0 g/cm^3。

材料的质量吸水率和体积吸水率之间关系如下：

$$W_V = W_m \rho_0 \tag{1-10}$$

材料吸水性的强弱，主要取决于材料孔隙率和孔隙特征。一般孔隙率越大，吸水性也越强。封闭孔隙水分不易渗入，粗大孔隙水分只能润湿表面而不易在孔内存留，故在相同孔隙率的情况下，材料内部的封闭孔隙、粗大孔隙越多，吸水率越小；材料内部细小孔隙、连通孔隙越多，吸水率越大。

在水工建筑材料中，多数情况下采用质量吸水率来表示材料的吸水性。各种材料由于孔隙率和孔隙特征不同，质量吸水率相差很大。如花岗岩等致密岩石的质量吸水率仅为0.5%～0.7%；普通混凝土为2%～3%；普通黏土砖为8%～20%；而木材或其他轻质材料的质量吸水率甚至高达100%。

3. 吸湿性

材料在潮湿空气中吸收水分的性质称为吸湿性。吸湿性的强弱用含水率表示。含水率是指材料含水的质量占材料干燥质量的百分率，可按式(1-11)计算。

$$W_{含} = \frac{m_{含} - m}{m} \times 100\% \tag{1-11}$$

式中：$W_{含}$——材料的含水率，%；

$m_{含}$——材料含水时的质量，g 或 kg；

m——材料在干燥状态下的质量，g 或 kg。

当较干燥的材料处于较潮湿的空气中时，会吸收空气中的水分；而当较潮湿的材料处于较干燥的空气中时，便会向空气中释放水分。在一定的温度和湿度条件下，材料与周围空气湿度达到平衡时的含水率称为平衡含水率。

材料吸水或吸湿后，质量增加，保温隔热性下降，强度、耐久性降低，体积发生变化，多对工程产生不利影响。保温材料如果吸收水分后，会大大降低保温效果，故对保温材料应采取有效的防潮措施。

4. 耐水性

材料长时间在饱和水作用下不破坏，其强度也不显著降低的性质称为耐水性。一般材料遇水后，强度都有不同程度的降低，如花岗岩长期浸泡在水中，强度将下降3%左右，普通黏土砖和木材强度下降更为显著。材料耐水性的强弱用软化系数表示，软化系数计算公式如下：

$$K_{软} = \frac{f_{饱}}{f_{干}} \tag{1-12}$$

式中：$K_{软}$——材料的软化系数；

$f_{饱}$——材料在吸水饱和状态下的抗压强度，MPa；

$f_{干}$——材料在干燥状态下的抗压强度，MPa。

软化系数的值在 0～1 之间，软化系数越小，说明材料吸水饱和后的强度降低越多，其耐水性就越差。通常将软化系数大于 0.85 的材料称为耐水性材料，耐水性材料可以用于水中和潮湿环境中的重要结构；用于受潮较轻或次要结构时，材料的软化系数也不宜小于 0.75。

处于干燥环境中的材料可以不考虑软化系数。

5. 抗渗性

材料抵抗压力水(也可指其他液体)渗透的性质称为抗渗性。水工建筑工程中许多材料常含有孔隙、空洞或其他缺陷,当材料两侧的水压差较高时,水可能从高压侧通过材料内部的孔隙、空洞或其他缺陷渗透到低压侧。这种压力水的渗透,不仅会影响工程的使用,而且渗入的水还会带入腐蚀性介质或将材料内的某些成分带出,造成材料的破坏。因此长期处于有压水中时,材料的抗渗性是决定工程耐久性的重要因素。材料抗渗性的强弱用渗透系数或抗渗等级表示。

(1)渗透系数

根据达西定律,渗透系数的计算公式如下:

$$k = \frac{Qd}{AtH} \tag{1-13}$$

式中:k——材料的渗透系数,cm/h;

Q——时间 t 内的渗水总量,cm^3;

d——试件的厚度,cm;

A——材料垂直于渗水方向的渗水面积,cm^2;

t——渗水时间,h;

H——材料两侧的水压差,cm。

渗透系数 k 越小,材料的抗渗性越好。对于防水、防潮材料,如沥青、油毡、沥青混凝土、瓦等材料,常用渗透系数表示其抗渗性。

(2)抗渗等级

对于砂浆、混凝土等材料,常用抗渗等级来表示抗渗性。抗渗等级是以规定的试件在标准试验方法下所能承受的最大水压力来确定的。抗渗等级以符号“P”和材料可承受的水压力值(以 0.1 MPa 为单位)来表示,如混凝土的抗渗等级为 P6、P8、P12、P16,表示分别能够承受 0.6 MPa、0.8 MPa、1.2 MPa、1.6 MPa 的水压而不渗水。材料的抗渗等级越高,其抗渗性越强,根据《水工混凝土结构设计规范》(SL 191—2008)中规定,对于有抗渗要求的水工结构,以符号“W”和材料可承受的水压力值(以 0.1 MPa 为单位)来表示混凝土抗渗等级,常见水工混凝土材料抗渗透等级分为:W2、W4、W6、W8、W10、W12 六级。

材料抗渗性的好坏与材料的孔隙率和孔隙特征有关,孔隙率小且封闭孔隙多的材料,其抗渗性就好。对于地下水工建筑及水下构筑物,要求材料具有较高的抗渗性;对于防水材料,则要求具有更高的抗渗性。

6. 抗冻性

材料的抗冻性是指材料在吸水饱和状态下,能经受多次冻融循环作用而不破坏,同时也不严重降低强度的性质。冰冻的破坏作用是由于材料孔隙内的水分结冰而引起的,水结冰时体积约增大 9%,从而对孔隙产生压力而使孔壁开裂。当冰被融化后,某些被冻胀的裂缝中还可能再渗入水分,再次受冻结冰时,材料会受到更大的冻胀和裂缝扩张。如此反复冻融循环,最终导致材料破坏。

材料抗冻性的强弱用抗冻等级表示。抗冻等级表示材料经过的冻融次数,其质量损失、强度下降不低于规定值,并以符号“F”及材料可承受的最多冻融循环次数表示。例如混凝土抗冻等级 F25、F50、F300 等，指混凝土所能承受的最多冻融循环次数是 25 次、50 次、300 次，强度下降不超过 25%，质量损失不超过 5%。

材料的抗冻性主要与孔隙率、孔隙特性、抵抗胀裂的强度等有关，工程中常从这些方面改善材料的抗冻性。对于室外温度低于 -15 ℃的地区，其主要工程材料必须进行抗冻性试验。

(四)材料的热工性能

材料在水工建筑物中，除需满足强度及其他性能的要求外，还应具有良好的热工性能，以减少水工建筑物的使用能耗，节约能源。

1. 导热性

材料传导热量的能力称为导热性。导热性的强弱以热导率表示，热导率的含义是：当材料两侧的温差为 1 K 时，在单位时间(1 h)内，通过单值面积($1\ m^2$)，并透过单位厚度(1 m)的材料所传导的热量。热导率的计算公式如下：

$$\lambda = \frac{Qa}{At(T_2 - T_1)} \tag{1-14}$$

式中：λ——材料的热导率，W/(m · K)；

Q——传导的热量，J；

a——材料厚度，m；

A——材料的传热面积，m^2；

t——传热时间，h；

$T_2 - T_1$——材料两侧温度差，K。

材料的热导率越大，传导的热量就越多；反之，热导率越小，材料的保温隔热性能越好，节能效果越显著。各种建筑材料的热导率差别很大，一般在 0.035～3.5 W/(m · K)之间，如泡沫塑料的 λ = 0.035 W/(m · K)，而大理石的 λ = 3.45 W/(m · K)。

2. 热容量

材料的热容量是指材料受热时吸收热量或冷却时放出热量的能力。热容量的大小用比热容表示，比热容指 1 g 材料温度升高 1 K 所吸收的热量或温度降低 1 K 放出的热量。比热容的计算公式如下：

$$c = \frac{Q}{m(T_2 - T_1)} \tag{1-15}$$

式中：c——材料的比热容，J/(g · K)；

Q——材料吸收或放出的热量，J；

m——材料的质量，g；

$T_2 - T_1$——材料升温或降温前后的温度差，K。

比热容大的材料，本身能吸入或储存较多的热量，能在热流变动或采暖设备供热不均匀时缓和室内的温度波动，对于保持室内温度稳定有良好的作用，并能减少能耗。材料中比热容最大的是水，水的比热容 c = 4.19 J/(g · K)，因此蓄水的平屋顶能使室内冬暖夏凉，沿海地区的昼夜温差较小。

3. 温度变形性

材料的温度变形性是指温度升高或降低时材料的体积变化。绝大多数水工建筑材料在

温度升高时体积膨胀,温度下降时体积收缩。这种变化表现在单向尺寸时,为线膨胀或线收缩。材料的单向线膨胀量或线收缩量计算公式如下:

$$\Delta L = (T_2 - T_1)\alpha L \tag{1-16}$$

式中:ΔL——线膨胀或线收缩量,mm 或 cm;

$T_2 - T_1$——材料升温或降温前后的温度差,K;

α——材料在常温下的平均线膨胀系数,1/K;

L——材料原来的长度,mm 或 cm。

线膨胀系数 α 越大,表明材料的温度变形性越大,因此,研究材料的线膨胀系数 α 具有重要意义。材料的线膨胀系数与材料的组成和结构有关,常选择合适的材料来满足工程对温度变形的要求。在大面积或大体积混凝土工程中,为防止材料的温度变形引起裂缝,常设置伸缩缝。

常用水工材料的热导率、比热容和线膨胀系数如表 1-2 所示。

表 1-2　常用水工材料的热导率、比热容和线膨胀系数

材料名称	热导率 r[W/(m·K)]	比热容 c[J(g·K)]	线膨胀系数 $\alpha(10^{-6}$ K)
钢材	55	0.63	10～20
烧结普通砖	0.4～0.7	0.84	5～7
混凝土	1.28～1.51	0.48～1.0	6～15
花岗岩	2.91～3.08	0.72～0.79	5.5～8.5
大理石	3.15	0.875	4.41
木材(横纹)	0.17	2.51	—
泡沫塑料	0.035	1.3	—
冰	2.2	2.05	—
水	0.58	4.2	—
密闭气体	0.023	1	—

4. 耐燃性和耐火性

耐燃性是指材料在火焰和高温作用下可否燃烧的性质。材料按耐燃性分为非燃烧材料(如钢铁、砖、石等)、难燃烧材料(如纸面石膏板、水泥刨花板等)和燃烧材料(如木材、竹材等)。在水工建筑工程中,应根据水工建筑物的耐火等级和材料的使用部位,选用非燃烧材料或难燃烧材料。当采用燃烧材料时,应进行防火处理。

耐火性是材料在火焰和高温作用下,保持其不破坏、性能不明显下降的能力。水工建筑材料的耐火性常用耐火极限来表示。耐火极限是指按规定方法,从材料受到火的作用起,直到材料失去支持能力或完整性被破坏或失去隔火作用的时间,以 h(小时)计。要注意耐燃性和耐火性概念的区别,耐燃的材料不一定耐火,耐火的一般都耐燃。如钢材是非燃烧材料,但其耐火极限仅有 0.25 h,故钢材虽为重要的水工建筑结构材料,但其耐火性却较差,使用时须进行特殊的耐火处理。

二、材料的力学性质

（一）材料的强度

当材料承受外力作用时，内部产生应力，随着外力增大，内部应力也相应增大。直到材料不能够再承受时，材料即破坏，此时材料所承受的极限应力值就是材料的强度。根据所受外力的作用方式不同，材料强度有抗压强度、抗拉强度、抗弯强度及抗剪强度等。各种强度指标要根据国家规定的标准方法来测定，测定各种强度的材料受力示意如图 1-1 所示。

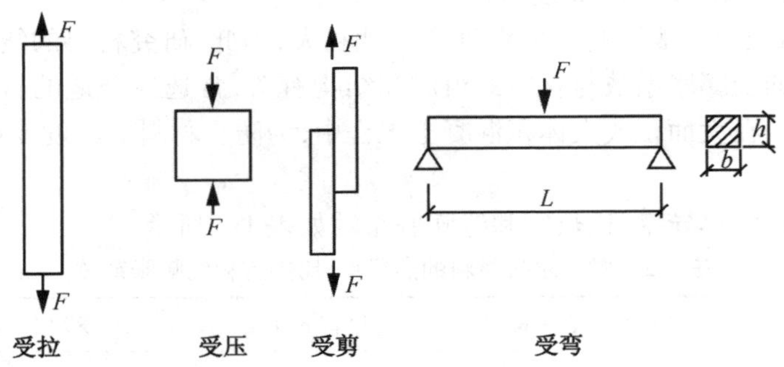

图 1-1 材料受力示意

材料的抗压强度、抗拉强度、抗剪强度的计算公式如下：

$$f = \frac{F_{max}}{A} \tag{1-17}$$

式中：f——材料的强度，MPa；

F_{max}——材料能承受的最大荷载，N；

A——材料的受力截面面积，mm^2。

材料的抗弯强度与加荷方式有关，单点集中加荷的计算公式为式（1-18），三分点加荷的计算公式为式（1-19）。

$$f_m = \frac{3F_{max}L}{2bh^2} \tag{1-18}$$

$$f_m = \frac{F_{max}L}{bh^2} \tag{1-19}$$

式中：f_m——材料的抗弯强度，MPa；

F_{max}——弯曲破坏时的最大荷载，N；

L——两支点间的距离，mm；

b、h——试件横截面的宽度和高度，mm。

一般材料的孔隙率越大，材料强度越低。不同种类的材料具有不同的抵抗外力的特点，如砖、石材、混凝土等非匀质材料的抗压强度较高，而抗拉强度和抗折强度却很低，因此多用于房屋的墙体、基础等承受压力的部位；如钢材为匀质的晶体材料，其抗拉强度和抗压强度都很高，适用于承受各种外力的结构和构件。常用水工建筑材料的强度值如表 1-3 所示。

表 1-3　常用水工建筑材料的强度

材料名称	抗压强度(MPa)	抗拉强度(MPa)	抗弯强度(MPa)	抗剪强度(MPa)
钢材	215 ~ 1 600	250 ~ 1 600	215 ~ 1 600	200 ~ 355
普通混凝土	10 ~ 100	1 ~ 8	—	2.5 ~ 3.5
烧结普通砖	7.5 ~ 30	—	1.8 ~ 4.0	1.8 ~ 4.0
花岗岩	100 ~ 250	5 ~ 8	10 ~ 14	13 ~ 19

水工建筑材料常根据其强度的大小划分为若干不同的强度等级，如砂浆、混凝土、砖、砌块等常按抗压强度划分强度等级。将水工建筑材料划分为若干个强度等级，对掌握材料性能、合理选用材料、正确进行设计和控制工程质量都是非常重要的。

结构材料在土木工程中的主要作用，就是承受结构荷载，对大部分建(构)筑物来说，相当一大部分的承载能力用于承受材料本身的自重。因此，欲提高结构材料承受外荷载的能力，一方面应提高材料的强度，另一方面应减轻材料本身的自重，这就要求材料应具备轻质高强的特点。

反映材料轻质高强的力学参数是比强度，比强度是指按单位体积质量计算的材料强度，即材料的强度与其表观密度之比。在高层水工建筑及大跨度结构工程中常采用比强度较高的材料。这类轻质高强的材料，是未来水工建筑材料发展的主要方向。几种常用材料的参考比强度值如表 1-4 所示。

表 1-4　几种常用材料的参考比强度值

材料(受力状态)	强度(MPa)	表观强度(kg/m³)	比强度
玻璃钢(抗拉)	450	2 000	0.225
低碳钢(抗拉)	420	7 850	0.054
铝材(抗压)	170	2 700	0.063
铝合金(抗压)	450	2 800	0.16
花岗岩(抗压)	175	2 550	0.069
石灰岩(抗压)	140	2 500	0.056
松木(顺纹抗拉)	10	500	0.2
普通混凝土(抗压)	40	2 400	0.017
烧结普通砖(抗压)	10	1 700	0.006

(二)材料的弹性与塑性

材料在外力作用下产生变形，当外力取消后，材料变形即可消失并能完全恢复原来形状的性质称为弹性。这种可恢复的变形称为弹性变形。

材料在外力作用下产生变形，但不破坏，当外力取消后不能自动恢复到原来形状的性质称为塑性。这种不可恢复的变形称为塑性变形。

实际工程中，完全的弹性材料或完全的塑性材料是不存在的，大多数材料的变形既有弹性变形，又有塑性变形。例如水工建筑钢材在受力不大的情况下，仅产生弹性变形；当受力超过一定限度后产生塑性变形。再如混凝土在受力时弹性变形和塑性变形同时发生，当取消外力后，弹性变形可以恢复，而塑性变形则不能恢复。

(三)材料的脆性与韧性

当外力作用达到一定限度后，材料突然破坏且破坏时无明显的塑性变形，材料的这种性质称为脆性。具有这种性质的材料称为脆性材料，如混凝土、砖、石材、陶瓷、玻璃等。一般脆性材料的抗压强度很高，但抗拉强度低，低抗冲击载荷和振动作用的能力差。

材料在冲击或振动荷载作用下，能产生较大的变形而不致破坏的性质称为韧性。具有这种性质的材料称为韧性材料，如水工建筑钢材、木材、橡胶等。韧性材料抵抗冲击荷载和振动作用的能力强，可用于桥梁、吊车梁等承受冲击荷载的结构和有抗震要求的结构。

(四)材料的硬度与耐磨性

硬度是指材料表面抵抗硬物压入或刻划的能力。为了保持水工建筑材料的使用性能或外观，常要求水工建筑材料具有一定的硬度，以防止其他物体对材料磕碰、刻划造成材料表面破损或外观缺陷。木材、金属、混凝土等韧性材料的硬度，往往采用压入法来测定，压入法硬度的指标有洛氏硬度(HRA、HRB、HRC，以金刚石圆锥或圆球的压痕深度计算求得)和布氏硬度(HB，以压痕直径计算求得)等。而陶瓷、玻璃等脆性材料的硬度往往采用刻划法来测定，用莫氏硬度来表示。莫氏硬度根据刻划矿物(滑石、石膏、方解石、萤石、磷灰石、正长石、石英、黄玉、刚玉、金刚石)的不同分为10级。各级之间硬度的差异不是均等的，等级之间只表示硬度的相对大小。

材料的硬度越大，耐磨性越好，但加工越困难。工程中有时用硬度来间接推算材料的强度，如用回弹法测定混凝土表面的硬度，来间接推算混凝土的强度。

材料的耐磨性是指材料表面抵抗磨损的能力。材料的耐磨性用磨损率表示，磨损率计算公式如下：

$$G = \frac{M_1 - M_2}{A} \tag{1-20}$$

式中：G——材料的磨损率，g/cm^2；

M_1——材料磨损前的质量，g；

M_2——材料磨损后的质量，g；

A——材料试件的受磨面积，cm^2。

材料的磨损率 G 越低，表明材料的耐磨性越好。一般硬度较高的材料，耐磨性也较好。楼地面、楼梯、走道、路面等经常受到磨损作用的部位，应选用耐磨性好的材料。

三、材料的耐久性与环境协调性

(一)耐久性

材料在长期使用过程中能抵抗周围各种介质的侵蚀而不破坏，并能保持原有性能的性质称为材料的耐久性。

材料在使用过程中，除受到各种外力的作用外，还经常受到周围环境中各种因素的破坏作用，这些破坏作用包括物理作用、化学作用、生物作用等。物理作用包括温度、湿度、盐分、冰融循环等变化，物理作用主要使材料体积发生胀缩，长期或反复作用会使材料逐渐破坏；化学作用包括各种液体和气体与材料发生化学反应，使材料逐渐变质而破坏；生物作用是指

在贝类、虫、菌的作用下使材料发生虫蛀、腐朽而破坏。

材料遭到破坏往往是几个因素同时作用引起的，很少是某一个孤立的因素造成的。另外，由于各种材料的化学组成和组织结构差异很大，因此各种破坏因素对不同材料的破坏作用是不同的。金属材料主要受化学作用被腐蚀；无机非金属材料如砖、石材、混凝土等，主要受大气的物理作用、硫酸盐、氯盐侵蚀等而破坏；木材、竹材等植物纤维组成的材料，常因虫、菌的蛀蚀而腐朽破坏；沥青、高分子材料因在阳光、空气及热的作用下变得硬脆老化而破坏。

由上所述可见，材料的耐久性是一项综合性质，包括强度、抗冻性、抗渗性、耐磨性、大气稳定性、耐化学侵蚀性等，因此无法用一个统一的指标去衡量所有材料的耐久性。应根据材料的种类和水工建筑物所处的环境条件提出不同耐久性的要求，如结构材料要求具有较高的强度；处于冻融环境的工程，要求材料具有良好的抗冻性；水工建筑物所用的材料要求有良好的抗渗性和耐化学腐蚀性。

在实际工程中，由于各种原因，水工建筑材料常会因耐久性不足而过早破坏，因此，耐久性是水工建筑材料的一项重要技术性质。只有深入了解并掌握水工建筑材料耐久性的本质，从材料、设计、施工、使用各方面共同努力，才能保证材料和结构的耐久性，延长水工建筑物的使用寿命。

（二）环境协调性

工程材料的大量生产和使用，一方面为人类带来了越来越多的物质享受，另一方面也加快了资源、能源的消耗并污染环境，水工建筑材料的环境协调问题日益受到重视。

材料的环境协调性是指材料在生产、使用和废弃全寿命周期中要有较低的环境负荷，包括生产中废弃物的利用、减少“三废”的产生，使用中减少对环境的污染，废弃时有较高的可回收率。研究开发环境协调性水工建筑材料，是建筑材料发展的重要课题。例如，利用工业废料、水工建筑垃圾等生产各种材料，研制新型保温隔热材料，绿色装饰装修材料、新型墙体材料、自密实混凝土、透水透气性混凝土、绿化混凝土、水中生物适应型混凝土，以及高强度、高性能、高耐久性材料等。

项目三　水工建筑材料的基本性质性能检测

1. 实训目的

学习水工建筑材料基本性质与性能的检测方法，并以水工混凝土用砂的密度、堆积密度、混凝土强度检测为实训内容，进行实训。

2. 实训准备

（1）试验依据

《普通混凝土用砂石质量及检验方法》（JGJ 52—2006）及《混凝土强度检验评定标准》（GB 50107—2010）。

（2）仪器设备

①电子秤或天平；

②李氏瓶；

③1 L钢桶；

④量筒;

⑤压力试验机;

⑥混凝土试件。

3. 实训内容

根据实训准备的仪器及相关技术规范,用李氏瓶测定砂的密度、堆积密度,用压力试验机测定某混凝土试件的抗压强度,并完成实训报告。

复习题

1. 什么是材料的密度、表观密度和堆积密度?

2. 李氏瓶法测材料密度时候所用液体是否只能为水?

3. 什么是材料的吸水性和吸湿性?

4. 材料的耐水性用什么指标表示?

5. 材料的抗冻和抗渗等级是如何划分的?

6. 什么是材料的强度和比强度?

7. 什么是材料的弹性、塑性、脆性、韧性?

8. 什么是材料的耐久性和环境协调性?

9. 分析材料孔隙率大,对材料的密度、表观密度、吸水性、吸湿性、耐水性、抗冻性、抗渗性、导热性的影响。

10. 某一材料在干燥状态下的质量为 2 100 g,自然状态下的体积为 1 000 cm^3,绝对密实状态下的体积为 800 cm^3,试计算此材料的密度、表观密度、密实度和孔隙率。

11. 某岩石的密度为 2.77 g/cm^3,孔隙率为 1.5%。现将岩石破碎为碎石,测得碎石的堆积密度为 1 600 kg/m^3。试求此岩石的表观密度和碎石的空隙率。

12. 某烧结普通黏土砖进行抗压强度试验,测得砖浸水饱和后的破坏荷载为 180 kN,砖在干燥状态的破坏荷载为 210 kN,受压面积为 120 mm × 120 mm。求此砖的吸水饱和抗压强度和干燥抗压强度各为多少?该砖是否适宜用于与水接触的工程结构?

13. 某砂样 500 g,烘干后称其质量为 460 g,求此砂样的含水率。

模块二 水泥和胶凝材料

胶凝材料主要有水硬性胶凝材料和气硬性胶凝材料。

水硬性胶凝材料指能在水中或含有水的空气中凝结硬化的材料，以水泥、粉煤灰、矿渣等为代表，其中水泥的产量最高，施工使用最多。现代硅酸盐水泥主要是由英国人阿斯普丁（J·Aspdin）于1824年结合前人经验，利用石灰石、黏土配合烧制，磨细制成，称为波特兰水泥（Portland cement），即硅酸盐水泥。

气硬性胶凝材料指能在含有空气的环境中凝结硬化的材料，以石灰、石膏、水玻璃为主要代表。石灰经过熟化，在工程土处理中价格适宜，性能良好，用量巨大。石膏是水泥工业中重要的调节水泥凝结速度的材料。水玻璃主要用于裂缝填充和工程土的处理。

项目一　水硬性胶凝材料基本特性认知

一、水硬性胶凝材料的种类

水硬性胶凝材料主要以水泥、粉煤灰、矿渣等为代表，因水泥的产量最高，水工建筑材料中胶凝材料用量以水泥使用量最大。水泥呈粉末状，与水混合后成可塑性浆体，经一系列物理化学作用变成坚硬的石状固体，并能胶结散粒或块状材料成为整体。

水泥广泛应用于港口、船闸、护岸、建筑工程、道路、桥梁、水利、国防工程等。水泥作为胶凝材料可用来制作混凝土、钢筋混凝土和预应力混凝土构件，也可用来配制各类砂浆而用于建筑物的砌筑、抹面、装饰等。

粉煤灰为火力发电站烧煤后的附属产品，因含有大量类似于水泥中的活性成分，可以替代部分水泥降低混凝土的水化热，防止混凝土结构施工过程产生的温缩裂缝，被广泛应用于大体积混凝土结构中。

矿渣为钢铁企业炼钢过程中的附属产品，含有一定量类似于水泥中的活性成分，可以掺入水泥中，替代部分水泥，从而增加水泥产量。

因水泥使用最为广泛且用量最大，因此重点介绍水泥的相关特性。

二、水泥的分类

水泥按用途和性能进行分类，有通用水泥、专用水泥、特性水泥三大类。

通用水泥是指用于一般土木建筑工程的水泥，如硅酸盐水泥、普通硅酸盐水泥、矿渣硅酸盐水泥、火山灰质硅酸盐水泥、粉煤灰硅酸盐水泥等；专用水泥则指有专门用途的水泥，如海洋工程用水泥、砌筑水泥、道路水泥等；而特性水泥是指具有比较突出的某种性能的水泥，如快硬硅酸盐水泥、膨胀水泥、白色水泥、彩色水泥等。

水泥按组成成分进行分类，主要有硅酸盐水泥、铝酸盐水泥、硫铝酸盐水泥、铁铝酸盐水泥四类。通用硅酸盐系列水泥产量最大、用途最广泛。

项目二　通用硅酸盐水泥

通用硅酸盐水泥是以硅酸盐水泥熟料和适量石膏及规定的混合材料制成的水硬性胶凝材料。其按混合材料的品种和掺量分为硅酸盐水泥、普通硅酸盐水泥、矿渣硅酸盐水泥、火山灰质硅酸盐水泥、粉煤灰硅酸盐水泥和复合硅酸盐水泥。各品种水泥的组分和代号应符合表 2-1的规定。

表 2-1　通用硅酸盐水泥的组分和代号(GB 175—2007)

品种	代号	组分				
		熟料+石膏	粒化高炉矿渣	火山灰质混合材料	粉炭灰	石灰石
硅酸盐水泥	P·Ⅰ	100%	—	—	—	—
	P·Ⅱ	≥95%	≤5%	—	—	—
		≥95%	—	—	—	≤5%
普通硅酸盐水泥	P·O	≥80%且<95%	>5%且≤20%			—
矿渣硅酸盐水泥	P·S·A	≥50%且<80%	>20%且≤50%	—	—	—
	P·S·B	≥30%且<50%	>50%且≤70%	—	—	—
火山灰质硅酸盐水泥	P·P	≥60%且<80%	—	>20%且≤40%	—	—
粉煤灰硅酸盐水泥	P·F	≥60%且<80%	—	—	>20%且≤40%	—
复合硅酸盐水泥	P·C	≥50%且<80%	>20%且≤50%			

一、硅酸盐水泥

硅酸盐水泥是通用硅酸盐水泥的基本品种。硅酸盐水泥分为两种类型，不掺混合材料的称为Ⅰ型硅酸盐水泥，代号 P·Ⅰ；掺入不超过水泥质量5%的混合材料的称为Ⅱ型硅酸盐水泥，代号 P·Ⅱ。

(一)硅酸盐水泥的生产及矿物组成

1. 硅酸盐水泥的生产

生产硅酸盐水泥的原料主要有石灰质原料、黏土质原料、校正原料三种。石灰质原料主

要提供 CaO，可采用石灰石、白垩、石灰质凝灰岩等；黏土质原料主要提供 SiO_2、Al_2O_3 及少量的 Fe_2O_3，可采用黏土、页岩等；校正原料主要提供 Fe_2O_3 和 SiO_2，可采用铁矿粉、砂岩等。

生产硅酸盐水泥的过程可简单概括为“两磨一烧”，具体步骤是：先把几种原材料按适当比例配合后磨细成生料，然后将制得的生料入窑煅烧成水泥熟料，再把煅烧好的熟料和适量石膏（也可掺加混合材料）共同磨细，即得 P·Ⅰ型硅酸盐水泥（或 P·Ⅱ型硅酸盐水泥）。硅酸盐水泥的生产工艺流程如图 2-1 所示。

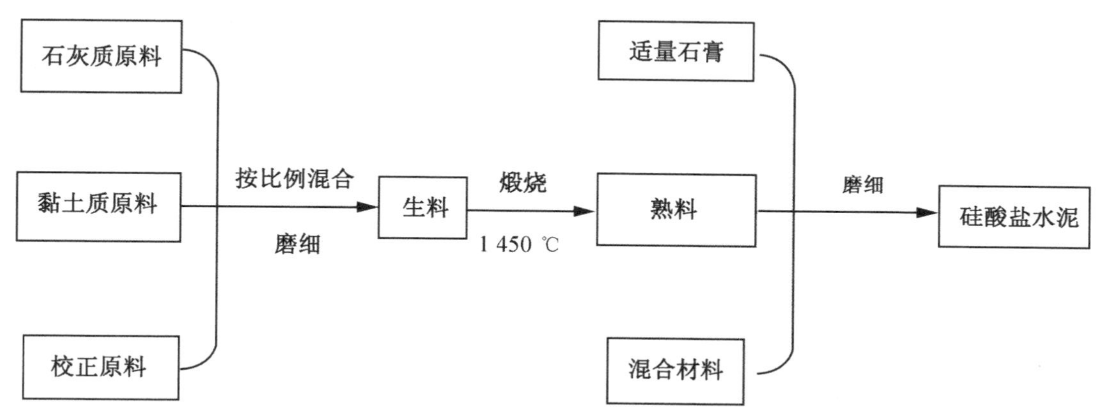

图 2-1 硅酸盐水泥的生产工艺流程

在硅酸盐水泥生产中加入适量石膏的目的是延缓水泥的凝结硬化速度，便于施工时对水泥混凝土或砂浆的操作。石膏的掺加量一般为水泥质量的 3% ~5%，实际掺量可通过试验确定。作为缓凝剂的石膏，可采用天然石膏或工业副产品石膏。

2. 硅酸盐水泥熟料的矿物组成

硅酸盐水泥熟料的主要矿物组成是：硅酸三钙（$3CaO \cdot SiO_2$），简写为 C_3S；硅酸二钙（$2CaO \cdot SiO_2$），简写为 C_2S；铝酸三钙（$3CaO \cdot Al_2O_3$），简写为 C_3A；铁铝酸四钙（$4CaO \cdot Al_2O_3 \cdot Fe_2O_3$），简写为 C_4AF。硅酸盐水泥各熟料矿物的特性如表 2-2 所示。

表 2-2 硅酸盐水泥熟料的主要矿物特性

矿物成分	含量	强度	28 d 水热化	水热化速率
硅酸三钙	37% ~60%	高	大	快
硅酸二钙	15% ~37%	早期低，后期高	小	慢
铝酸三钙	7% ~15%	低	最大	最快
铁铝酸四钙	10% ~18%	低	中	快

硅酸盐水泥各熟料矿物特性不同，因此可通过调整原材料的配料比例，来改变熟料矿物组成的相对含量，制得不同性能的水泥。如提高硅酸三钙含量，可制成高强水泥；提高硅酸三钙和铝酸三钙含量，可制得快硬水泥；降低硅酸三钙和铝酸三钙含量，提高硅酸二钙含量，可制得中、低热水泥。

硅酸盐水泥熟料除以上 4 种主要矿物组成外，还有少量的游离氧化钙、游离氧化镁、碱性氧化物等，其总含量一般不超过水泥质量的 10%，它们对水泥性能都会产生不利影响。

(二)硅酸盐水泥的水化与凝结硬化

1. 硅酸盐水泥的水化

水泥熟料矿物成分遇水后,会发生一系列化学反应,生成各种水化物,并放出一定的热量。水泥具有许多优良的性能,主要是水泥熟料中几种主要矿物水化作用的结果。水泥熟料各种矿物水化的反应方程式如下:

$$2(3CaO \cdot SiO_2) + 6H_2O = 3CaO \cdot 2SiO_2 \cdot 3H_2O + 3Ca(OH)_2 \tag{2-1}$$

$$2(2CaO \cdot SiO_2) + 4H_2O = 3CaO \cdot 2SiO_2 \cdot 3H_2O + Ca(OH)_2 \tag{2-2}$$

$$3CaO \cdot Al_2O_3 + 6H_2O = 3CaO \cdot Al_2O_3 \cdot 6H_2O \tag{2-3}$$

可见,水泥水化后的产物主要为:水化硅酸钙$3CaO \cdot 2SiO_2 \cdot 3H_2O$、氢氧化钙$Ca(OH)_2$、水化铁酸钙 $CaO \cdot Fe_2O_3 \cdot H_2O$ 和水化铝酸钙 $3CaO \cdot Al_2O_3 \cdot 6H_2O$。另外还有水化铝酸钙与石膏反应生成的高硫型水化硫铝酸钙(又称钙矾石),反应式如下:

$$3CaO \cdot Al_2O_3 \cdot 6H_2O + 3(CaSO_4 \cdot 2H_2O) + 19H_2O = 3CaO \cdot Al_2O_3 \cdot 3CaSO_4 \cdot 31H_2O \tag{2-4}$$

钙矾石是一种难溶于水的针状晶体,沉淀在水泥颗粒表面,阻止了水分的进入,降低了水泥的水化速度,延缓了水泥的凝结时间。

以上是水泥水化的主要反应,在水化产物中水化硅酸钙所占比例最大,约为 70%;氢氧化钙次之,占 20% 左右,其中水化硅酸钙、水化铁酸钙为凝胶体,具有强度贡献;而氢氧化钙、水化铝酸钙、钙矾石皆为晶体,它将使水泥石在外界条件下变得疏松,使水泥石强度下降,是影响硅酸盐水泥耐久性的主要因素。

2. 硅酸盐水泥的凝结硬化

水泥加水拌合后形成可塑性的水泥浆,随着水化反应的进行,水泥浆体逐渐变稠失去可塑性,这一过程称为水泥的凝结;随着水化反应的继续进行,失去可塑性的水泥浆逐渐产生强度并发展成为坚硬的水泥石,这一过程称为水泥的硬化。水泥的凝结、硬化是人为划分的,实际上是一个连续的复杂的物理化学变化过程。下面将对水泥的凝结硬化做简要介绍。

水泥加水拌合,未水化的水泥颗粒分散在水中成为水泥浆体,如图 2-2(a)所示;水泥颗粒与水接触很快发生水化反应,生成的水化物在水泥颗粒表面形成凝胶膜层,水泥浆具有可塑性,如图 2-2(b)所示;水泥颗粒不断水化,新生水化物不断增多使水化物膜层增厚,水泥颗粒相互接触形成凝聚结构,如图 2-2(c)所示,水泥浆体开始失去可塑性,这就是水泥的初凝;随着以上过程不断进行,固态水化物不断增多,水泥浆体完全失去可塑性,表现为终凝,开始进入硬化阶段,如图 2-2(d)所示。水泥进入硬化期后,水化速度变慢,水化物随时间增长逐渐增多,水泥石强度也相应提高。水泥的硬化可持续很长时间,在环境温度和湿度适宜的条件下,甚至几十年后的水泥石强度还会继续增长。

3. 影响硅酸盐水泥凝结硬化的因素

水泥的凝结硬化过程,也就是水泥强度的发展过程。为了正确使用水泥,并在生产中采取有效措施改善水泥的性能,必须了解影响水泥凝结硬化的因素。影响水泥凝结硬化的因素主要有如下几点。

(1)水泥的熟料矿物组成和细度

水泥熟料中各种矿物组成的凝结硬化速度不同,当各矿物的相对含量不同时,水泥的凝结硬化速度就不同。当水泥熟料中硅酸三钙、铝酸三钙相对含量较高时,水泥的水化反应速

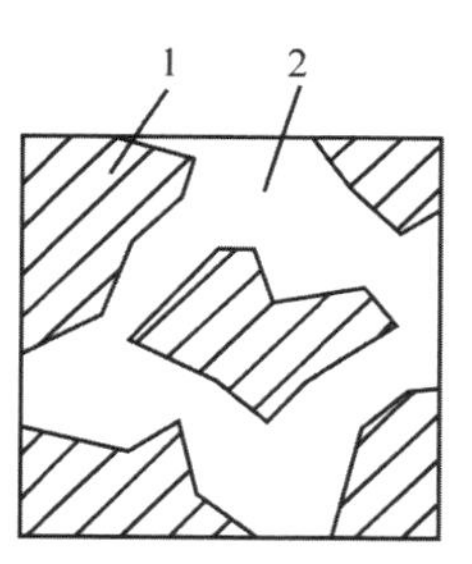

(a)分散在水中未水化的水泥颗粒

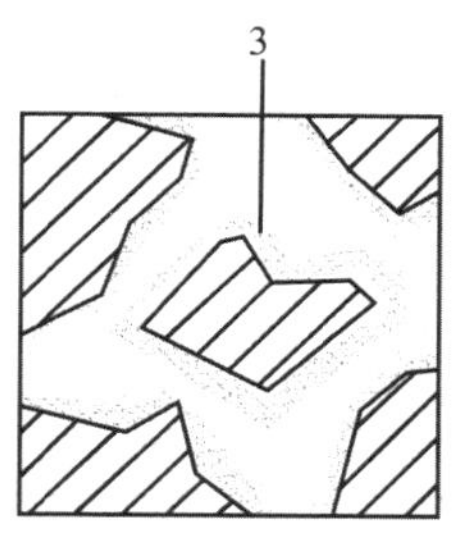

(b)在水泥颗粒表面形成水化物膜层

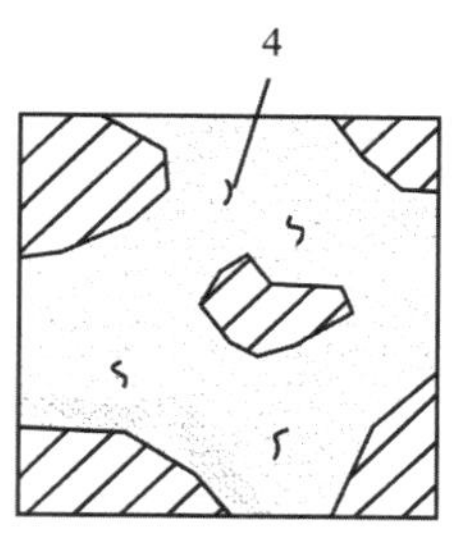

(c)膜层长大并互相连接(凝结)

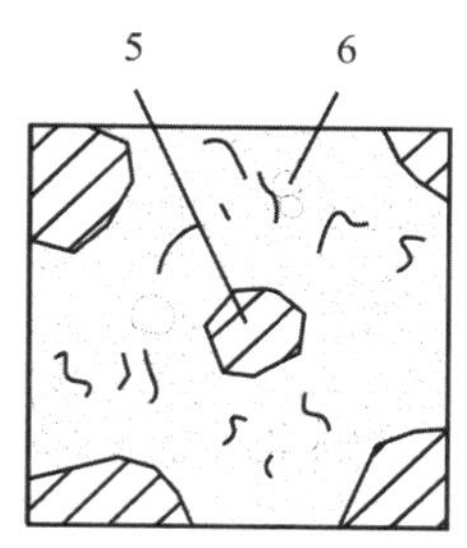

(d)水化物进一步发展填充毛细孔(硬化)

图 2-2　水泥凝结硬化过程示意

1—水泥颗粒;2—水分;3—凝胶;4—晶体;5—水泥颗粒的未水化内核;6—毛细孔

率快,凝结硬化速度也快。

水泥颗粒越细,水化时与水接触的表面积越大,水化反应速度快,凝结硬化快,早期强度高。但水泥颗粒太细,在相同的稀稠程度下,用水量增加,硬化后水泥石中的毛细孔增多,干缩增大,反而会影响后期强度。同时,水泥颗粒太细,易与空气中的水分及二氧化碳反应,使水泥不宜久存,而且磨制过细的水泥能耗大,成本高。

(2)水泥浆的水灰比

水泥浆的水灰比,是指水泥浆中水与水泥的质量之比。当水灰比较大时,水泥浆的塑性好,水泥的初期水化反应得以充分进行。但当水灰比过大时,由于水泥颗粒间被水隔开的距离较远,颗粒间相互连接形成骨架结构所需的凝结时间长,所以水泥浆凝结较慢;而且水泥浆中多余水分蒸发后形成的孔隙较多,造成水泥石的强度较低。

(3)环境的温度和湿度

温度对水泥的凝结硬化有明显影响。通常温度越高,水泥凝结硬化速度越快;温度降低,凝结硬化速度减慢。当温度低于零摄氏度时,凝结硬化停止,并有可能在冻融的作用下,造成已硬化的水泥石破坏。因此,混凝土工程冬季施工要采取一定的保温措施。

水是水泥水化、硬化的必要条件。周围环境的湿度越大,水分不易蒸发,水泥水化越充分,水泥硬化后强度高;若水泥处于干燥环境,水分蒸发快,水泥浆体缺水使水化不能正常进行,甚至水化停止,强度不再增长,严重的会导致水泥石或混凝土表面产生干缩裂缝。因此,混凝土工程在浇注后 2 ~3 周内要洒水养护,以保证水化时所必需的水分。

(4)龄期

水泥水化是由表及里逐步深入进行的。随着时间的延续,水泥的水化程度不断增加,因此,龄期越长,水泥的强度越高。一般情况下,水泥加水拌合后的前 28 d 水化速度较快,强度发展也快;28 d 之后,强度发展显著变慢。但是,只要维持适当的温度与湿度,水泥的强度在几个月、几年,甚至几十年后还会继续增长。工程中常以水泥 28 d 的强度作为设计强度。

(5)石膏

掺入适量的石膏会起到良好的缓凝作用,同时由于钙矾石的生成,还能改善水泥石的早期强度。但如果石膏的掺量过多,不仅不能缓凝,还会在后期引起水泥石膨胀开裂。因此,石膏的掺量应适宜,一般为水泥质量的 3% ~5% 。

(三)硅酸盐水泥的技术性质

根据相应的国家标准《通用硅酸盐水泥》(GB 175—2007)规定,对水泥的技术性质要求如下。

1. 化学指标

化学指标应符合表 2-3 的规定。

表 2-3　通用硅酸盐水泥的化学指标(GB 175—2007)

<table>
<tr><th>品种</th><th>代号</th><th>不溶物</th><th>烧失量</th><th>三氧化硫</th><th>氧化镁</th><th>氯离子</th></tr>
<tr><td rowspan="2">硅酸盐水泥</td><td>P·Ⅰ</td><td>≤0.75%</td><td>≤3.0%</td><td rowspan="3">≤3.5%</td><td rowspan="3">≤5.0%</td><td rowspan="8">≤0.06%</td></tr>
<tr><td>P·Ⅱ</td><td>≤1.5%</td><td>≤3.5%</td></tr>
<tr><td>普通硅酸盐水泥</td><td>P·O</td><td>—</td><td>≤5.0%</td></tr>
<tr><td rowspan="2">矿渣硅盐水泥</td><td rowspan="2">P·S·A</td><td>—</td><td>—</td><td rowspan="2">≤4.0%</td><td>≤6.0%</td></tr>
<tr><td>—</td><td>—</td><td>—</td></tr>
<tr><td>火山灰质硅酸盐水泥</td><td>P·S·B</td><td>—</td><td>—</td><td rowspan="3">≤3.5%</td><td rowspan="3">≤6.0%</td></tr>
<tr><td>粉煤灰硅酸盐水泥</td><td>P·F</td><td>—</td><td>—</td></tr>
<tr><td>复合硅酸盐水泥</td><td>P·C</td><td>—</td><td>—</td></tr>
</table>

(1)不溶物。其是指经盐酸处理后的残渣,再以氢氧化钠溶液处理,经盐酸中和过滤后所得的残渣经高温灼烧所剩的物质。不溶物含量高对水泥质量有不良影响。

(2)烧失量。其是用来限制石膏和混合材料中的杂质,以保证水泥质量。

(3)三氧化硫。水泥中过量的三氧化硫会与铝酸三钙形成较多的钙矾石,体积膨胀,危害安定性。

(4)氧化镁。因水泥中氧化镁水化生成氢氧化镁,体积膨胀,而其水化速度慢,须以压蒸的方法加快其水化,方可判断其安定性。

(5)氯离子。因一定含量的氯离子会腐蚀钢筋,故须加以限制。

2. 碱含量(选择性指标)

水泥中碱含量以 $Na_2O + 0.658K_2O$ 计算值表示,若使用活性骨料,用户要求为防止碱骨料反应,使用低碱水泥时,水泥中的碱含量应不大于 0.60% 或买卖双方协商确定。

3. 物理指标

(1)细度

水泥的细度是指水泥颗粒的粗细程度。水泥细度对水泥的性质影响很大。水泥颗粒越细,与水反应的表面积越大,水化反应速度快,早期强度高;但在空气中的硬化收缩大,成本也高。水泥颗粒越粗,则越不利于水泥活性的发挥,且硬化后强度越低。故水泥颗粒粗细应适中,一般水泥颗粒粗细在 7 ~ 200 μm(0.007 ~ 0.2 mm)范围内。国家标准规定硅酸盐水泥的细度用比表面积表示,硅酸盐水泥的比表面积应大于 300 m^2/kg。

(2)标准稠度及标准稠度用水量

水泥净浆标准稠度是对水泥净浆以标准方法拌制、测试并达到规定的可塑性程度时的稠度。水泥净浆标准稠度用水量是指水泥净浆达到标准稠度时所需的加水量,常以水和水

泥质量之比的百分数表示。各种水泥的矿物成分、细度不同，拌合成标准稠度时的用水量也各不相同，水泥的标准稠度用水量一般为24% ~33%。测定硅酸盐水泥凝结时间和体积安定时必须采用标准稠度的水泥浆。

(3)凝结时间

水泥的凝结时间分为初凝时间和终凝时间。初凝时间是指从水泥浆加水拌合起到水泥浆失去可塑性所需的时间；终凝时间是指从水泥浆加水拌合起到水泥浆完全失去可塑性并开始产生强度所需的时间。水泥的凝结时间是以标准稠度的水泥净浆在规定温度和湿度下，用凝结时间测定仪测定的。因为水泥的凝结时间与用水量有很大关系，为消除用水量的多少对水泥凝结时间的影响，使所测的结果有可比性，所以实验中必须采用标准稠度的水泥净浆。国家标准规定，硅酸盐水泥的初凝时间不得早于45 min，终凝时间不得迟于6.5 h。水泥凝结时间不满足要求的为不合格品。

水泥的凝结时间在工程施工中有重要作用。初凝时间不宜过短，以便有足够的时间对混凝土进行搅拌、运输、浇筑和振捣。终凝时间不宜过长，以便使混凝土尽快硬化具有一定强度，尽快拆出模板，提高模板周转率，提高工作效率，加快施工进度。

(4)体积安全性

水泥体积安定性是指水泥在凝结硬化过程中体积变化的均匀性。当水泥浆体在硬化过程中体积发生不均匀变化时，会导致水泥制品膨胀、翘曲、产生裂缝等，即所谓体积安定性不良。水泥体积安定性不符合要求的为不合格品。

引起水泥安定性不良的原因有以下几点：

①熟料中含有过多的游离氧化钙。熟料煅烧时，一部分CaO未被吸收成为熟料矿物而形成过烧氧化钙，即游离氧化钙(f-CaO)。它的水化速度很慢，在水泥凝结硬化很长时间后才开始水化，而且水化生成$Ca(OH)_2$体积增大，如果水泥熟料中游离氧化钙含量过多，则会引起已硬化的水泥石体积发生不均匀膨胀而破坏。沸煮可加速游离氧化钙的水化，故国家标准《水泥标准稠度用水量、凝结时间、体积安定性检验方法》(GB/T 1346—2011)规定，用沸煮法检验游离氧化钙引起的水泥安定性不良，测试时又分试饼法和雷氏法，当两种方法发生争议时，以雷氏法为准。

②熟料中含有过多的游离氧化镁。游离氧化镁(f-MgO)也是熟料煅烧时由于过烧而形成，同样也会造成水泥石体积安定性不良。但游离氧化镁引起的安定性不良，只有用压蒸法才能检验出来，不便于快速检验。因此，国家标准规定：硅酸盐水泥中的游离氧化镁的含量不得超过5.0%，当压蒸试验合格时可放宽到6.0%。

③石膏掺量过多。在生产水泥时，如果石膏掺量过多，在水泥已经硬化后，多余的石膏会与水泥石中固态的水化铝酸钙继续反应生成高硫型水化硫铝酸钙晶体，体积膨胀1.5 ~ 2.0倍，引起水泥石开裂。由于石膏造成的安定性不良，需长期在常温水中才能发现，不便于快速检验，因此在水泥生产时必须严格控制。国家标准规定：硅酸盐水泥中的石膏掺量以SO_3计，其含量不得超过3.5%。

(5)强度及强度等级

水泥的强度是水泥的重要技术指标，是评定水泥强度等级的依据。根据硅酸盐水泥3 d和28 d的抗压强度和抗折强度，将硅酸盐水泥分为42.5、42.5R、52.5、52.5R、62.5、62.5R六个强度等级，各龄期的强度值不得低于表2-4中规定的数值。水泥强度不满足要求的为不合格品。

4. 水化热

水化热是指水泥在水化过程中放出的热量。水泥的水化热大部分在 3 ~ 7 d 内放出，7 d内放出的热量可达总热量的 80% 左右。水化热的大小主要决定于水泥熟料的矿物组成和细度，若水泥熟料中硅酸三钙和铝酸三钙的含量高，水泥细度越细，则水化热越大。水化热较大的水泥有利于冬季施工，但对大体积混凝土不利。为了避免由于温度应力引起水泥石的开裂，在大体积混凝土中不宜采用水化热度较大的硅酸盐水泥，应采用水化热度较小的水泥或采取其他降温措施。

5. 密度和堆积密度

硅酸盐水泥的密度主要取决于熟料矿物组成，一般为 3.05 ~ 3.20 g/cm^3。硅酸盐水泥的堆积密度除与矿物组成和细度有关外，主要取决于水泥堆积时的紧密程度，疏松堆积时为 1 000 ~ 1 100 kg/m^3 堆积时可达 1 600 kg/m^3。在凝土配合比设计中，通常取水泥的密度为 3.1 g/cm^3，堆积密度为 1 300 kg/m^3。

表 2-4　通用硅酸盐水泥各龄期的强度要求（GB 175—2007）

品种	强度等级	抗压强度（MPa）		抗折强度（MPa）	
		3 d	28 d	3 d	28 d
硅酸盐水泥	42.5	≥17	≥42.5	≥3.5	≥6.5
	42.5R	≥22		≥4	
	52.5	≥23	≥52.5	≥4	≥7
	52.5R	≥27		≥5	
	62.5	≥28	≥62.5	≥5	≥8
	62.5R	≥32		≥5.5	
普通硅酸盐水泥	42.5	≥7	≥42.5	≥3.5	≥6.5
	42.5R	≥22		≥4	
	52.5	≥23	≥52.5	≥4	≥7
	52.5R	≥27		≥5	
矿渣硅酸盐水泥 火山灰质硅酸盐水泥 粉煤质硅酸盐水泥 复合硅酸盐水泥	32.5	≥10	≥32.5	≥2.5	≥5.5
	32.5R	≥15		≥3.5	
	42.5	≥15	≥42.5	≥3.5	≥6.5
	42.5R	≥19		≥4	
	52.5	≥21	≥52.5	≥4	≥7
	52.5R	≥23		≥4.5	

（四）硅酸盐水泥石的腐蚀与防止

硬化后的水泥石在通常使用条件下有较好的耐久性，但当水泥石长时间处于侵蚀性介质中，如流动的淡水、酸性水、强碱等，会使水泥石的结构遭到破坏，使其强度下降甚至全部

溃散，这种现象称为水泥石的腐蚀。

1. 软水侵蚀

工业冷凝水、雪水、雨水、蒸馏水等均属于软水。在静水或无水压的水中，软水的侵蚀仅限于表面，影响不大。但在有流动的软水作用时，水泥石中 $Ca(OH)_2$ 先溶解，并被水带走，$Ca(OH)_2$ 的溶失，会引起水化硅酸钙、水化铝酸钙的分解，最后变成无胶结能力的低碱性硅酸凝胶和氢氧化铝。硅酸盐水泥水化形成的水泥石中 $Ca(OH)_2$ 含量高达20%，所以受软水侵蚀较为严重。

2. 酸类侵蚀

硅酸盐水泥水化形成物呈碱性，其中含有较多的 $Ca(OH)_2$，当遇到酸类或酸性水时则会发生中和反应，生成比 $Ca(OH)_2$ 溶解度大的盐类，导致水泥石受损破坏。

(1)碳酸的侵蚀

工业污水、地下水中常溶解有较多的二氧化碳，当含量超过一定值时，将对水泥石造成破坏。这种碳酸水对水泥石的侵蚀作用反应式如下：

$$Ca(OH)_2 + CO_2 + H_2O = CaCO_3 + 2H_2O \tag{2-5}$$

$$CaCO_3 + CO_2 + H_2O = Ca(HCO_3)_2 \tag{2-6}$$

生成的碳酸氢钙溶解度大，易溶于水。由于碳酸氢钙的溶失以及水泥石中其他产物的分解，使水泥石结构破坏。

(2)一般酸的侵蚀

工业废水、地下水、沼泽水中常含有多种无机酸和有机酸，各种酸类会对水泥石造成不同程度的损害。无机酸中的盐酸、硝酸、硫酸、氢氟酸和有机酸中的醋酸、蚁酸、乳酸对水泥石的腐蚀尤为严重。以盐酸、硫酸与水中的 $Ca(OH)_2$ 作用为例，反应式如下：

$$Ca(OH)_2 + 2HCl = CaCl_2 + 2H_2O \tag{2-7}$$

$$Ca(OH)_2 + H_2SO_4 = CaSO_4 \cdot 2H_2O \tag{2-8}$$

反应生成的 $CaCl_2$ 易溶于水，生成二水石膏($CaSO_4 \cdot 2H_2O$)结晶膨胀会导致水泥石破坏，而且还会进一步引起硫酸盐的侵蚀。

3. 盐类侵蚀

(1)硫酸盐侵蚀

海水、地下水和工业废水中常含有钾、钠、氨的硫酸盐，它们与水泥石中的 $Ca(OH)_2$ 反应生成硫酸钙，硫酸钙再与水泥石中固态水化铝酸钙作用生成高硫型水化硫铝酸钙，反应式如下：

$$3CaO \cdot Al_2O_3 \cdot 6H_2O + 3(CaSO_4 \cdot 2H_2O) + 19H_2O = 3CaO \cdot Al_2O_3 \cdot 3CaSO_4 \cdot 31H_2O \tag{2-9}$$

生成的高硫型水化硫铝酸钙含大量结晶水，体积膨胀1.5倍以上，在水泥石中造成极大的膨胀性破坏。

(2)镁盐侵蚀

海水和地下水中常含有大量镁盐，主要是硫酸镁和氯化镁。它们与水泥石中的 $Ca(OH)_2$ 反应，反应式如下：

$$Ca(OH)_2 + MgSO_4 + 2H_2O = CaSO_4 \cdot 2H_2O + Mg(OH)_2 \tag{2-10}$$

$$Ca(OH)_2 + MgCl_2 = CaCl_2 + Mg(OH)_2 \tag{2-11}$$

反应生成的 $Mg(OH)_2$ 松软而无胶凝能力，$CaSO_4 \cdot 2H_2O$ 和 $CaCl_2$ 易溶于水，而 $CaSO_4 \cdot 2H_2O$ 还会进一步引起硫酸盐膨胀性破坏。故硫酸镁对水泥石起着镁盐和硫酸盐的双重侵蚀作用。

4. 强碱侵蚀

碱类溶液若浓度不大时一般是无害的，但铝酸三钙（C_3A）含量较高的硅酸盐水泥遇到强碱也会产生破坏作用。如氢氧化钠可与水泥石中未水化的铝酸三钙作用，生成易溶的铝酸钠。

$$3CaO \cdot Al_2O_3 + 6NaOH = 3Na_2O \cdot Al_2O_3 + 3Ca(OH)_2 \qquad (2\text{-}12)$$

当水泥石被氢氧化钠溶液浸透后又在空气中干燥，与空气中的二氧化碳作用生成碳酸钠，碳酸钠在水泥石毛细孔中结晶沉积，可导致水泥石膨胀破坏。

5. 防止水泥石腐蚀的措施

水泥石的腐蚀是多种介质同时作用的一个极其复杂的物理化学作用过程。引起水泥石腐蚀的外在因素是侵蚀性介质，内在因素主要有两个：一是水泥石中存在易引起腐蚀的成分，如氢氧化钙、水化铝酸钙等；二是水泥石本身不密实，使侵蚀性介质易于进入内部引起破坏。根据以上分析，防止水泥石腐蚀可采取以下措施。

(1)合理选择水泥品种

如在软水侵蚀条件下的工程，可选用水化生成物中 $Ca(OH)_2$ 含量少的水泥，在有硫酸盐侵蚀的工程中，可选用铝酸三钙含量低于5%的抗硫酸盐水泥。

(2)改善水泥水化过程中孔隙的分布

孔隙是引起水泥石腐蚀加剧的内在原因之一，因此采取适当措施，如机械搅拌、振捣、掺外加剂等，或在满足施工操作的前提下尽量减少水灰比，从而提高水泥石密实度，减少水泥石中的毛细管，改善水泥石的耐腐蚀性。

(3)表面加做保护层

用耐腐蚀的石料、陶瓷、塑料、沥青等覆盖于水泥石的表面，以防止侵蚀性介质与水泥石直接接触。

（五）硅酸盐水泥的特性和应用

1. 强度高

硅酸盐水泥凝结硬化速度快，早期强度和后期强度都较高，适用于早期强度有较高要求的工程，如现浇混凝土梁、板、柱和预制构件，也适用于重要结构的高强度混凝土和预应力混凝土等工程。

2. 水化热大和抗冻性好

硅酸盐水泥中硫酸三钙和铝酸三钙的含量高，水化时放出的热量大，有利于冬季施工，但不宜用于大体积混凝土工程。硅酸盐水泥硬化后的水泥石结构密实，抗冻性好，适用于严寒地区遭受反复冻融的工程和抗冻性要求高的工程，如大坝溢流面等。

3. 干缩小和耐磨性好

硅酸盐水泥硬化时干缩小，不易产生干缩裂缝，可用于干燥环境工程。由于干缩小，表面不易起粉尘，因此耐磨性好，可用于道路工程。

4. 耐腐蚀性差

硅酸盐水泥石中有较多的氢氧化钙，耐软水和耐化学腐蚀性差。故硅酸盐水泥不宜用

于经常与流动的淡水接触和压力水作用的工程，也不适用于受海水、矿物水等作用的工程。

5. 耐热性差

硅酸盐水泥石在温度超过 250 ℃时水化产物开始脱水，体积产生收缩，强度开始下降。当受热温度超过 600 ℃，水泥石由于体积膨胀而造成破坏。因此，硅酸盐水泥不宜用于耐热要求高的工程，如工业窑炉、高炉基础等，也不宜用来配制耐热混凝土。

6. 抗碳化性好

水泥石中的氢氧化钙与空气中的二氧化碳和水作用生成碳酸钙的过程称为碳化。碳化会引起水泥石内部的碱度降低。当水泥石的碱度降低时，钢筋混凝土中的钢筋便失去钝化保护膜而锈蚀。硅酸盐水泥在水化后，水泥石中含有较多的氢氧化钙，碳化时水泥的碱度下降少，对钢筋的保护作用强，可用于空气中二氧化碳浓度较高的环境中，如热处理车间等。

二、其他通用硅酸盐水泥

（一）混合材料

混合材料是指在磨制水泥时加入的各种矿物材料。混合材料分为活性混合材料和非活性混合材料两种。

1. 活性混合材料

活性混合材料是指能与水泥熟料的水化产物 $Ca(OH)_2$ 等发生化学反应，并形成水硬性胶凝材料的矿物质材料。水泥中掺有活性混合材料时，可能影响水泥早期强度的发展，但后期强度的发展潜力大。常用的活性混合材料有以下几种。

（1）粒化高炉矿渣。它是高炉炼铁所得的以硅酸钙和铝酸钙为主要成分的熔融物，经急速冷却而成的颗粒。由于急速冷却，粒化高炉矿渣呈玻璃体，储有大量化学潜能。玻璃体结构中的活性 SiO_2 和活性 Al_2O_3，与水化产物 $Ca(OH)_2$、水等作用形成新的水化产物而产生胶凝作用。

（2）火山灰质混合材料。火山灰质混合材料的品种很多，天然矿物材料有火山灰、凝灰岩、浮石、硅藻土等；工业废渣和人工制造的有天然煤矸石、煤渣、烧黏土、硅灰等。此类材料的活性成分也是活性 SiO_2 和活性 Al_2O_3，其潜在水硬性原理与粒化高炉矿渣相同。

（3）粉煤灰混合材料。粉煤灰是火力发电厂用收尘器从烟道中收集的灰粉，主要成分是活性 SiO_2 和活性 Al_2O_3，其潜在水硬性原理与粒化高炉矿渣相同。当粉煤灰中含有较多未燃尽炭等可燃物质，会降低其活性。

2. 非活性混合材料

非活性混合材料是指掺入水泥后，主要起填充作用而又不损害水泥性能的矿物材料，又称为惰性混合材料。常用非活性混合材料的品种有：磨细石英砂、石灰石、炉灰等。非活性混合材料的主要作用是改善水泥某些性能，如调节水泥强度等级、增加水泥产量、降低水化热等。

（二）普通硅酸盐水泥

普通硅酸盐水泥代号为 P · O，其中加入了大于 5% 且不超过 20% 的活性混合材料，并允许不超过水泥质量 8% 的非活性混合材料或不超过水泥质量 5% 的窑灰代替部分活性混合材料。

1. 普通硅酸盐水泥的技术指标

普通硅酸盐水泥的细度、体积安定性、氧化镁含量、三氧化硫含量、氯离子含量要求与硅酸盐水泥完全相同,凝结时间和强度等级技术指标要求不同。

(1)凝结时间,要求初凝时间不小于 45 min,终凝时间不大于 10 h。

(2)强度等级,根据 3 d 和 28 d 的抗折强度、抗压强度,将普通硅酸盐水泥分为 42.5、42.5R、52.5、52.5R 四个强度等级。各龄期的强度应满足表 2-4 要求。

2. 普通硅酸盐水泥的性能及应用

普通硅酸盐水泥由于掺加的混合材料较少,因此其性能与硅酸盐水泥相同。只是强度等级、水化热、抗冻性、抗碳化性等较硅酸盐水泥略有降低,耐热性、耐腐蚀性略有提高。普通硅酸盐水泥的应用范围与硅酸盐水泥大致相同,是土木工程中用量最大的水泥品种之一。

(三)矿渣硅酸盐水泥

矿渣硅酸盐水泥分为两个类型,加入大于 20% 且不超过 50% 的粒化高炉矿渣的为 A 型,代号 P·S·A;加入大于 50% 且不超过 70% 的粒化高炉矿渣的为 B 型,代号 P·S·B。

其中允许不超过水泥质量 8% 的活性混合材料、非活性混合材料和窑灰中的任一种材料代替部分矿渣。

1. 矿渣硅酸盐水泥的技术指标

矿渣硅酸盐水泥的凝结时间、体积安定性、氯离子含量要求均与普通硅酸盐水泥相同。其他技术要求如下:

(1)细度要求。80 μm 方孔筛筛余不大于 10% 或 45 μm 方孔筛筛余不大于 30%。

(2)氧化镁含量。对 P·S·A 型,要求氧化镁的含量不大于 6.0%,如果含量大于 6.0% 时,需进行压蒸安定性试验并合格。对 P·S·B 型不做要求。

(3)三氧化硫含量不大于 4.0%。

(4)强度等级。根据 3 d 和 28 d 的抗折强度、抗压强度,将矿渣硅酸盐水泥分为 32.5、32.5R、42.5、42.5R、52.5、52.5R 六个强度等级。各龄期的强度不能低于表 2-4 中的规定。

2. 矿渣硅酸盐水泥的水化特点

矿渣硅酸盐水泥的水化分两步进行,即存在二次水化。首先是水泥熟料的水化,与硅酸盐水泥相同,水化生成水化硅酸钙、氢氧化钙、水化铝酸钙、水化铁酸钙等。然后是活性混合材料开始水化。熟料矿物析出的氢氧化钙作为碱性激发剂,石膏作为硫酸盐激发剂,促使混合材料中的活性氧化硅和活性氧化铝的活性发挥,生成水化硅酸钙、水化铝酸钙和水化硫铝酸钙。二次水化是掺混合材料水泥的共同特点。

3. 矿渣硅酸盐水泥的性能及应用

(1)早期强度发展慢,后期强度增长快,该水泥不适用于早期强度要求较高的工程,如现浇混凝土楼板、梁、柱等。

(2)耐热性好,因矿渣本身有一定的耐高温性,且硬化后水泥石中的氢氧化钙含量少,所以矿渣水泥适于高温环境。如轧钢、铸造等高温车间的高温窑炉基础及温度达到 300 ~ 400 ℃的热气体通道等耐热工程。

(3)水化热小,可以用于大体积混凝土。

(4)耐腐蚀性好,可用于海港、水工等受硫酸盐和软水腐蚀的混凝土工程。

(5)硬化时对温度、湿度敏感强,特别适用于蒸汽养护的混凝土预制构件。

(6)抗碳化能力差,一般不用于热处理车间的修建。

(7)抗冻性差,不宜用于严寒地区,特别是严寒地区水位经常变动的部位。

（四）火山灰质硅酸盐水泥、粉煤灰硅酸盐水泥、复合硅酸盐水泥

火山灰质硅酸盐水泥代号为 P·P，其中加入了大于 20% 且不超过 40% 的火山灰混合材料；粉煤灰硅酸盐水泥代号 P·F，其中加入了大于 20% 且不超过 40% 的粉煤灰；复合硅酸盐水泥代号为 P·C，其中加入了两种（含）以上大于 20% 且不超过 50% 的混合材料，并允许用不超过水泥质量 8% 的窑灰代替部分混合材料，所用混合材料为矿渣时，其掺加量不得与矿渣硅酸盐水泥重复。

1. 三种水泥的技术指标

这三种水泥的细度、凝结时间、体积安定性、强度等级、氯离子含量要求与矿渣硅酸盐水泥相同。三氧化硫含量要求不大于 4.0%；氧化镁的含量要求不大于 6.0%，如果含量大于 6.0% 时，需进行压蒸安定性试验并合格。

2. 三种水泥的性能及应用

这三种水泥与矿渣硅酸盐水泥的性质和应用有以上很多共同点，如早期强度发展慢、后期强度增长快，水化热小，耐腐蚀性好，温湿度敏感性强，抗碳化能力差，抗冻性差等。但由于每种水泥所加入混合材料的种类和掺加量不同，因此也各有其特点。

（1）火山灰质硅酸盐水泥抗渗性好。因为火山灰颗粒较细、比表面积大，可使水泥石结构密实，又因在潮湿环境下使用时，水化中产生较多的水化硅酸钙可增加结构致密程度，因此火山灰质硅酸盐水泥适用于有抗渗要求的混凝土工程。但在干燥、高温的环境中，与空气中的二氧化碳反应使水泥硅酸钙分解成碳酸钙和氧化硅，易产生“起粉”现象，不宜用于干燥环境的工程，也不宜用于有抗冻和耐磨要求的混凝土工程。

（2）粉煤灰硅酸盐水泥干缩较小，抗裂性高。粉煤灰颗粒多呈球形玻璃体结构，比较稳定，表面又相当致密，吸水性小，不易水化，因而粉煤灰硅酸盐水泥干缩较小，抗裂性高用其配制的混凝土和易性好，但其早期强度较其他掺混合材料的水泥低。所以，粉煤灰硅酸盐水泥适用于承受荷载较迟的工程，尤其适用于大体积水利工程。

（3）复合硅酸盐水泥综合性质较好。复合硅酸盐水泥由于使用了复合混合材料，改变了水泥石的微观结构，促进水泥熟料的水化，其早期强度大于同强度等级的矿渣硅酸盐水泥、粉煤灰硅酸盐水泥、火山灰质硅酸盐水泥。因而复合硅酸盐水泥的用途较硅酸盐水泥、矿渣硅酸盐水泥等更为广泛，是一种大力发展的新型水泥。

三、通用水泥的选用

目前，硅酸盐水泥、普通硅酸盐水泥、矿渣硅酸盐水泥、火山灰质硅酸盐水泥、粉煤灰硅酸盐水泥和复合硅酸盐水泥是我国广泛使用的通用硅酸盐水泥。在混凝土结构工程中，这些水泥的使用可参照表 2-5 选择。

四、水泥的储存和运输

水泥在储存和运输时不得受潮和混入杂质，储存时间不宜过长，一般不超过 3 个月。即使储存条件良好的水泥存放 3 个月后强度也会明显降低，储存期超过 3 个月的水泥为过期水泥，过期水泥和受潮结块的水泥，均应重新检测其强度后才能决定如何使用。

不同品种、强度等级、出厂日期的水泥分开存放，并标志清楚。袋装水泥堆放高度一般不超过 10 袋，应注意先到先用，避免积压过期。

不同品种、标号、批次的水泥由于矿物组成不同、凝结时间不同，严禁混杂使用。

表 2-5　常用水泥的选用

<table>
<tr><th colspan="2">混凝土工程特点或所处的环境</th><th>优先选用</th><th>可以使用</th><th>不宜使用</th></tr>
<tr><td rowspan="11">普通混凝土</td><td rowspan="3">1.在普通气候环境下</td><td rowspan="3">普通硅酸盐水泥</td><td>矿渣硅酸盐水泥</td><td rowspan="3"></td></tr>
<tr><td>火山灰质硅酸盐水泥</td></tr>
<tr><td>粉煤硅酸盐水泥</td></tr>
<tr><td rowspan="2">2.在干燥环境中的混凝土</td><td rowspan="2">普通硅酸盐水泥</td><td rowspan="2">矿渣硅酸盐水泥</td><td>粉煤灰硅酸盐水泥</td></tr>
<tr><td>火山灰质硅酸盐水泥</td></tr>
<tr><td rowspan="3">3.在高湿环境中后长期处于水中的混凝土</td><td rowspan="3">矿粉渣硅酸盐水泥</td><td>普通硅酸盐水泥</td><td rowspan="3"></td></tr>
<tr><td>火山灰质硅酸盐水泥</td></tr>
<tr><td>粉煤灰硅酸盐水泥</td></tr>
<tr><td rowspan="3">4.厚大体积的混凝土</td><td>粉煤灰硅酸盐水泥</td><td rowspan="3">普通硅酸盐水泥</td><td rowspan="2">硅酸盐水泥</td></tr>
<tr><td>矿渣硅酸盐水泥</td></tr>
<tr><td>火山灰质硅酸盐水泥</td><td>快硬硅酸盐水泥</td></tr>
<tr><td rowspan="16">有特殊要求的混凝土</td><td rowspan="4">1.要求快硬的混凝土</td><td rowspan="2">快硬硅酸盐水泥</td><td rowspan="4">普通硅酸盐水泥</td><td>矿渣硅酸盐水泥</td></tr>
<tr><td>火山灰质硅酸盐水泥</td></tr>
<tr><td rowspan="2">硅酸盐水泥</td><td>粉煤灰硅酸盐水泥</td></tr>
<tr><td>复合硅酸盐水泥</td></tr>
<tr><td rowspan="2">2.高强（大于 C40 级)的混凝土</td><td rowspan="2">硅酸盐水泥</td><td>普通硅酸盐水泥</td><td>火山灰质硅酸盐水泥</td></tr>
<tr><td>矿渣硅酸盐水泥</td><td>粉煤灰硅酸盐水泥</td></tr>
<tr><td rowspan="2">3.严寒地区的露天混凝土和处在水位升降范围内的混凝土</td><td rowspan="2">普通硅酸盐水泥</td><td rowspan="2">矿渣硅酸盐水泥</td><td>火山灰质硅酸盐水泥</td></tr>
<tr><td>粉煤灰硅质酸盐水泥</td></tr>
<tr><td rowspan="4">4.严寒地区处在水位升降范围内的混凝土</td><td rowspan="4">普通硅酸盐水泥</td><td rowspan="4"></td><td>火山灰质硅酸盐水泥</td></tr>
<tr><td>矿渣硅酸盐水泥</td></tr>
<tr><td>粉煤灰硅质酸盐水泥</td></tr>
<tr><td>复合硅酸盐水泥</td></tr>
<tr><td rowspan="2">5.有抗渗性要求的混凝土</td><td>普通硅酸盐水泥</td><td rowspan="2"></td><td rowspan="2">矿渣硅酸盐水泥</td></tr>
<tr><td>火山灰质硅酸盐水泥</td></tr>
<tr><td rowspan="2">6.有耐磨性要求的混凝土</td><td>硅酸盐水泥</td><td rowspan="2">矿渣硅酸盐水泥</td><td>火山灰质硅酸盐水泥</td></tr>
<tr><td>普通硅酸盐水泥</td><td>粉煤灰硅酸盐水泥</td></tr>
</table>

项目三　特种水泥

在工程中，除了前面介绍的通用水泥外，还需使用一些特种水泥来满足工程要求，如快硬硅酸盐水泥、铝酸盐水泥（高铝水泥）、白色和彩色硅酸盐水泥和道路水泥。

一、抗硫酸盐硅酸盐水泥

抗硫酸盐硅酸水泥按抗硫酸盐侵蚀程度分为中抗硫酸盐硅酸盐水泥和高抗硫酸盐硅酸盐水泥两类。以适当成分的硅酸盐水泥熟料，加入石膏，共同磨细制成的具有抵抗中等浓度硫酸根离子侵蚀的水硬性胶凝材料，称为中抗硫酸盐硅酸盐水泥，简称中抗硫酸盐水泥，代号 P・MSR。中抗硫酸盐水泥中 C_3A 含量不得超过 5%，C_3S 的含量不得超过 55%。以适当成分的硅酸盐水泥熟料，加入石膏，磨细制成的具有抵抗较高浓度硫酸根离子侵蚀的水硬性胶凝材料，称为高抗硫酸盐硅酸盐水泥，简称高抗硫酸盐水泥，代号 P・HSR。高抗硫酸盐水泥中 C_3A 含量不得超过 3%，C_3S 的含量不得超过 50%。

根据国家标准《抗硫酸盐硅酸盐水泥》（GB 748—2005）的规定，抗硫酸盐水泥分 32.5、42.5 两个强度等级，各龄期的强度值不得低于表 2-6 的规定。

表 2-6　抗硫酸盐硅酸盐水泥各龄期的强度要求（GB 748—2005）

强度等级	抗压强度（MPa）		抗折强度（MPa）	
	3 d	28 d	3 d	28 d
32.5	10	32.5	2.5	6
42.5	15	42.5	3	6.5

在抗硫酸盐水泥中，由于限制了水泥熟料中 C_3A、C_4AF 和 C_3S 的含量，使水泥的水化热较低，水化铝酸钙的含量较少，抗硫酸盐侵蚀的能力较强。抗硫酸盐水泥适用于受硫酸盐侵蚀的海港、水利、地下、引水、隧道、道路和桥梁等大体积混凝土工程。

二、铝酸盐水泥

铝酸盐水泥是以铝矾土和石灰石为原料，经高温煅烧所得以铝酸钙为主的铝酸盐水泥熟料，经磨细制成的水硬性胶凝材料，代号为 CA。铝酸盐水泥又称高铝水泥。

（一）铝酸盐水泥的类型

按国家标准《铝酸盐水泥》（GB/T 201—2015），铝酸盐水泥根据 $A1_2O_3$ 含量分为 CA-50、CA-60、CA-70、CA-80 四类，各类铝酸盐水泥 Al_2O_3 的含量如表 2-7 所示。

（二）铝酸盐水泥的技术指标

1. 细度

比表面积不小于 300 m^2/kg，或通过 0.045 mm 的筛，筛余量不大于 20%。

2. 凝结时间

CA-50、CA-70、CA-80 的初凝时间不得早于 30 min，终凝时间不得迟于 6 h；CA-6 的初凝时间不得早于 60 min，终凝时间不得迟于 18 h。

3. 强度

各类型铝酸盐水泥各龄期的强度值不得低于表 2-7 中规定的数值。

表 2-7　铝酸盐水泥的 Al_2O_3 含量和各龄期强度要求(GB/T 201—2015)

类型		Al_2O_3 含量	抗压强度(MPa)				抗折强度(MPa)			
			6 h	1 d	3 d	28 d	6 h	1 d	3 d	28 d
CA 50	CA 50-Ⅰ	≥50% 且<60%	20	≥40	≥50	—	≥3	≥5.5	≥6.5	—
	CA 50-Ⅱ			≥50	≥60	—		≥6.5	≥7.5	—
	CA 50-Ⅲ			≥60	≥70	—		≥7.5	≥8.5	—
	CA 50-Ⅳ			≥70	≥80	—		≥8.5	≥9.5	—
CA 60	CA 60-Ⅰ	≥60% 且<68%	—	≥65	≥85	—	—	≥7.0	≥10.0	—
	CA 60-Ⅱ		—	≥20	≥45	≥85	—	≥2.5	≥5.0	≥10.0
CA 70		≥68% 且<77%	—	≥30	≥40	—	—	≥5.0	≥6.0	—
CA 80		≥77%	—	≥25	≥30	—	—	≥4.0	≥5.0	—

(三)铝酸盐水泥的特性与应用

铝酸盐水泥具有快凝、早强、高强、低收缩、耐热性好和耐硫酸盐腐蚀性强等特点,适用于工期紧急的工程、抢修工程、冬季施工的工程和高温工程,还可以用来配制耐热混凝土、耐硫酸盐混凝土等。但铝酸盐水泥的水化热大、耐碱性差,不宜用于大体积混凝土,不宜采用蒸汽等湿热养护。

三、硫铝酸盐水泥

硫铝酸盐水泥主要包括快硬铝酸盐水泥、低碱度硫铝酸盐水泥、自应力硫铝酸盐水泥。硫铝酸盐水泥熟料中,三氧化二铝含量应不小于 30.0%,二氧化硅含量(质量分数)应不大于 10.5%。硫铝酸盐的强度指标详见,《硫铝酸盐水泥》(GB 20472—2006)。

表 2-8　快硬硫铝酸盐水泥各龄期强度要求

标号	抗压强度(MPa)			抗折强度(MPa)		
	1 d	3 d	28 d	1 d	3 d	28 d
42.5	30.0	42.5	45.0	6.0	6.5	7.0
52.5	40.0	52.5	55.0	6.5	7.0	7.5
62.5	50.0	62.5	65.0	7.0	7.5	8.0
72.5	55.0	72.5	75.0	7.5	8.0	8.5

快硬硫铝酸盐水泥的早期强度增长快,水化热高,适用于早期强度要求高的工程、紧急抢修的工程和冬季施工工程,但不宜用于大体积混凝土工程。

快硬硫铝酸盐水泥易受潮变质,故储存和运输时,应特别注意防潮,且储存时间不宜超过 1 个月。

四、道路硅酸盐水泥

随着中国经济建设的发展，高等级公路越来越多，水泥混凝土路面已成为主要路面之一。对专供公路、城市道路和机场跑道所用的道路水泥，我国制定了国家标准《道路硅酸盐水泥》（GB 13693—2005）。

由道路硅酸盐水泥熟料、0～10%活性混合材料和适量石膏共同磨细制成的水硬性胶凝材料，称为道路硅酸盐水泥，简称道路水泥。道路硅酸盐水泥熟料中硅酸钙和铁铝四钙的含量较多，要求铁铝酸四钙的含量不得低于16.0%，铝酸三钙的含量不得大于5.0%。道路水泥分为32.5、42.5、52.5三个强度等级，各龄期的强度值不得低于表2-9中规定的数值；道路水泥的初凝时间不得早于1 h；终凝时间不得迟于10 h；28 d干缩率不得大于0.10%，磨损率不得大于3.00 kg/m^2；体积安定性用沸煮法检验必须合格。

表2-9　道路硅酸盐水泥各龄期的强度要求（GB 13693—2005）

强度等级	抗压强度（MPa）		抗折强度（MPa）	
	3 d	28 d	3 d	28 d
32.5	16	32.5	3.5	6.5
42.5	21	42.5	4	7
52.5	26	52.5	5	7.5

道路水泥抗折强度高、耐磨性好、干缩小、抗冻性和抗冲击性好，可减少混凝土路面的断板、温度裂缝和磨耗，减少路面维修费用，延长道路使用年限。道路水泥适用于公路路面、机场跑道、人流量较多的广场等工程的面层混凝土。

五、白色和彩色硅酸盐水泥

白色硅酸盐水泥是以铁含量少的硅酸盐水泥熟料、适量石膏及混合材料磨细所得的水硬性胶凝材料，称为白色硅酸盐水泥，简称白水泥，代号P·W。磨制水泥时，允许加入不超过水泥质量0～10%的石灰石或窑灰作外加物。水泥粉磨时允许加入不损害水泥性能的助磨剂，加入量不超过水泥质量的1%。白水泥的生产、矿物组成、性能和普通硅酸盐水泥基本相同。

国家标准《白色硅酸盐水泥》（GB/T 2015—2005）规定，白色硅酸盐水泥细度要求80 μm方孔筛筛余应不超过10%；初凝时间不得早于45 min，终凝时间不得迟于10 h；安定性用沸煮检验必须合格；水泥中的SO_3含量不超过3.5%；根据3 d、28 d的抗压和抗折强度将白水泥划分为32.5、42.5、52.5三个强度等级。各龄期的强度值不得低于表2-10的要求。白水泥的白度是指水泥色白的程度，将水泥样品放入白度仪中测定其白度，白度值不能低于87。

由白色硅酸盐水泥熟料、适量石膏和耐碱矿物颜料共同磨细，可制成彩色硅酸盐水泥。白色和彩色硅酸盐水泥，主要用于各种装饰混凝土和装饰砂浆，如水磨石、水刷石、人造大理石、干粘石等，也配制彩色水泥浆用于建筑物的墙面、柱面、天棚等处的粉刷。

表 2-10　白水泥各龄期的强度要求(GB/T 2015—2005)

强度等级	抗压强度(MPa)		抗折强度(MPa)	
	3 d	28 d	3 d	28 d
32.5	12	32.5	3	6
42.5	17	42.5	3.5	6.5
52.5	22	52.5	4	7

六、膨胀水泥和自应力水泥

一般水泥在空气中硬化时,都会产生一定的收缩,这些收缩会使水泥石结构产生内应力,导致混凝土内部产生裂缝,降低混凝土的整体性,使混凝土强度、耐久性下降。膨胀水泥和自应力水泥在凝结硬化时产生适量的膨胀,能消除收缩产生的不利影响。

在钢筋混凝土中应用膨胀水泥,由于混凝土的膨胀使钢筋产生一定的拉应力,混凝土受到相应的压应力,这种压应力能使混凝土的微裂缝减少,同时还能抵消一部分由于外界因素产生的拉应力,提高混凝土的抗拉强度。因这种预先具有的压应力来自水泥的水化,所以称为自应力,并以“自应力值”表示混凝土中的压应力大小。根据水泥的自应力值大小,可以将水泥分为两类,一类自应力值不小于 2.0 MPa 的为自应力水泥;另一类自应力值小于 2.0 MPa的为膨胀水泥。

膨胀水泥和自应力水泥按主要成分可分为硅酸盐型(以硅酸盐水泥熟料为主,外加铝酸盐水泥和天然二水石膏配制而成)、铝酸盐型(以铝酸盐水泥为主,外加石膏配制而成)、硫铝酸盐型(以无水硫铝酸盐和硅酸二钙为主要成分,加石膏配制而成)和铁铝酸盐型(以氧化铁、无水硫铝酸钙和硅酸二钙为主要成分,加石膏配制而成)。这些水泥的膨胀作用机理是水泥在水化过程中,形成大量的钙矾石而产生体积膨胀。

膨胀水泥膨胀性较低,在限制膨胀时产生的压应力能大致抵消干缩引起的拉应力,主要用于减少和防止混凝土的干缩裂缝。膨胀水泥主要用于收缩补偿混凝土工程,防渗混凝土(屋顶防渗、水池等)、防渗砂浆、结构的加固,构件接缝、接头的灌浆,固定设备的机座及地脚螺栓等。自应力水泥的膨胀值较大,在限制膨胀的条件下(配有钢筋时),由于水泥石的膨胀,使混凝土受到压应力的作用,达到预应力的目的。自应力水泥一般用于预应力钢筋混凝土、压力管及配件等。

项目四　气硬性胶凝材料

一、石灰

石灰是一种传统的建筑材料。由于生产石灰的原材料广泛,生产工艺简单,成本低,使用方便,故石灰在建筑工程中一直得到广泛应用。生产石灰要消耗矿产资源,且生产过程中排出大量 CO_2,污染环境。因此,从可持续发展的战略考虑,应适度开发和合理利用石灰。

（一）石灰的生产

生产石灰的原料主要是以碳酸钙为主要成分的天然岩石，如石灰石、白云石等，也可采用化工副产品，如电石渣等。石灰石的主要成分是碳酸钙（$CaCO_3$），另外还有少量的碳酸镁（$MgCO_3$）和黏土杂质。

将石灰石在高温下煅烧，即得块状生石灰。生石灰主要成分是 CaO，另外还有少量 MgO 等杂质。

$$CaCO_3 \xrightarrow{900\ ℃} CaO + CO_2 \uparrow \tag{2-13}$$

$$MgCO_3 \xrightarrow{600\ ℃} MgO + CO_2 \uparrow \tag{2-14}$$

在正常温度下煅烧良好的块状石灰，质轻色白，呈疏松多孔结构，CaO 含量高，密度量为 3.1～3.4 g/cm^3，堆积密度为 800～1 000 kg/m^3。

生产石灰时，由于煅烧时间或煅烧温度控制不均匀，常会出现欠火石灰或过火石灰。欠火石灰是由于煅烧温度过低或煅烧时间不足，石灰石中的 $CaCO_3$ 尚未完全分解，生产出的石灰 CaO 含量低，降低了石灰的利用率。过火石灰是由于煅烧温度过高或煅烧时间过长，石灰石中的杂质发生熔结，生产出的石灰颗粒粗大、结构致密，熟化速度十分缓慢，对石灰的利用极为不利。

建筑石灰按照 MgO 含量不同，将生石灰分为钙质石灰（MgO≤5%）和镁质石灰（MgO＞5%）。镁质石灰熟化较慢，但硬化后强度较高。

按照成品加工方法的不同，建筑工程中常用的石灰类型主要有以下几种：

（1）块状生石灰

块状生石灰由原料煅烧而成的原产品，主要成分为 CaO。

（2）生石灰粉

生石灰粉为块状生石灰经磨细而成的粉状产品，主要成分也为 CaO。

（3）消石灰粉

将生石灰用适量的水消化而成的粉末即为消石灰粉，也称熟石灰粉，其主要成分为 $Ca(OH)_2$。

（4）石灰膏（浆）

将生石灰加入石灰体积 3～4 倍的水消化而成石灰膏（浆）。石灰浆在储灰坑中沉淀，并除去上层水分后，称为石灰膏。如果水分加得更多，则呈白色悬浮液，称为石灰浆（或石灰乳）。石灰膏多用于配制石灰砂浆，石灰浆主要用于粉刷。

（二）石灰的熟化与硬化

生石灰与水发生反应生成熟石灰的过程，称为石灰的熟化（又称消解或消化）。熟化后的石灰称为熟石灰，其主要成分为 $Ca(OH)_2$。

$$CaO + H_2O \rightarrow Ca(OH)_2 + 64.8\ kJ \tag{2-15}$$

生石灰熟化过程放出大量的热，且体积迅速膨胀 1～2.5 倍。煅烧良好、氧化钙含量高的生石灰熟化快、放热量多、体积增大多，因此产浆量高。

在建筑工程中，生石灰必须经充分熟化后方可使用。这是因为块状生石灰中常含有过火石灰，过火石灰熟化十分缓慢，如果没有充分熟化而直接使用，过火石灰就会吸收空气中的水分继续熟化，体积膨胀使构件表面凸起、开裂或局部脱落，严重影响施工质量。为了保证生石灰充分熟化,一般在工地上将块状生石灰放在化灰池内,加水经过两周以上时间的消化,这个过程称为生石灰的熟化处理,亦称“陈伏”。在陈伏期间,石灰浆表面应保持有一层水覆盖,使其与空气隔绝,避免碳化。

石灰浆体的硬化包含干燥、结晶和碳化三个交错进行的过程。在石灰浆体中由于多余水分的蒸发或被砌体吸收使 $Ca(OH)_2$ 的浓度增加,获得一定的强度。随着水分继续减少,

$Ca(OH)_2$ 逐渐从溶液中结晶出来,使强度继续增加。$Ca(OH)_2$ 与潮湿空气中的 CO_2 反应生成 $CaCO_3$(称为碳化),新生成的 $CaCO_3$ 晶体相互交叉连生或与 $Ca(OH)_2$ 共生,构成紧密交织的结晶网,使浆体的强度进一步提高。由于空气中的 CO_2 浓度低,且 CO_2 较难深入内部,故碳化过程十分缓慢。从石灰浆体的硬化过程可以看出,石灰浆体硬化速度慢,硬化后强度低,耐水性差。

(三)石灰的技术标准

根据建材标准《建筑生石灰》(JC/T 479—2013)、《建筑消石灰粉》(JC/T 481—2013)的规定,其相应指标如表 2-11 至表 2-13 所示。

表 2-11 建筑生石灰的分类

类别	名称	代号
钙质石灰	钙质石灰 90	CL 90
	钙质石灰 85	CL 85
	钙质石灰 75	CL 75
镁质石灰	镁质石灰 85	ML 85
	镁质石灰 80	ML 80

表 2-12 建筑生石灰的化学成分

名称	氧化钙 + 氧化镁	氧化镁	二氧化碳	三氧化硫
CL 90-Q CL 90-QP	≥90%	≤5%	≤4%	≤2%
CL 85-Q CL 85-QP	≥85%	≤5%	≤7%	≤2%
CL 75-Q CL 75-QP	≥75%	≤5%	≤12%	≤2%
ML 85-Q ML 85-QP	≥85%	>5%	≤7%	≤2%
ML 80-Q ML 80-QP	≥80%	>5%	≤7%	≤2%

表 2-13　建筑消石灰的分类

类别	名称	代号
钙质消石灰	钙质消石灰 90	HCL 90
	钙质消石灰 85	HCL 85
	钙质消石灰 75	HCL 75
镁质消石灰	镁质消石灰 85	HML 85
	镁质消石灰 80	HML 80

（四）石灰的技术性质

1. 可塑性、保水性好

生石灰熟化为石灰浆时，氢氧化钙颗粒极其微小，且颗粒间水膜较厚，颗粒间的滑移较易进行，故可塑性、保水性好。用石灰调成的石灰砂浆具有良好的可塑性，在水泥砂浆中加入石灰膏，可显著提高砂浆的可塑性。

2. 强度低、耐水性差

石灰浆的凝结硬化缓慢，且硬化后的强度低，如 1∶3 的石灰砂浆 28 d 的抗压强度通常只有 0.2～0.5 MPa，受潮后石灰溶解，强度更低。石灰硬化后的主要成分为氢氧化钙，溶于水，故石灰的耐水性差，不宜用于潮湿环境和水中。

3. 体积收缩大

石灰浆在硬化过程中由于大量水分蒸发，使石灰浆体产生显著的体积收缩而开裂。因此石灰除粉刷外不宜单独使用，常和砂子、纸筋等混合使用。

4. 生石灰吸湿性强

由于吸湿性强的特性，生石灰是传统的干燥剂。

（五）石灰的应用

1. 石灰乳涂料和砂浆

用消石灰粉或熟化好的石灰膏加水稀释成为石灰乳涂料，可用于内墙和天棚粉刷；用石灰膏或生石灰粉配制的石灰砂浆或水泥石灰混合砂浆，可用来砌筑墙体，也可用于墙面、柱面、顶棚等的抹灰。

2. 灰土和三合土

消石灰粉和黏土按一定比例配合称为灰土，再加入炉渣、砂、石等填料，即成三合土。灰土和三合土经夯实后强度高、耐水性好，且操作简单、价格低廉，广泛应用于建筑物、道路等的垫层和基础。石灰土和三合土的强度形成机理尚待继续研究，可能是由于石灰改善了黏土的和易性，在强力夯打之下，大大提高了紧密度。而且，黏土颗粒表面的少量活性氧化硅和氧化铝与氢氧化钙起化学反应，生成了不溶性的水化硅酸钙和水化铝酸钙，将黏土颗粒黏接起来，从而提高了黏土的强度和耐水性。

3. 碳化石灰板

将磨细生石灰、纤维状填料或轻质骨料和水按一定比例搅拌成型，然后通入高浓度二氧化碳经人工碳化（12～24 h）而成的轻质板材称为碳化石灰板。为减轻自重、提高碳化效果，碳化石灰板常做成薄壁空心板，主要用于非承重内墙板、天花板等。

(六)石灰的储运

生石灰在运输和储存时要防止受潮,且储存时间不宜过长;否则生石灰会吸收空气中的水分自行消化成消石灰粉,然后再与二氧化碳作用形成碳化层,失去胶凝能力。工地上一般将石灰的储存期变为陈伏期,陈伏期间,石灰膏上部要覆盖一层水,以防碳化。

生石灰不宜与易燃、易爆品装运和存放在一起。这是因为储运中的生石灰受潮熟化要放出大量的热且体积膨胀,会导致易燃、易爆品燃烧和爆炸。

二、石膏

石膏是以硫酸钙为主要成分的气硬性胶凝材料。当石膏中含有的结晶水不同时,可形成多种性能不同的石膏,主要有建筑石膏($CaSO_4 \cdot \frac{1}{2}H_2O$)、无水石膏($CaSO_4$)、生石膏($CaSO_4 \cdot 2H_2O$)等。其中建筑石膏及其制品具有重量轻、吸声性好、吸湿性好、形体饱满、表面平整细腻、装饰性好、容易加工等优点,是建筑工程中常用的胶凝材料。本节主要讲述建筑石膏。

(一)石膏的生产

生产建筑石膏的主要原料是天然二水石膏矿石(又称生石膏)或含有硫酸钙的化工副产品。生产石膏的主要工序是破碎、加热和磨细。由于加热方式和温度的不同,可生产出不同的石膏产品。

1. 建筑石膏

将天然二水石膏在常压下加热到 107 ~ 170 ℃时,可生产出 β 型半水石膏,再经磨细得到的白色粉状物,称为建筑石膏,其反应式如下:

$$CaSO_4 \cdot 2H_2O \xrightarrow{107\sim170\ ℃} (\beta\ 型)CaSO_4 \cdot \frac{1}{2}H_2O + \frac{3}{2}H_2O \quad (2\text{-}16)$$

建筑石膏晶体较细,调制成一定稠度的浆体时,需水量大,所以硬化后的建筑石膏制品孔隙率大,强度较低。

2. 高强石膏

将天然二水石膏在 124 ℃、0.13 MPa 压力的条件下蒸炼脱水,可得到 α 型半水石膏,磨细即为高强石膏,其反应式如下:

$$CaSO_4 \cdot 2H_2O \xrightarrow{124\ ℃,0.13\ MPa} (\alpha\ 型)CaSO_4 \cdot \frac{1}{2}H_2O + \frac{3}{2}H_2O \quad (2\text{-}17)$$

高强石膏晶体粗大,比表面积较小,调制成塑性浆体时需水量只有建筑石膏的一半左右,因此硬化后具有较高的强度和密实度,3 h 强度可达到 9 ~ 24 MPa,7 d 强度可达到 15 ~ 40 MPa。高强石膏用于强度要求较高的抹灰工程、装饰制品和石膏板。在高强石膏中加入防水剂,可用于湿度较高的环境中。

3. 无水石膏和煅烧石膏

当加热温度超过 170 ℃时,可生成无水石膏($CaSO_4$);当温度高于 800 ℃时,部分石膏会分解出 CaO,经磨细后称为煅烧石膏。由于其中 CaO 的激发作用,煅烧石膏经水化后能获得较高的强度、耐磨性和耐水性。

(二)石膏的凝结硬化

建筑石膏与适量的水拌合后,形成可塑性的浆体,很快浆体就失去可塑性并产生强度,

逐渐发展成为坚硬的固体,这一过程称为石膏的凝结硬化。石膏的凝结硬化实际上是建筑石膏与水之间发生了化学反应的结果,反应方程式如下:

$$2CaSO_4 \cdot \frac{1}{2}H_2O + 3H_2O \rightarrow 2CaSO_4 \cdot 2H_2O \tag{2-18}$$

石膏的凝结硬化分为凝结和硬化两个过程。由于二水石膏在水中的溶解度仅为半水石膏溶解度的1/5左右,所以二水石膏首先结晶析出,由于结晶体的不断生成,造成浆体的塑性开始下降,称为石膏的初凝;而后,随着晶体颗粒间摩擦力和黏结力的增大,浆体的塑性急剧下降,直到失去可塑性,称为石膏的终凝;整个过程称为石膏的凝结。石膏终凝后,其晶体颗粒仍在不断长大和相互交错,使浆体产生强度,并不断增长,直到水分完全蒸发,形成坚硬的石膏结构,这个过程称为石膏的硬化。

(三)建筑石膏的技术标准和储运

根据国家标准《建筑石膏》(GB/T 9776—2008),建筑石膏按原材料种类分为天然建筑石膏(代号N)、脱硫建筑石膏(代号S)、磷建筑石膏(代号P)三类;按照2 h抗折强度分为3.0、2.0、1.6三个等级;建筑石膏组成中β型半水硫酸钙(β-$CaSO_4 \cdot H_2O$)的含量(质量分数)应不小于60.0%;建筑石膏的物理力学性能应符合表2-14的规定。

表2-14　建筑石膏物理力学性能(GB/T 9776—2008)

等级	细度(0.2 mm方孔筛筛余)	凝结时间(min)		2 h强度(MPa)	
		初凝	终凝	抗折	抗压
3.0	≤10%	≥3	≤30	≥3.0	≥6.0
2.0				≥2.0	≥4.0
1.6				≥1.6	≥3.0

建筑石膏按产品名称、代号、等级及标准标号的顺序标记。如等级为2.0的天然建筑石膏标记如下:建筑石膏 N2.0 GB/T 9776—2008。

建筑石膏在运输与储存时,不得受潮和混入杂质。建筑石膏自生产之日起,在正常运输与储存条件下,储存期为3个月。

(四)建筑石膏的技术性质

1. 凝结硬化快

建筑石膏加水后3 min可达到初凝,30 min可达到终凝。为了有足够的时间进行搅拌等施工操作,可掺入缓凝剂来延长凝结时间。常用的石膏缓凝剂有硼砂、动物胶、酒精、柠檬酸等。

2. 体积微膨胀、装饰性好

石膏浆体凝结硬化后体积不会出现收缩,反而略有膨胀(0.5%~1.0%),而且不开裂。石膏的这一性质使得石膏制品形体饱满,尺寸精确,加之石膏质地细腻,颜色洁白,特别适合制作建筑装饰品及石膏模型。

3. 孔隙率大、重量轻

在生产石膏制品时,为满足必要的可塑性,通常要加过量的水。凝结硬化后,由于大量多余水分蒸发,使石膏制品的孔隙率达50%~60%。由于石膏制品的孔隙率较大,所以石膏制品的表观密度小，热导率小，且吸声性、吸湿性好，可调节室内温度和湿度。

4. 防火性好

石膏制品遇火时，二水石膏中的结晶水蒸发，并能在表面蒸发形成水蒸气带，可有效地阻止火的蔓延，具有良好的防火效果。

5. 可加工性能好

建筑石膏硬化后具有微孔结构，硬度也较低，使得石膏制品可锯、可刨、可钉，易于连接，为安装施工提供了很大的方便，具有良好的可加工性。

6. 强度低、耐水性差

由于石膏制品的孔隙率较大，使得石膏制品强度低，抗渗性、抗冻性差。通常石膏硬化后的抗压强度只有 3 ~5 MPa。建筑石膏可微溶于水，耐水性差，软化系数只有0.2 ~0.3，不宜用于潮湿环境和水中。

（五）建筑石膏的应用

1. 室内抹灰与粉刷

建筑石膏加水、砂拌合成石膏砂浆，可用于室内抹灰。抹灰后的墙面光滑、细腻、洁白美观，给人以舒适感。建筑石膏加水及缓凝剂，拌合成石膏浆体，可作为室内的粉刷涂料。

2. 制作石膏板、石膏浮雕装饰件等

石膏板具有重量轻、保温、隔热、吸声、防火、调湿、尺寸稳定、可加工性好、成本低等优良性能，是一种很有发展前途的新型板材，是良好的室内装饰材料。石膏板可用于建筑物的内墙、顶棚等部位，常用的石膏板有纸面石膏板、石膏纤维板、石膏刨花板、石膏空心板等。

石膏浮雕装饰件包括装饰石膏线脚、花饰系列、艺术顶棚、灯圈、艺术柱廊、浮雕壁画等。石膏装饰线脚为长条状装饰构件，多用高强石膏或加筋建筑石膏制作，表面呈雕花形或弧形，主要用于建筑物室内装饰。石膏艺术柱廊仿造欧洲建筑流派风格造型，多用于营业门面、厅堂及门窗洞口处。

3. 其他用途

建筑石膏可作为生产某些硅酸盐制品时的增强剂，如粉煤灰砖；在水泥的生产过程中加入适量石膏能延缓水泥的凝结时间；石膏也可用作油漆或粘贴墙纸等的基层找平。

三、水玻璃

水玻璃俗称泡花碱，是由不同比例的碱金属氧化物和二氧化硅组成的能溶于水的硅酸盐。常见的水玻璃有硅酸钠水玻璃（$Na_2O \cdot nSiO_2$）和硅酸钾水玻璃（$K_2O \cdot nSiO_2$）等，以硅酸钠水玻璃最为常用。

水玻璃分子式中的 n，即二氧化硅与碱金属氧化物的摩尔比，称为水玻璃的模数，一般在1.5 ~3.5 之间，建筑工程中常用水玻璃的模数为2.6 ~2.8。水玻璃的模数越大，黏结力越强，越难溶于水。

水玻璃的凝结硬化速度非常缓慢，常加入促硬剂氟硅酸钠（Na_2SiF_6）来加快其硬化速度，氟硅酸钠的适宜掺量为水玻璃质量的12% ~15%。氟硅酸钠有毒，操作时应注意安全。

（一）水玻璃的性质

（1）水玻璃有良好的黏结性能，硬化时析出的硅酸凝胶能堵塞毛细孔，起到阻止水分渗透的作用。

（2）水玻璃有良好的耐热性，在高温下不燃烧，不分解，且强度有所提高。

(3)水玻璃有很强的耐酸性能,能抵抗多数有机酸和无机酸的作用。

(二)水玻璃的应用

由于水玻璃具有上述性能,在建筑工程中主要用于以下几个方面。

(1)用水玻璃涂刷天然石材、黏土砖、混凝土等建筑材料表面,能提高材料的密实性、抗水性和抗风化能力,增加材料的耐久性。但石膏制品表面不能涂刷水玻璃,因为硅酸钠与硫酸钙反应生成体积膨胀的硫酸钠,会导致制品胀裂破坏。

(2)将液态水玻璃与氯化钙溶液交替注入土壤中,两者反应析出的硅酸胶体起到胶结和填充孔隙的作用,能阻止水分渗透,提高土壤的密实度和强度。

(3)以水玻璃为胶凝材料,加入耐酸的填料和骨料,可配制成耐酸浆体、耐酸砂浆和耐酸混凝土,广泛应用于化学、冶金、金属等防腐蚀工程。

(4)在水玻璃中加入促凝剂和耐热的填料、骨料,可配制成耐热砂浆和耐热混凝土,用于高炉基础、热工设备基础及围护结构等耐热工程。

(5)在水玻璃中加入2~5种矾,可配制成各种快凝防水剂,掺入到水泥砂浆或混凝土中,可用于堵塞漏洞、填缝、局部抢修等。

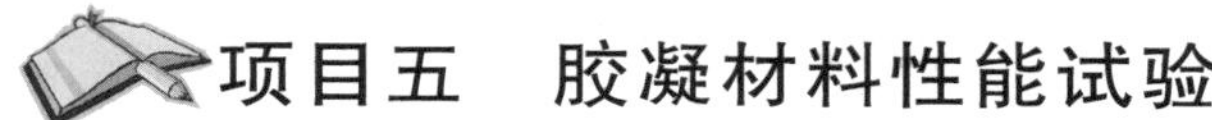

项目五　胶凝材料性能试验

1. 实训目的

学习水泥相关性能及合格性检测方法,并以水泥标准稠度用水量,水泥的初凝时间测定,ISO 法测定水泥的强度作为实训内容,进行实训。

2. 实训准备

(1)试验依据

通用硅酸盐水泥(GB 175—2007),中热硅酸盐水泥、低热硅酸盐水泥和低热矿渣硅酸盐水泥(GB 200—2003),水泥密度测定方法(GB/T 208—2014),水泥标准稠度用水量、凝结时间、安定性检验方法(GB/T 1346—2011),水泥胶砂强度检验方法(ISO 法)(GB/T 17671—1999),用于水泥和混凝土中的粒化高炉矿渣粉(GB/T 18046—2008),水工混凝土掺用粉煤灰技术规范(DL/T 5055—2007)。

(2)仪器设备

①水泥净浆搅拌机;②标准法维卡仪;③80 μm 负压筛析仪;④拌和钢板;⑤湿气养护箱;⑥台秤、量筒、秒表;⑦水泥胶砂振实台;⑧300 kN 压力试验机;⑨40 mm×40 mm 截面试模。

3. 实训内容

根据实训准备的仪器及相关技术规范,用 80 μm 负压筛测定水泥的细度,水泥标准稠度用水量,水泥的初凝时间,ISO 法测定水泥的强度,并完成实训报告。

复习题

1. 硅酸盐水泥熟料由哪几种主要矿物组成？各有何特性？
2. 在硅酸盐水泥生产中,加入石膏的作用是什么？掺量一般为多少？
3. 影响硅酸盐水泥凝结硬化的主要因素有哪些？
4. 硅酸盐水泥哪些技术性质？
5. 何谓水泥体积安定性？引起水泥体积安定性不良的原因有哪些？
6. 硅酸盐酸盐水泥侵蚀的类型有哪几种？如何防止水泥石的侵蚀？
7. 水泥过期、受潮后如何处理？
8. 常用掺混合材料的硅酸盐水泥有哪些？
9. 高强度混凝土宜用何种水泥？
10. 在大体积混凝土坝下选用哪些水泥？
11. 海港工程选用哪些水泥？
12. 高铝水泥适用于哪些工程？
13. 膨胀水泥和自应力水泥适用于哪些地方？

模块三　混凝土

混凝土(concrete)是由胶凝材料、水、粗骨料、细骨料按适当比例配合,拌制成拌合物,经一定时间硬化而成的人造石材。另外,为了改善混凝土的某些性能,还常在混凝土中掺入适量的外加剂和掺合料。混凝土广泛应用于建筑工程、水利工程、道路、地下工程、国防工程等,是当代最重要的建筑材料之一,也是世界上用量最大的人工建筑材料。

18 世纪中叶,世界上第一个工业国——英国在迅速崛起,海上交通也格外繁忙。1774 年,工程师斯密顿奉命在英吉利海峡筑起一座灯塔,为过往这里的船只导航引路。经过无数次的试验,最后,他用石灰石、黏土、沙子和铁渣等经过煅烧、粉碎并用水调和后,注入水中,这种混合料在水中越来越牢固。这样,他终于在英吉利海峡筑起了第一个航标灯塔。不久,英国一位叫亚斯普丁的石匠又摸索出石灰、黏土、铁渣等原料的最合适比例,进一步完善了生产这种混合料的方法。1824 年,亚斯普丁的这一项发明取得了专利。由于这种胶质材料硬化后的颜色和强度,同波特兰地方出产的石材十分相近,故他取名为“波特兰水泥”。从此,这种人造的石头所用材料的名称——“水泥”便沿用下来,它是现代防水建筑物的材料基础。然而“水泥石”,同普通石头一样都有自身的不足,即比较脆,经不起冲击,抗拉强度低。为了克服波特兰水泥的弱点,法国工程师克瓦涅首先提出,在这种水泥石中引入钢筋的设想,即充分利用钢筋抗拉强度高的优点与水泥石硬度高的优点。1861 年,克瓦涅用水泥、钢筋和沙石成功地筑起了一座水坝,并取名为“混凝土”水坝。从此,比水泥更好的建筑材料——“混凝土”出现了。1865 年,法国园艺家,约琴夫・莫尼埃(Joseph Monier)在砌花坛时,为防止被人踩坏,试着将铁丝编成根的形象,将黏合性更好的水泥、沙子、小石子浇灌一起。从而发明了今天被广泛使用的钢筋混凝土结构。

混凝土按表观密度分为重混凝土、普通混凝土、轻混凝土;按所用胶凝材料分为水泥混凝土、沥青混凝土、石膏混凝土、水玻璃混凝土、聚合物混凝土;按用途分,主要有结构用混凝土、防水混凝土、装饰混凝土、防射线混凝土、装饰混凝土、隔热混凝土、耐酸混凝土、耐火混凝土等。

混凝土的优点主要有:①混凝土组成材料中砂、石等地方材料占 80% 以上,符合就地取材和经济的原则;②可根据不同的工程需要,改变混凝土组分的品种和比例,配制成不同性质的混凝土;③混凝土在凝结硬化前具有良好的可塑性,可根据需要浇筑成任何形状和大小的构件或结构物；④混凝土与钢筋之间有牢固的黏结力，且两者线膨胀系数相近，可用钢筋来增强，制作钢筋混凝土结构和构件；⑤混凝土硬化后抗压强度高，耐久性好。

混凝土的缺点主要有：自重大，抗拉强度低，易开裂等。

项目一　混凝土的组成材料

在混凝土中，砂子、石子统称为骨料，主要起骨架作用；水泥与水形成水泥浆，水泥浆包裹在骨料表面并填充其空隙。在混凝土硬化前，水泥浆主要起润滑作用，赋予混凝土拌合物一定的流动性，以便于施工；水泥浆硬化后主要起胶结作用，将砂、石骨料胶结成为一个坚实的整体，并使混凝土具有良好的强度。

混凝土的技术性质在很大程度上是由原材料的性质及其相对含量决定的，同时也与施工工艺（搅拌、成型、养护等）等有关。因此，要想保证混凝土的质量，就必须了解组成混凝土原材料的性质和质量要求，从而做到合理选择原材料。

一、水泥

水泥是混凝土中价格最贵、最重要的原材料，它直接影响混凝土的强度、耐久性和经济性。所以，在混凝土中要合理选择水泥的品种和强度等级。

（一）水泥品种的选择

配制混凝土用的水泥，应根据混凝土的工程性质、所处环境和施工条件等，结合各种水泥的不同特性合理选用。

（二）水泥强度等级的选择

配制混凝土所用水泥的强度等级应与混凝土的设计强度等级相适应。原则上是配制高强度等级的混凝土，选用高强度等级水泥；配制低强度等级的混凝土，选用低强度等级水泥。

对于一般强度混凝土，水泥强度等级宜为混凝土强度等级的1.5～2.0倍。如配制C25混凝土，可选用强度等级为42.5的水泥；配制C30混凝土，可选用强度等级为52.5的水泥。对高强度混凝土，水泥强度等级可取混凝土强度等级的0.9～1.5倍。

二、细骨料（砂）

粒径小于4.75 mm的岩石颗粒称为细骨料（砂）。砂按产源分为天然砂和人工砂两类。天然砂是由自然风化、水流搬运和分选、堆积形成的岩石颗粒（不包括软质岩、风化岩石的颗粒），包括河砂、湖砂、山砂和淡化海砂。人工砂是经除土处理的机制砂、混合砂的统称。机制砂是由机械破碎、筛分制成的岩石颗粒（不包括软质岩、风化岩石的颗粒），混合砂是由机制砂和天然砂混合而成的砂。一般混凝土用砂应优先采用天然砂。

《建筑用砂》（GB/T 14684—2011）规定，砂按技术要求分为Ⅰ类、Ⅱ类、Ⅲ类。Ⅰ类宜用于强度等级大于C60的混凝土；Ⅱ类宜用于强度等级C30～C60及抗冻、抗渗或其他要求的混凝土；Ⅲ类宜用于等级强度小于C30的混凝土和建筑砂浆。混凝土对砂的技术质量要求主要有以下几个方面。

（一）有害物质、泥、泥块的含量

用来配制混凝土的砂要求清洁不含杂质，以保证混凝土的质量。在实际工程中，砂中常

含泥和泥块，以及云母、轻物质、有机物、硫化物及硫酸盐、氯盐等有害物质。这些物质黏附在砂的表面，妨碍水泥与砂的黏结，从而降低混凝土的强度和耐久性。另外，硫化物和硫酸盐对水泥石有腐蚀作用，氯盐容易加剧钢筋混凝土中钢筋的锈蚀。《建筑用砂》(GB/T 14684—2011)规定，砂中不应混有草根、树叶、树枝、塑料、煤块、炉渣等杂物，砂中的有害物质、泥和泥块和含量应符合表 3-1 的规定。其中，含泥量是指天然砂中粒径小于 0.075 mm 颗粒含量，泥块含量是指砂中原粒径大于 1.18 mm 经水浸洗、手捏后小于 0.600 mm 颗粒含量。

表 3-1　砂中有害物质、泥和泥块含量要求

项目	指标		
	Ⅰ	Ⅱ	Ⅲ
云母(按质量计)	≤1.0%	≤2.0%	
轻物质(按质量计)	≤1.0%		
有机物	合格		
硫化物及硫酸盐(按 SO_3 质量计)	≤0.5%		
氯化物(按氯离子质量计)	≤0.01%	≤0.02%	≤0.06%
贝壳(按质量计)*	≤3.0%	≤5.0%	≤8.0%
* 该指标仅适用于海砂，其他砂种不做要求			

（二）砂的坚固性

砂的坚固性是指砂在自然风化和其他外界物理化学因素作用下抵抗破裂的能力。天然砂采用硫酸钠溶液法进行试验，砂样经 5 次循环后其质量损失应符合：Ⅰ类、Ⅱ类砂不大于 8%，Ⅲ类砂不大于 10%。人工砂采用压碎指标法进行试验，单级最大压碎指标应满足：Ⅰ类砂不大于 20%，Ⅱ类砂不大于 25%，Ⅲ类砂不大于 30%。

（三）砂的粗细程度与颗粒级配

砂的粗细程度是指不同粒径的砂粒混合在一起的平均粗细程度。根据砂的粗细程度，砂可分为粗砂、中砂、细砂和特细砂。在砂用量相同的条件下，若砂子过细，则砂的总表面积就大，需要包裹砂粒表面的水泥浆的数量多，水泥用量就多；若砂子过粗，虽能少用水泥，但混凝土拌合物黏聚性较差，容易发生分层离析现象。所以，用于拌制混凝土的砂不宜过粗，也不宜过细。

砂的颗粒级配是指太小不同粒径的级配相互间的搭配情况。在混凝土中砂粒之间的空隙是由水泥浆所填充，为了节约水泥和提高混凝土强度，就应尽量减小砂粒之间的空隙。从图 3-2 可以看出：如果是相同粒径的砂，空隙就大，如图 3-1(a)所示；用 2 种不同粒径的砂搭配起来，空隙就减小了，如图 3-1(b)所示；用 3 种不同粒径的砂搭配，空隙就更小了，如图 3-1(c)所示。由此可见，要想减小砂粒间的空隙，就必须要有大小不同粒径的砂相互搭配。所以混凝土用砂要选用颗粒级配良好的砂。

综上所述，混凝土用砂应同时考虑砂的粗细程度和颗粒级配。当砂的颗粒较粗且级配良好时，砂的空隙率和总表面积均较小，这样不仅可以节约水泥，而且还可提高混凝土的强

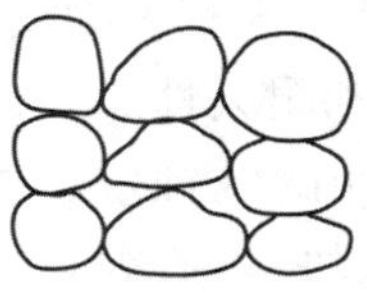

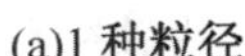

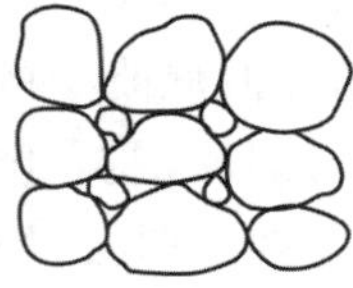

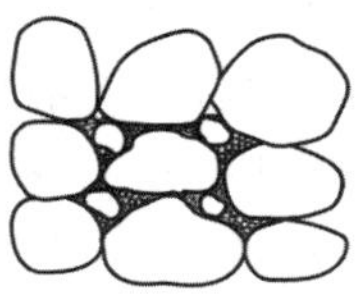

(a)1 种粒径　(b)2 种粒径　(c)3 种粒径

图 3-1　砂子的颗粒级配

度和密实性。可见，控制混凝土砂的粗细程度和颗粒级配有很大的技术经济意义。

砂的粗细程度和颗粒级配常用筛分析的方法进行测定，用细度模数来判断砂的粗细程度，用级配区来表示砂的颗粒级配。筛分析法是用一套孔径分别为 4.75 mm、2.36 mm、1.18 mm、0.6 mm、0.3 mm、0.15 mm 的标准方孔筛，将 500 g 干砂试样依次过筛，然后称得余留在各号筛上砂的质量（分计筛余量），并计算出各筛上的分计筛余百分率（分计筛余量占砂样总质量的百分数）及累计筛余百分率（各筛和比该筛粗的所有分计筛余百分率之和）。

砂的筛余量、分计筛余百分率、累计筛余百分率的关系如表 3-2 所示。根据累计筛余百分率可计算出砂的细度模数和划分砂的级配区，以评定砂子的粗细程度和颗粒级配。

表 3-2　筛余量、分计筛余百分率、累计筛余百分率的关系

筛孔尺寸（mm）	筛余量（g）	分计筛余百分率（%）	累计筛余百分率（%）
4.75	m_1	a_1	$A_1 = a_1$
2.36	m_2	a_2	$A_2 = a_1 + a_2$
1.18	m_3	a_3	$A_3 = a_1 + a_2 + a_3$
0.6	m_4	a_4	$A_4 = a_1 + a_2 + a_3 + a_4$
0.3	m_5	a_5	$A_5 = a_1 + a_2 + a_3 + a_4 + a_5$
0.15	m_6	a_6	$A_6 = a_1 + a_2 + a_3 + a_4 + a_5 + a_6$

注：$a_i = m_i/500$

砂的细度模数计算公式如下

$$M_X = \frac{(A_2 + A_3 + A_4 + A_5 + A_6) - 5A_1}{100 - A_1} \tag{3-1}$$

细度模数越大，表示砂越粗。砂按细度模数分为粗、中、细 3 种规格，细度模数在 3.7 ~ 3.1 之间为粗砂，在 3.0 ~ 2.3 之间为中砂，在 2.2 ~ 1.6 之间为细砂。混凝土用砂的细度模数应控制在 1.6 ~ 3.7 之间；混凝土用砂宜采用质地坚硬，人工砂细度模数宜在 2.4 ~ 2.8 之间，天然砂细度模数宜在 2.0 ~ 3.0 之间，采用细度模数小于 2.0 的天然砂，应经过实验论证。应当注意，砂的细度模数只能反映砂的粗细程度，并不能反映砂的级配优劣，细度模数相同的砂其级配不一定相同，甚至相差很大。因此，配制混凝土必须同时考虑砂的细度模数和颗粒级配。

国家标准《建筑用砂》（GB/T 14684—2011）对细度模数为 1.6 ~ 3.7 的普通混凝土用砂，根据 0.6 mm 筛孔的累计筛余百分率分成 3 个级配区，如表 3-3 和图 3-2（级配曲线）所示。混凝土用砂的颗粒级配，应处于表 3-3 或图 3-2 的任何一个级配区内，否则认为砂的颗

粒级配不合格。

表 3-3　砂的颗粒级配区

累计筛余 / 方孔筛尺寸(mm)	级配区		
	1	2	3
4.75	10% ~0	10% ~0	10% ~0
2.36	35% ~5%	25% ~0%	15 ~0%
1.18	65% ~35%	50% ~10%	25% ~0
0.6	85% ~71%	70% ~41%	40% ~16%
0.3	95% ~80%	92% ~70%	85% ~55%
0.15	100% ~90%	100% ~90%	100% ~90%

注:(1)砂的实际颗粒级配与表中所列数字相比,除 4.75 mm 和 0.6 mm 筛孔外,可以略有超出,但超出总量应小于 5%。

(2)1 区人工砂中 0.15 mm 筛孔的累计筛余可以放宽到 85% ~100%,2 区人工砂中 0.15 mm 筛孔的累计筛余可以放宽到 80% ~100%,3 区人工砂中 0.15 mm 筛孔的累计筛余可以放宽到 75% ~100%。

处于 2 区的砂,其粗细适中,级配较好,配制混凝土时宜优先选用。1 区砂含粗颗粒较多,属于粗砂,拌制的混凝土保水性差。3 区砂属于细砂,拌制的混凝土保水性、黏聚性好,但水泥用量大,干缩大,容易产生微裂缝。

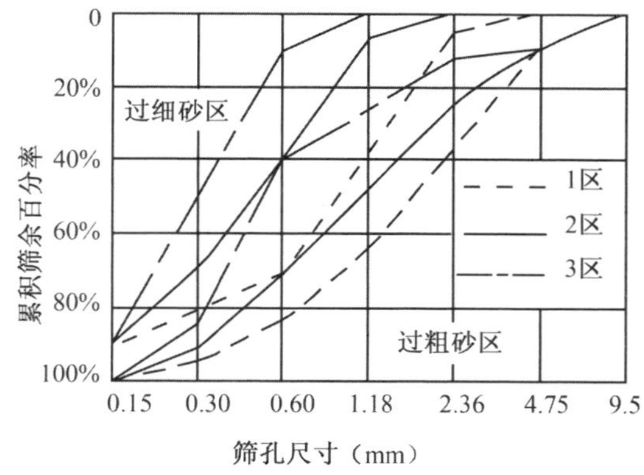

图 3-2　砂的级配曲线

混凝土用砂的级配必须合理,否则难以配制出性能良好的混凝土。当现有的砂级配不良时,可采用人工级配方法来改善,最简单措施是将粗、细砂按适当比例进行试配,掺合使用。

三、粗骨料——石子

粗骨料一般指粒径大于 4.75 mm 的岩石颗粒,有卵石和碎石两大类。卵石是由于自然风化、水流搬运和分选、堆积形成的岩石颗粒,分为河卵石、海卵石和山卵石;碎石是由天然岩石或卵石经机械破碎、筛分而制成的。卵石多为圆形,表面光滑,与水泥的黏结较差;碎石多棱角,表面粗糙,与水泥黏结较好。当采用相同混凝土配合比时,用卵石拌制的混凝土拌

合物流动性好，但硬化后强度较低；而用碎石拌制的混凝土拌合物流动性较差，但硬化后强度较高。配制混凝土选用碎石还是卵石，要根据工程性质、当地材料的供应情况、成本等各方面等综合考虑。

《建筑用卵石、碎石》(GB/T 14685—2011)规定，卵石、碎石分为工类、Ⅱ类、Ⅲ类。工类宜用于强度等级大于C60的混凝土；Ⅱ类宜用于强度等级C30～C60及抗冻、抗渗或其他要求的混凝土；Ⅲ类宜用于强度等级小于C30的混凝土。混凝土对卵石和碎石的技术质量要求主要有以下几个方面。

(一)有害物质、针片状颗粒、泥和泥块的含量

用来配制混凝土的卵石和碎石要求清洁不含杂质，以保证混凝土的质量。在实际工程中，卵石和碎石中常含泥和泥块，针状(颗粒长度大于相应粒级平均粒径的2.4倍)和片状(厚度小于平均粒径的0.4倍)颗粒，以及有机物、硫化物、硫酸盐等有害物质。针状、片状颗粒易折断，其含量多时，会降低新拌混凝土的流动性和硬化后混凝土的强度。泥、泥块和有害物质对混凝土的危害作用与细骨料相同。《建筑用卵石、碎石》(GB/T 14685—2011)规定，卵石和碎石中不应混有草根、树叶、树枝、塑料、煤块、炉渣等杂物，卵石和碎石中的有害物质、针片状颗粒、泥和泥块的含量应符合表3-4的规定。其中，含泥量是指卵石和碎石中粒径小于0.075 mm的颗粒含量，泥块含量是指卵石和碎石中原粒径大于4.75 mm，经水浸洗、手捏后小于2.36 mm的颗粒含量。

表3-4　有害物质、针片状颗粒、泥和泥块的含量要求

项目	指标		
	Ⅰ类	Ⅱ类	Ⅲ类
有机物	合格	合格	合格
硫化物及硫酸盐(按 SO_3 质量计)	≤0.5%	≤1.0%	≤1.0%
针片状颗粒含量(按质量计)	≤5%	≤10%	≤15%
含泥量(按质量计)	≤0.5%	≤1.0%	≤1.5%
泥块含量(按质量计)	0	≤0.2%	≤0.5%

(二)强度和坚固性

1. 强度

为了保证混凝土具有足够的强度，所采用的粗骨料应质地致密，具有足够的强度。碎石或卵石的强度，可用压碎指标和岩石立方体强度两种方法表示。对经常性的生产质量控制常用压碎指标值来检验石子的强度。但当在选择采石场，或对粗骨料强度有严格要求，或对质量有争议时，宜用岩石立方体强度进行检验。

压碎指标是将一定质量气干状态下粒径为9.5～19 mm的石子装入一定规格的圆桶内，在压力机上均匀加荷到200 kN并稳荷5 s，然后卸荷后称取试样质量(m_0)，再用孔径为2.36 mm的方孔筛筛除被压碎的碎粒，称取试样的筛余量(m_1)。压碎指标可用式(3-2)计算。

$$\text{压碎指标} = \frac{m_0 - m_1}{m_0} \times 100\% \tag{3-2}$$

压碎指标值越小，说明粗骨料抵抗受压破碎的能力越强。碎石和卵石的压碎指标应满足表 3-5 的要求。

表 3-5　碎石及卵石压碎指标和坚固性指标

项目	指标		
	Ⅰ类	Ⅱ类	Ⅲ类
碎石压碎指标	≤10%	≤20%	≤30%
卵石压碎指标	≤12%	≤14%	≤16%
硫酸钠溶液 5 次循环后的质量损失	≤5%	≤8%	≤12%

岩石立方体强度，是用母岩制成 50 mm×50 mm×50 mm 的立方体，浸泡水中 48 h，待吸水饱和后测其抗压强度。在水饱和状态下，火成岩试件的强度应不小于 80 MPa，变质岩应不小于 60 MPa，水成岩应不小于 30 MPa。

2. 坚固性

石子的坚固性是指石子在气候、环境变化和其他物理力学因素作用下，抵抗破碎的能力。坚固性是用硫酸钠溶液浸泡法检验，试样经 5 次循环后，其质量损失应满足表 3-5 的要求。

（三）最大粒径和颗粒级配

1. 最大粒径

粗骨料公称粒级的上限称为该粒级的最大粒径。例如，当使用 5～40 mm 的粗骨料时，此粗骨料的最大粒径为 40 mm。

粗骨料最大粒径增大时，在质量相同的条件下，其总表面积减小，有利于节约水泥。因此，尽可能选用较大粒径的粗骨料。但研究表明，粗骨料最大粒径超过 80 mm 后节约水泥的效果很不明显。同时，选用粒径过大的石子，会给混凝土搅拌、运输、振捣等带来困难，所以需要综合考虑各种因素来确定石子的最大粒径。

《混凝土结构工程施工质量验收规范》(GB 50204—2015)从结构和施工的角度，对粗骨料最大粒径做了以下规定：粗骨料的最大粒径不得超过结构截面最小尺寸的 1/4. 且不得超过钢筋最小净间距的 3/4；对混凝土实心板，粗骨料最大粒径不宜超过板厚的 1/2，且不得超过 40 mm。

对于泵送混凝土，根据《普通混凝土配合比设计规程》(JGJ 55—2011)的规定，粗骨料最大粒径与输送管径之比，应符合下列要求：泵送高度在 50 m 以下时，对碎石不宜大于1∶3，对卵石不宜大于 1∶2.5；泵送高度在 50～100 m 时，对碎石不宜大于 1∶4，对卵石不宜大于 1∶3；泵送高度在 100 m 以上时，对碎石不宜大于 1∶5，对卵石不宜大于 1∶4。

2. 颗粒级配

粗骨料的级配原理与细骨料基本相同，也要求有良好的颗粒级配，以减小空隙率，节约水泥，提高混凝土的密实度和强度。

粗骨料的颗粒级配也是通过筛分试验来测定，用一套孔径分别为 2.36 mm、4.75 mm、9.5 mm、16.0 mm、19.0 mm、26.5 mm、31.5 mm、37.5 mm、53.0 mm、63.0 mm、75.0 mm 和 90.0 mm 的方孔筛进行筛分，称得每个筛上的筛余量，计算出分计筛余百分率和累计筛余百

表 3-6　混凝土用碎石或卵石的颗粒级配要求

累计筛余 / 公称粒径(mm)		筛孔尺寸(mm)											
		2.36	4.75	9.5	16.0	19.0	26.5	31.5	37.5	53.0	63.0	75.0	90.0
连续粒径	5~10	95%~100%	80%~100%	0~15%	0								
	5~16	95%~100%	85%~100%	30%~60%	0~10%	0							
	5~20	95%~100%	90%~100%	40%~80%	—	0~10%	0						
	5~25	95%~100%	90%~100%	—	30%~70%	—	0~5%	0					
	5~31.5	95%~100%	90~100%	70%~90%	—	15%~45%	—	0~5%	0				
	5~40	—	95%~100%	70%~90%	—	30%~65%	—	—	0~5%	0			
单粒粒径	5~20		95%~100%	85%~100%		0%~15%	0						
	16~31.5		95%~100%		85%~100%			0~10%	0				
	20~40			95%~100%		80%~100%		45%~75%	0~10%	0			
	31.5~63				95%~100%			70%~100%	45~75%		0~10%	0	
	40~80					95%~100%			70~100%		30%~60%	0~10%	0

分率(分计筛余百分率和累计筛余百分率的计算与细骨料相同)。粗骨料的颗粒级配分为连续粒级和单粒级,如表 3-6 所示。

连续粒级是石子粒级呈连续性,即颗粒由大到小,每级石子占一定的比例。连续粒级的石子颗粒间粒差小,配制的混凝土和易性好,不易发生离析现象,是粗骨料最理想的级配形式。混凝土应优先选用连续粒级的粗骨料。

单粒级配是人为剔除某些粒级颗粒,从而使粗骨料的级配不连续,又称间断级配。单粒级配较大粒径骨料之间的空隙直接由为其尺寸几分之一的小粒径颗粒填充,使空隙率达到最小,密实度增加,可以节约水泥。但由于颗粒粒径相差较大,混凝土拌合物容易产生离析现象,导致施工困难,一般工程中少用。单粒级配一般不单独使用,常用于组合成连续粒级,也可与连续粒级配合使用。

四、水

混凝土用水是混凝土拌合用水和养护用水的总称。混凝土用水按水源分为饮用水、地表水、地下水、再生水和海水等。对混凝土用水的质量要求是:不影响混凝土的凝结和硬化,无损于混凝土的强度发展和耐久性,不加快钢筋的锈蚀,不引起预应力钢筋脆断,不污染混凝土表面等。混凝土用水宜采用饮用水,当采用其他水源时,水质应符合《混凝土用水标准》(JGJ 63—2006)的规定,如表 3-7 所示。对于设计使用年限为 100 年的结构混凝土,氯离子含量不得超过 500 mg/L;对使用钢丝或热处理钢筋的预应力混凝土,氯离子含量不得超过 350 mg/L。

表 3-7　混凝土用水水质要求(JGJ 63—2006)

项目	预应力混凝土	钢筋混凝土	素混凝土
pH 值	≥5	≥4.5	≥4.5
不溶物(mg/L)	≤2 000	≤2 000	≤5 000
可溶物(mg/L)	≤2 000	≤5 000	≤10 000
氯化物(按 Cl 计)(mg/L)	≤500	≤1 000	≤3 500
硫酸盐(按 SO_4^{2-} 计)(mg/L)	≤600	≤2 000	≤2 700
碱含量(mg/L)	≤1 500	≤1 500	≤1 500

为了节约用水和保护环境,国家鼓励采用再生水(污水经适当再生工艺处理具有使用功能的水)来拌制混凝土,但前提是再生水的水质必须经过检测,符合混凝土用水标准的要求。

五、混凝土外加剂

混凝土外加剂是指在拌制混凝土过程中掺入的用以改善混凝土性能的物质,其掺量一般不超过水泥质量的 5%。由于混凝土外加剂掺量较少,一般在混凝土配合比设计时不考虑外加剂对混凝土质量或体积的影响。

混凝土外加剂的使用是混凝土技术的重大突破,外加剂的掺量虽然很小,却能显著地改善混凝土的某些性能。在混凝土中应用外加剂,具有投资少、见效快、技术经济效益显著的特点。随着科学技术的不断进步,外加剂已越来越多地得到应用,现今外加剂已成为混凝土除 4 种基本组分以外的第 5 种重要组分。

(一)混凝土外加剂的类型

混凝土外加剂种类繁多,每种外加剂常常具有一种或多种功能,其化学成分可以是无机物、有机物或两者的复合产品。混凝土外加剂按其主要功能可分为以下 4 类。

(1)改善混凝土拌合物流变性能的外加剂,包括各种减水剂、泵送剂、引气剂等。

(2)调节混凝土凝结时间、硬化性能的外加剂,包括缓凝剂、早强剂、速凝剂等。

(3)改善混凝土耐久性的外加剂,包括引气剂、防水剂、阻锈剂等。

(4)改善混凝土其他性能的外加剂,包括引气剂、膨胀剂、防冻剂、着色剂、泵送剂、防水剂等。

(二)常用的混凝土外加剂

1. 减水剂

减水剂是指在保证混凝土坍落度不变的条件下,能减少拌合用水量的外加剂。

(1)减水剂的作用机理

水泥加水拌合后,由于水泥颗粒间具有分子引力作用,产生许多絮状物而形成絮凝结构,使 10% ~30% 的游离水被包裹在其中,如图 3-3 所示,从而降低了混凝土拌合物的流动性。当加入适量减水剂后,减水剂分子定向吸附于水泥颗粒表面,使水泥的颗粒表面带上电性相同的电荷,产生静电斥力使水泥颗粒分开,如图 3-4(a)所示,从而导致絮状结构解体释放出游离水,有效地增加了混凝土拌合物的流动性。当水泥颗粒表面吸附足够的减水剂后,在水泥颗粒表面形成一层稳定的溶剂化水膜,如图 3-4(b)所示,这层水膜是很好的润滑剂,有助于水泥颗粒的滑动,从而使混凝土的流动性进一步提高。

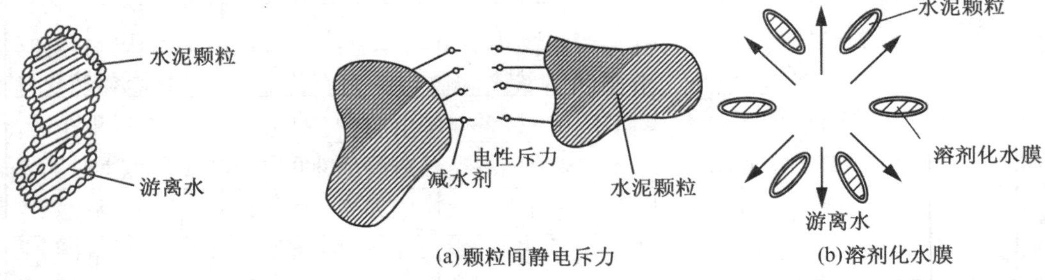

图 3-3 水泥浆絮凝结构

图 3-4 减水剂作用简图

(2)减水剂的经济效果

①在保持水灰比与水泥用量不变的情况下,可提高混凝土拌合物的流动性。

②在保证混凝土强度和坍落度不变的情况下,可节约水泥用量。

③在保证混凝土拌合物和易性和水泥用量不变减少用水量,降低水灰比,从而提高混凝土的强度和耐久性。

④可减少拌合物的泌水离析现象;延缓拌合物的凝结时间;降低水泥水化放热速度;显著地提高混凝土的抗渗性及抗冻性,改善耐久性能。

(3)减水剂常用品种

减水剂根据减水或增塑效果可分为普通减水剂和高效减水剂。普通减水剂是指在保证混凝土坍落度不变的情况下,能减少拌合水量不超过 10% 的减水剂;而高效减水剂的减水

率多在 15% ~30% 之间。常用减水剂的品种及减水效果如表 3-8 所示。

表 3-8　常用减水剂品种及减水效果

类别		普通减水剂		高效减水剂	
		木质素系	糖、蜜系	多环芳香族磺酸盐系（萘系）	水溶性树脂系
主要品种		木质素磺酸钙（木钙） 木质素磺酸钠（木钠） 木质素磺酸镁（木镁）	3FG、TF、ST	NNO、NF、FDN、UNF、JN、MF、SN-2、NHJ、SP-1、DH、JW-1 等	
主要成分		木质素磺酸钙 木质素磺酸钠 木质素磺酸镁	矿渣、废蜜经石灰中和处理而成	芳香族磺酸盐甲醛缩合物	三聚氢胺树脂磺酸（SM） 古玛隆—茚树脂磺酸钠（CRS）
适宜掺量（占水泥质量）		0.2% ~0.3%	0.2% ~0.3%	0.2% ~1.0%	0.5% ~2.0%
效果	减水率	10% 左右	6% ~10%	15% ~25%	18% ~30%
	早强			明显	显著
	缓凝	1 ~3 h	3 h 以上		
	引气	1% ~2%		一般为非引气或引气 <2%	<2%

2. 早强剂

早强剂是指能加速混凝土早期强度发展的外加剂。常用早强剂的品种有氯盐类、硫酸盐类、有机氨类及以它们为基础组成的复合早强剂，如表 3-9 所示。

表 3-9　常用早强剂

类别	氯盐类	硫酸盐类	有机氨类	复合类
常用品种	氯化钙	硫酸钠（元明粉）	三乙醇胺	①乙醇胺（A）+氯化钠（B） ②三乙醇胺（A）+亚硝酸钠（B）十氯化钠（C） ③三乙醇胺（A）+亚硝酸钠（B）+二水石膏（C） ④硫酸盐复合早强剂（NC）
适宜掺量（占水泥用量）	0.5% ~1.0%	0.5% ~2.0%	0.02% ~0.05% 一般不单独用，常与其他早强剂复合用	①（A）0.05+（B）0.5 ②（A）0.05+（B）0.5+（C）0.5 ③（A）0.05+（B）1.0+（C）2.0 ④（NC）2.0 ~4.0

续表

类别	氯盐类	硫酸盐类	有机氨类	复合类
早强效果	显著 3 d 强度可提高 50% ~ 100%，7 d 强度可提高 20% ~ 40%	显著 掺 1.5% 时达到混凝土设计强度 70% 的时间可缩短一半	显著 早期强度可提高 50% 左右，28 d 强度不变或稍有提高	显著 2 d 强度可提高 70%，28 d 强度可提高 20%

早强剂可在常温和负温（不小于 -5 ℃）条件下加速混凝土硬化过程，多用于冬季施工和抢修工程。

3. 引气剂

引气剂是指在拌制混凝土过程中引入大量分布均匀、稳定而封闭的微小气泡（直径在 10 ~ 100 μm）的外加剂。引气剂的掺量十分微小，适宜掺量仅为水泥质量的 0.005% ~ 0.012%。

目前常用的引气剂主要有松香热聚物、松香皂和烷基苯磺酸盐等。其中，松香热聚物的效果最好、最常使用，松香热聚物是由松香与硫酸、苯酚起聚合反应，再经氢氧化钙中和而得到的憎水性表面活性剂。

引气剂能有效减少混凝土拌合物的泌水离析，明显改善混凝土拌合物的和易性，提高硬化混凝土的抗冻性和抗渗性。引气剂主要用于抗冻混凝土、防渗混凝土、泌水严重的混凝土、抗硫酸盐混凝土及对饰面有要求的混凝土等，不宜用于蒸汽养护的混凝土和预应力混凝土。

4. 缓凝剂

缓凝剂是指能延长混凝土凝结时间的外加剂。

缓凝剂的品种及掺量应根据混凝土的凝结时间、运输距离、停放时间以及强度要求来确定，主要品种有糖类、木质素磺酸盐类、羟基羧酸盐类及无机盐类，如表 3-10 所示。

表 3-10　常用缓凝剂

类别	品　种	掺量（占水泥质量）	延缓凝结时间（h）
糖类	糖、蜜等	0.2% ~0.5%（水剂） 0.1% ~0.3%（粉剂）	2 ~ 4
木质素磺酸盐类	木质素磺酸钙（钠）等	0.2% ~0.3%	2 ~ 3
羟基羧酸盐类	柠檬酸、酒石酸钾（钠）等	0.03% ~0.1%	4 ~ 10
无机盐类	锌盐、硼酸盐、磷酸盐等	0.1% ~0.2%	

缓凝剂具有缓凝、减水、降低水化热等多种功能，适用于大体积混凝土、炎热气候条件下施工的混凝土、长期停放及远距离运输的商品混凝土。

5. 速凝剂

速凝剂是指能使混凝土迅速凝结硬化的外加剂。常用的速凝剂主要有红星 1 型、711 型、782 型等品种，如表 3-11 所示。

表 3-11　常用速凝剂

种　类	红星 1 型	711 型	782 型
主要成分	铝酸钠 + 碳酸钠 + 生石灰	铝氧熟料 + 无水石膏	矾泥 + 铝氧熟料 + 生石灰
适宜掺量（占水泥质量）	2.5% ~4.0%	3.0% ~5.0%	5.0% ~7.0%
初凝时间(min)	≥5		
终凝时间(min)	≤10		
强度	1 d 产生强度，1 d 强度可提高 2 ~3 倍，28 d 强度为不掺的 80% ~90%		

速凝剂主要用于矿山井巷、铁路隧洞、引水涵洞、地下厂房等工程以及喷射混凝土工程。

6. 防冻剂

防冻剂是指能使混凝土在负温下硬化，并在规定时间内达到足够防冻、强度的外加剂。防冻剂能使混凝土在负温下免受冻害，适用于负温条件下施工的混凝土。

常用的防冻剂有以下几种。

(1)氯盐类

氯盐类主要是氯化钙和氯化钠，具有降低冰点作用，但对钢筋有锈蚀作用，适用于无筋混凝土，一般掺量为 0.5% ~1% 。

(2)氯盐除锈类

氯盐除锈类由氯盐与亚硝酸钠阻锈剂复合而成，具有降低冰点、早强、阻锈等作用，适用于钢筋混凝土，一般掺量为 1% ~8% 。

(3)无氯盐类

无氯盐类由硝酸盐、亚硝酸盐、碳酸盐、乙酸钠或尿素复合而成。在实际工程中，使用的防冻剂一般都是复合性的，具有防冻、早强、减水等作用，可用于钢筋混凝土工程和预应力钢筋混凝土工程。

7. 膨胀剂

膨胀剂是指能使混凝土产生一定体积微膨胀的外加剂。一般常用的有明矾石膨胀剂（主要成分是明矾石和无水石膏或二水石膏）、CSA 膨胀剂（主要成分是无水硫铝酸钙）等。膨胀剂掺量一般为水泥质量的 10% ~15% ，掺量较大时可在钢筋混凝土中产生自应力。在混凝土中掺入膨胀剂后不会对力学性质带来大的影响，却可大幅度提高混凝土的抗裂性和抗渗性。

8. 泵送剂

泵送剂是指能改善混凝土拌合物泵送性能的外加剂。随着高层建筑及超高层建筑的普及，传统的混凝土水平及垂直运输方式已远远满足不了现代施工工艺及质量的要求，促进了混凝土泵送技术的快速发展,而泵送剂是泵送混凝土发展的技术关键。

在混凝土工程中,泵送剂一般由减水剂、缓凝剂、引气剂等复合而成。泵送剂能减少混凝土的用水量,显著增加混凝土拌合物的流动性,同时对混凝土强度的增强效果显著。泵送剂适用于需要泵送施工的混凝土,特别适用于大体积混凝土、高层建筑和超高层建筑、滑模施工的混凝土、水下灌注桩混凝土等。

(三)使用外加剂的注意事项

1. 外加剂品种的选择

混凝土外加剂品种很多,效果各异。在选择外加剂品种时,必须了解不同外加剂的性能,根据工程设计和施工要求选择,通过试验及技术经济比较确定。严禁使用对人体产生危害、对环境产生污染的外加剂。不同品种外加剂复合使用时,应注意其相容性和对混凝土性能的影响。

2. 外加剂掺量的选择

外加剂一般掺入量都很少,有的只占水泥质量的万分之几,且外加剂掺量对混凝土性能影响较大,所以必须严格而准确地加以控制。掺量过小,往往达不到预期效果;掺量过大,则会影响混凝土质量,甚至造成严重事故。在没有可靠的资料为依据时,尽可能通过试验来确定最佳掺量。

3. 外加剂的掺入方法

混凝土外加剂一般不能直接加入搅拌机内。对于可溶于水的外加剂,应先配成合适浓度的溶液,使用时按所需掺量加入拌合水中,再连同拌合水一起加入搅拌机内;对于不溶于水的外加剂,可先用适量的水泥、砂子混合均匀后再加入搅拌机中。另外,外加剂的掺入时间对其效果的发挥也有很大影响。

项目二　混凝土的主要技术性质

混凝土的主要技术性质是:混凝土拌合物的和易性,硬化混凝土的强度、变形,混凝土的耐久性。

一、混凝土拌合物的和易性

(一)和易性的概念

和易性是指混凝土拌合物易于各种施工工序(拌合、运输、浇筑、振捣等)操作并能获得质量均匀、成型密实的性能。和易性是一项综合技术性质,包括流动性、黏聚性和保水性三方面含义。

(1)流动性

流动性是指混凝土拌合物在自重或机械振捣作用下能产生流动,并均匀密实地填满模板的性能。流动性反映出拌合物的稀稠。若混凝土拌合物太干稠,流动性差,难以振捣密实;若拌合物过稀,流动性好,但容易出现分层离析现象,从而影响混凝土的质量。

(2)黏聚性

黏聚性是指混凝土拌合物各颗粒间具有一定的黏聚力。在施工过程中能够抵抗分层离

析，使混凝土保持整体均匀的性能。黏聚性反映混凝土拌合物的均匀性。若混凝土拌合物黏聚性不好，混凝土中骨料与水泥浆容易分离，造成混凝土不均匀，振捣后会出现蜂窝、空洞等现象。

(3)保水性

保水性是指混凝土拌合物具有一定的保持水分的能力，在施工过程中不致产生严重的泌水现象，保水性反映混凝土拌合物的稳定性。保水性差的混凝土内部容易形成透水通道，影响混凝土的密实性，并降低混凝土的强度和耐久性。

混凝土拌合物的和易性是以上三个方面性能的综合体现，它们之间既相互联系，又相互矛盾。黏聚性好时保水性往往也好；流动性增大时，黏聚性和保水性往往变差。不同的工程对混凝土拌合物和易性的要求也不同，应根据工程具体情况既要有所侧重，又要互相照顾。

(二)和易性的测定方法

由于混凝土拌合物的和易性是一项综合的技术性质，目前还很难用一个单一的指标来全面衡量。通常评定混凝土拌合物和易性的方法是：测定其流动性，以直观经验观察其黏聚性和保水性。《普通混凝土性能试验方法标准》(GB/T 50080—2011)和《水工混凝土试验规程》(DL/T 5150—2001)规定，用坍落度法和维勃稠度法来测定混凝土拌合物的流动性。

1. 坍落度法

在平整、润滑且不吸水的操作面上放置坍落度筒，将混凝土拌合物分 3 次(每次装料 1/3筒高)装入筒内，分次捣实，装满后刮平。然后垂直提起坍落度筒，拌合物在自重作用下会向下坍落，坍落的高度(以 mm 计)就是该混凝土拌合物的坍落度，如图 3-5 所示。坍落度数值越大，表示混凝土拌合物的流动性越好。

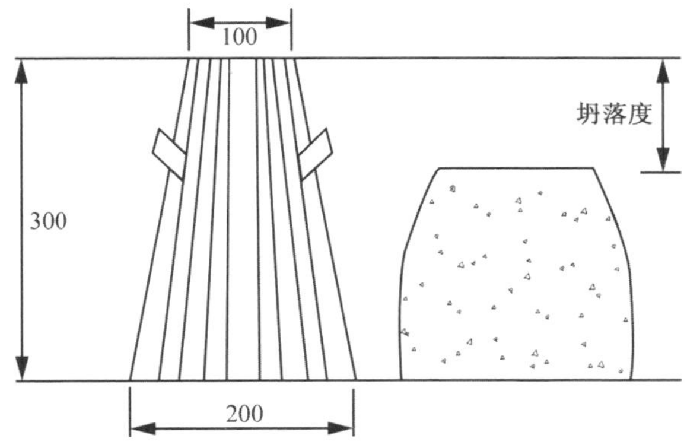

图 3-5　混凝土坍落度的测定

在进行坍落度试验时，还需同时观察拌合物的黏聚性和保水性。用捣棒在已坍落的拌合物锥体侧面轻轻敲打，如果锥体逐渐下沉，表示拌合物黏聚性良好；如果锥体突然倒塌或部分崩裂或出现离析现象，表示拌合物黏聚性不好。坍落度筒提起后，若有较多的稀浆从锥体底部析出，锥体部分的拌合物也因失浆而骨料外露，表明混凝土拌合物保水性不好；如无稀浆或仅有少量稀浆自底部析出，则表明保水性良好。

混凝土拌合物根据坍落度大小，可分为四级：大流动性混凝土(坍落度大于 160 mm)、流动性混凝土(坍落度 100 ~ 150 mm)、塑性混凝土(坍落度为 10 ~ 90 mm)和干硬性混凝土(坍落度小于 10 mm)。

施工中选择混凝土拌合物的坍落度，一般依据构件截面的大小、钢筋分布的疏密、混凝土成型方式等来确定。若构件截面尺寸较小、钢筋分布较密，且为人工捣实，坍落度可选择大一些；反之，坍落度可选择小一些。混凝土的坍落度值可参考表 3-12 选用。

表 3-12　混凝土浇筑时的坍落度

结构种类	坍落度（mm）
基础或地面等的垫层、无配筋的大体积结构（挡土墙、基础等）或配筋稀疏的结构板、梁和大型及中型截面的柱子	10～30
配筋密列的结构（薄壁、斗仓、筒仓、细柱等）	50～70
配筋特密的结构	70～90
板、梁和大型及中型截面的柱子	30～50

注：（1）有温控要求或低温季节浇筑混凝土时，混凝土的坍落度可根据具体情况酌量增减。（2）混凝土的坍落度应以浇筑地点的实测值为准，试验室确定混凝土的配合比时，应考虑运输途中混凝土的坍落度损失。

坍落度适用于粗骨料最大粒径不大于 40 mm，坍落度值不小于 10 mm 的混凝土拌合物流动性测定。对于坍落度小于 10 mm 的干硬性混凝土拌合物，通常用维勃稠度试验来测定其流动性。

2. 维勃稠度试验

维勃稠度测试方法是：将维勃稠度仪上固定在规定的振动台上，把拌制好的混凝土拌合物装满坍落度筒内，抽出坍落度筒，将维勃稠度仪上的透明圆盘转至试体顶面，使之与试体轻轻接触。开启振动台，同时由秒表计时，振动至透明圆盘底面被水泥浆布满的瞬间关闭振动台并停止秒表，由秒表读出的时间，即是该拌合物的维勃稠度值（s）。维勃稠度值小，表示拌合物的流动性大。

维勃稠度法适用于粗骨料最大粒径不超过 40 mm，维勃稠度在 5～30 s 之间的混凝土拌合物，主要用于测定干硬性混凝土的流动性。

（三）影响混凝土拌合物和易性的主要因素

1. 水泥浆的数量

在混凝土拌合物中，水泥浆起着润滑骨料、提高拌合物流动性的作用。在水灰比不变的情况下，单位体积拌合物内，水泥浆数量越多，拌合物流动性越大。但若水泥浆数量过多，不仅水泥用量大，而且会出现流浆现象，使拌合物的黏聚性变差，同时会降低混凝土的强度和耐久性；若水泥浆数量过少，则水泥浆不能填满骨料空隙或不能很好包裹骨料表面，就会出现混凝土拌合物崩塌现象，使黏聚性变差。因此，混凝土拌合物中水泥浆的数量应以满足流动性要求为度，不宜过多或过少。

2. 水泥浆的稠度（水灰比）

水泥浆的稠度是由水灰比决定的，水灰比是指混凝土拌合物中用水量与水泥用量的比值。当水泥用量一定时，水灰比越小，水泥浆越稠，拌合物的流动性就越小。当水灰比过小，水泥浆过于干稠，拌合物流动性过低，影响施工，且不能保证混凝土的密实性。水灰比增大会使流动性加大，但水灰比过大，又会造成混凝土拌合物的黏聚性和保水性较差，产生流浆、离析现象，并严重影响混凝土的强度和耐久性。所以，水泥浆的稠度（水灰比）不宜过大或过小，应根据混凝土强度和耐久性合理选用。混凝土常用水灰比在 0.40～0.70 之间。

无论是水泥浆数量的多少，还是水泥浆的稀稠，实际上对混凝土拌合物流动性起决定作用的是用水量的多少。当使用确定的材料拌制混凝土时，为使混凝土拌合物达到一定的流动性，所需的单位用水量是一个定值。塑性混凝土的单位用水量可参考表3-13选用。应当指出的是，不能单独用增减用水量（即改变水灰比）的办法来改善混凝土拌合物的流动性，而应该在保持水灰比不变的条件下用增减水泥浆数量的办法来改善拌合物的流动性。

表3-13　塑性混凝土用水量选用（单位：kg/m^3）

所需坍落度（mm）	卵石最大粒径				碎石最大粒径			
	10 mm	20 mm	31.5 mm	40 mm	15 mm	20 mm	31.5 mm	40 mm
10～30	190	170	160	150	205	185	175	165
30～50	200	180	170	160	215	195	185	175
50～70	210	190	180	170	225	205	195	185
70～90	215	195	185	175	235	215	205	195

注：(1)本表不宜用于水灰比小于0.4或大于0.8的混凝土。

(2)本表用水量系采用中砂时的平均值，若用细（粗）砂，每立方米混凝土用水量可增加（减少）5～10 kg。

(3)掺用外加剂（掺合料），可相应增减用水量。

3. 砂率

砂率是指混凝土中砂的质量占砂、石总质量的百分率。砂率的变动会使骨料的空隙率和总表面积有显著改变，因而对混凝土拌合物的和易性产生显著的影响。砂率过大时，骨料的总表面积和空隙率都会增大，在水泥浆用量不变的情况下，相对的水泥浆就显得少了，则拌合物的流动性降低。若砂率过小，又不能保证粗骨料之间有足够的砂浆层，也会降低拌合物的流动性，且黏聚性和保水性变差。因此。砂率过大或过小都不好，应有一个合理砂率值。

当采用合理砂率时，在用水量及水泥用量一定的情况下，能使混凝土拌合物获得最大的流动性且能保持良好的黏聚性和保水性，如图3-6所示；或者，当采用合理砂率时，能使混凝土拌合物获得所要求的流动性及良好的黏聚性和保水性，而水泥用量为最少，如图3-7所示。

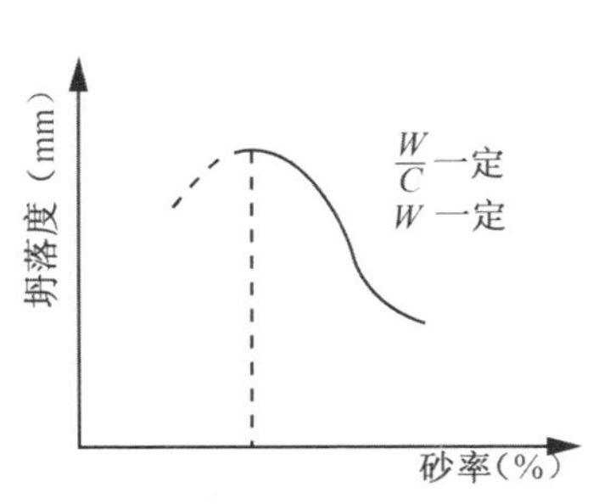

图3-6　砂率与坍落度的关系曲线

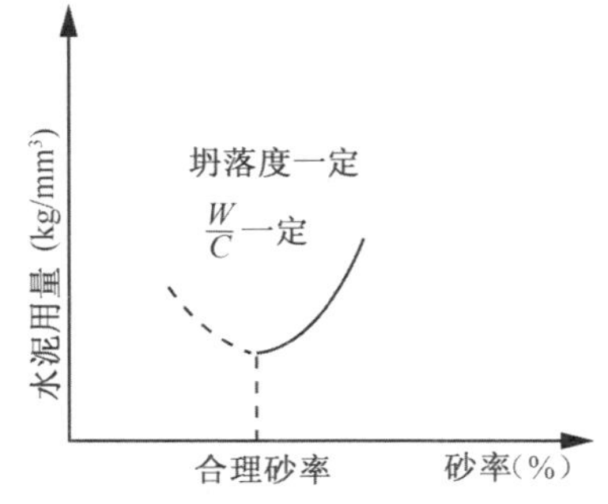

图3-7　砂率与水泥用量的关系曲线

确定合理砂率的方法很多,可根据本地区、本单位的经验累计数值选用;若无经验数据,可按骨料的品种、规格及混凝土的水灰比参考表 3-14 选用合理的砂率值。

表 3-14 混凝土砂率选用

水灰比	卵石最大粒径			碎石最大粒径		
	10 mm	20 mm	40 mm	15 mm	20 mm	40 mm
0.40	26% ~32%	25% ~31%	24% ~30%	30% ~35%	29% ~34%	27% ~32%
0.50	30% ~35%	29% ~34%	28% ~33%	33% ~38%	32% ~37%	30% ~35%
0.60	33% ~38%	32% ~37%	31% ~36%	36% ~41%	35% ~40%	33% ~38%
0.70	36% ~41%	35% ~40%	34% ~39%	39% ~44%	38% ~43%	36% ~41%

注:(1)本表适用于坍落度为 10 ~60 mm 的混凝土。坍落度大于 60 mm,应在本表的基础上,按坍落度每增大 20 mm 砂率增大 1% 的幅度予以调整。坍落度小于 10 mm 的混凝土,砂率应经试验确定。

(2)本表数值系采用中砂时的选用砂率,若用细(粗)砂,可相应减少(增加)砂率。

(3)只用一个单粒级骨料配制的混凝土,砂率应适当增加。

(4)掺有外加材料时,合理砂率经试验或参考有关规定选用。

4. 温度和时间

环境温度升高,混凝土拌合物的流动性降低。这是因为温度升高可加速水泥的水化,增加水分的蒸发,坍落度损失也快。因此,在夏季施工时,为保证混凝土具有一定的流动性应适当增加拌合物的用水量。

混凝土拌合物随时间的延长会逐渐变得干稠,流动性降低。这是因为拌合物中的一部分水分被骨料吸收,一部分水分蒸发,一部分水分与水泥发生水化反应,致使混凝土拌合物流动性变差。因此,如果较长距离运输混凝土,应考虑混凝土流动性随时间增加而降低的现象,并采用相应的措施。

5. 施工工艺

采用机械拌合的混凝土比同等条件下人工拌合的混凝土坍落度大;采用同一种拌合方式,其坍落度随着有效拌合时间的增长而增大。搅拌机类型不同,拌合时间不同,获得的坍落度也不同。

6. 其他因素的影响

水泥的品种、骨料种类及形状、外加剂等,都对混凝土的和易性有一定影响。水泥的标准稠度用水量大,则拌合物的流动性小。骨料的颗粒较大,外形圆滑及级配良好时,则拌合物的流动性较大。此外,在混凝土拌合物中掺入外加剂(如减水剂),能显著改善和易性。

二、混凝土的强度

混凝土的强度有抗压强度、抗拉强度、抗折强度、抗弯强度等。其中混凝土抗压强度最大,因此在建筑工程中主要是利用混凝土来承受压力作用。混凝土的抗压强度是混凝土结构设计的主要参数,也是混凝土质量评定的重要指标。工程中提到的混凝土强度一般指的是混凝土的抗压强度。

(一)混凝土的强度指标

1. 混凝土立方体抗压强度

按照《普通混凝土力学性能试验方法标准》(GB/T 50081—2002)的规定,制作边长为

150 mm 的立方体试件，在标准条件（温度 20 ±2 ℃，相对湿度 95% 以上）下养护至 28 d 龄期，按照标准试验方法测得的抗压强度值，称为混凝土立方体抗压强度，以 f_{cu} 表示。

测定混凝土立方体抗压强度时，也可根据粗骨料的最大粒径不同选用非标准的试件尺寸，然后将测定结果乘以尺寸换算系数换算成相当于标准试件的强度值。当混凝土强度等级小于 C60 时，边长为 100 mm 的立方体试件，换算系数为 0.95；边长为 200 mm 的立方体试件，换算系数为 1.05。当混凝土强度等级大于等于 C60 时，宜采用标准试件；用非标准试件时尺寸换算系数应由试验确定。

2. 混凝土立方体抗压强度标准值及强度等级

立方体抗压强度标准值指按标准方法制作、养护的边长为 150 mm 的立方体试件，在 28 d 龄期用标准试验方法测得的具有 95% 保证率的抗压强度，用 $f_{cu,k}$ 表示。

混凝土强度等级是按照混凝土立方体抗压强度标准值来划分的《混凝土结构设计规范》（GB 5001—2010）将混凝土共划分为 14 个强度等级，即 C15、C20、C25、C30、C35、C40、C45、C50、C55、C60、C65、C70、C75、C80。其中 C 表示混凝土，C 后面的数字表示混凝土立方体抗压强度标准值。如 C30 表示 $f_{cu,k}=30$ MPa。

3. 混凝土轴心抗压强度

混凝土的强度等级是采用立方体试件来确定的，但在实际工程中，混凝土结构构件的形式极少是立方体，大部分是棱柱体或圆柱体。为了能更好地反映混凝土的实际抗压性能，在计算钢筋混凝土构件承载力时，常采用混凝土的轴心抗压强度作为设计依据。

采用 150 mm ×150 mm ×300 mm 的棱柱体作为标准试件，在标准条件（温度 20 ±3 ℃，相对湿度 90% 以上）下养护至 28 d 龄期，按照标准试验方法测得的抗压强度为混凝土的轴心抗压强度，用 f_c 表示。混凝土轴心抗压强度 f_c 为立方体抗压强度 f_{cu} 的 70% ~80%。

4. 混凝土的抗拉强度

混凝土的抗拉强度很低，只有抗压强度的 1/20 ~1/10，且随着混凝土强度等级的提高，比值有所降低，也就是当混凝土强度等级提高时，抗拉强度的增加不及抗压强度提高得快。因此混凝土在工作时一般不依靠其抗拉强度。但抗拉强度对混凝土的抗裂性具有重要意义，是结构设计中确定混凝土抗裂度的重要指标，也用来衡量混凝土与钢筋的黏结性。

测定混凝土抗拉强度的试验方法有直接轴心受拉试验和劈裂试验，直接轴心受拉试验时试件对中比较困难，因此中国目前常采用劈裂试验方法测定。劈裂试验方法是采用边长为 150 mm 的立方体标准试件，按规定的劈裂抗拉试验方法测定混凝土的劈裂抗拉强度。其劈裂抗拉强度的计算公式如下：

$$f_{ts}=\frac{2F}{\pi A}=0.637\frac{F}{A} \tag{3-3}$$

式中：f_{ts}——混凝土的劈裂抗拉强度，MPa；

F——破坏荷载，N；

A——试件劈裂面积，mm^2。

（二）影响混凝土强度的主要因素

混凝土受压破坏可能有三种形式：骨料与水泥石界面的黏结破坏、水泥石本身的破坏和骨料发生破坏。试验证明，混凝土的受压破坏形式通常是前两种，这是因为骨料强度一般都大大超过水泥石强度和黏结面的黏结强度。而水泥石强度、水泥石与骨料表面的黏结强度又与水泥标号、水灰比、骨料性质等有密切关系，此外还受施工工艺、养护条件、龄期等多种因素的影响。影响混凝土强度的因素主要有以下几种。

1. 水泥强度等级和水灰比

水泥强度等级和水灰比是影响混凝土强度最重要的因素。在混凝土配合比相同的条件下，所用的水泥强度等级越高，制成的混凝土强度等级也越高；在水泥强度等级相同的情况下，水灰比越小，混凝土的强度越高。但应说明，如果水灰比太小，拌合物过于干硬，无法保证施工质量，将使混凝土中出现较多的蜂窝、孔洞，显著降低混凝土的强度和耐久性。试验证明，混凝土的强度在一定范围内，随水灰比的增大而降低，呈曲线关系，如图 3-8(a)所示；而混凝土强度与灰水比的关系，则呈直线关系，如图 3-8(b)所示。

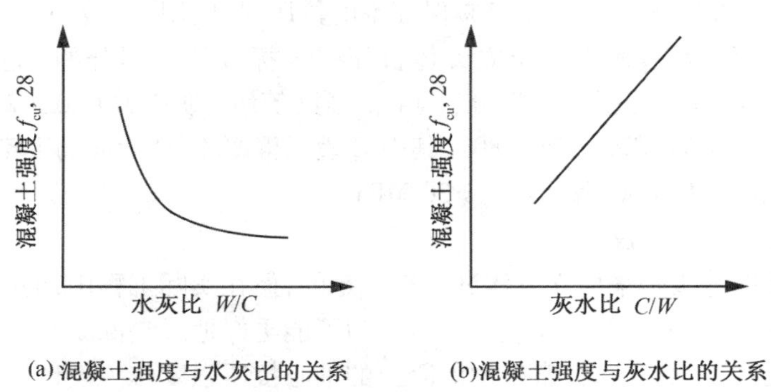

图 3-8　混凝土强度与水灰比及灰水比的关系

瑞士学者保罗米通过大量试验研究，应用数理统计的方法，提出了混凝土强度与水泥强度等级及灰水比之间的线性经验公式，即：

$$f_{cu} = \alpha_a f_{ce}\left(\frac{C}{W} - \alpha_b\right) \tag{3-4}$$

式中：f_{cu}——混凝土立方体抗压强度，MPa；

α_a、α_b——回归系数；

$\frac{C}{W}$——灰水比；

f_{ce}——水泥 28 d 抗压强度实测值，MPa。

根据《普通混凝土配合比设计规程》(JGJ 55—2011)，回归系数 α_a、α_b 宜按下列规定确定：

①回归系数 α_a、α_b 应根据工程所使用的水泥、骨料，通过试验由建立的水灰比与混凝土强度关系式确定；

②当不具备上述试验统计资料时，对于碎石，回归系数可取 $\alpha_a = 0.53$，$\alpha_b = 0.2$，对于卵石，回归系数可取 $\alpha_a = 0.49$，$\alpha_b = 0.13$。

《普通混凝土配合比设计规程》(JGJ 55—2011)规定，当无水泥 28 d 抗压强度实测值时，可按式(3-5)确定：

$$f_{ce} = \gamma_c f_{ce,g} \tag{3-5}$$

式中：γ_c——水泥强度等级值的富余系数，可按实际统计资料确定；

$f_{ce,g}$——水泥强度等级值，MPa。

式(3-4)适用于强度等级小于 C60 级的混凝土。利用式(3-4)可解决以下两类问题:一是当所采用的水泥强度等级已定,欲配制某种强度的混凝土时,可以估算应采用的水灰比值;二是当已知所采用的水泥强度等级和水灰比时,可以估计混凝土 28 d 可能达到的立方体抗压强度。

2. 养护的温度与湿度

混凝土强度增长的过程是水泥的水化和凝结硬化的过程,必须在一定的温度和湿度条件下进行。混凝土如果在干燥环境中养护,混凝土会失水干燥而影响水泥的正常水化,甚至停止水化。这不仅严重降低了混凝土的强度,而且会引起干缩裂缝和结构疏松,从而影响耐久性。而在湿度较大的环境中养护混凝土,则会使混凝土的强度提高。

在保证足够湿度的情况下,养护温度不同,对混凝土强度影响也不同。温度升高,水泥水化速度加快,混凝土强度增长也加快;温度降低,水泥水化作用延缓,混凝土强度增长也较慢。当温度降至 0 ℃以下时,混凝土中的水分大部分结冰,不仅强度停止发展,而且混凝土内部还可能因结冰膨胀而破坏,使混凝土的强度大大降低。

为了保证混凝土的强度持续增长,必须在混凝土成型后一定时间内,维持周围环境有一定的温度和湿度。冬天施工,尤其要注意采取保温措施,以免混凝土早期受冻破坏;夏天施工的混凝土,要经常洒水保持混凝土试件潮湿。

3. 养护时间(龄期)

混凝土在正常养护条件下,强度将随龄期的增长而提高。混凝土的强度在最初的 3 ~ 7 d 内增长较快,28 d 后逐渐变慢,只要保持适当的温度和湿度,其强度会一直有所增长。一般以混凝土 28 d 的强度作为设计强度值。

在标准养护条件下,混凝土强度大致与龄期的对数成正比(龄期不少于 3 d),计算式如下:

$$\frac{f_n}{f_{28}} = \frac{\lg n}{\lg 28} \tag{3-6}$$

式中:f_n —— n d 龄期混凝土的抗压强度,MPa;

f_{28} ——28 d 龄期混凝土的抗压强度,MPa;

n ——养护龄期,d, $n \geqslant 3$。

式(3-6)适用于在标准条件下养护的普通水泥拌制的中等强度等级的混凝土。由于混凝土强度影响因素很多,强度发展也很难一致,因此该公式仅供参考。

4. 骨料的种类、质量、表面状况

当骨料中含有杂质较多,或骨料材质低劣、强度较低时,会降低混凝土的强度。表面粗糙并富有棱角的骨料,与水泥石的黏结力较强,可提高混凝土的强度。所以在相同混凝土配合比的条件下,用碎石拌制的混凝土强度比用卵石拌制的混凝土强度高。

5. 试验条件

试验条件,如试件尺寸、试件受压面的平整度及加荷速度等,都对测定混凝土的强度有影响。试件尺寸越小,测得的强度越高;尺寸越大,测得的强度越低。试件受压面越光滑平整,测得的抗压越高;如果受压面不平整,会形成局部受压使测得的强度降低,加荷速度越快,测得的强度越高。当试件表面涂有润滑剂时,测得的强度较低。因此,在测定混凝土的强度时,必须严格按照国家规范规定的试验规程进行,以确保试验结果的准确性。

（三）提高混凝土强度的主要措施

1. 选料方面

（1）采用高强度等级水泥可配制出高强度的混凝土，但成本较高。

（2）选用级配良好的骨料，提高混凝土的密实度。

（3）选用合适的外加剂。如掺入减水剂，可在保证和易性不变的情况下减少用水量，提高其强度；掺入早强剂，可提高混凝土的早期强度。

2. 采用机械搅拌合振捣

混凝土采用机械搅拌不仅比人工搅拌工效高，而且搅拌得更均匀，故能提高混凝土的密实度和强度。采用机械振捣混凝土，可使混凝土拌合物的颗粒产生振动，降低水泥浆的黏度及骨料之间的摩擦力，使混凝土拌合物转入流体状态，提高流动性。同时混凝土拌合物被振捣后，其颗粒互相靠近并把空气排出，使混凝土内部孔隙大大减少，从而使混凝土的密实度和强度都得到提高。图 3-9 可以看出机械捣实的混凝土强度高于人工捣实的混凝土强度，尤其在水灰比较小的情况下更为明显。

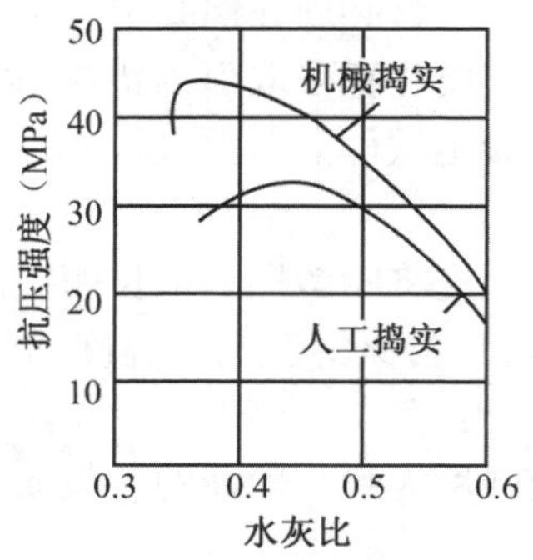

图 3-9　捣实方法对混凝土强度的影响

3. 养护工艺方面

（1）采用常压蒸汽养护。将混凝土置于低于 100 ℃的常压蒸汽中养护 16 ~ 20 h 后，可获得在正常养护下 28 d 强度的 70% ~ 80%。

（2）采用高压蒸汽养护（蒸压养护）。将混凝土置于 175 ℃、0. 8 MPa 蒸压炉中进行养护，能促进水泥的水化，明显提高混凝土强度。蒸压养护特别适用于掺混合材料硅酸盐水泥拌制的混凝土。

三、混凝土的变形

混凝土在硬化期间和使用过程中，会受到各种因素作用而产生变形。混凝土的变形直接影响到混凝土的强度和耐久性，特别是对裂缝的产生有直接影响。引起混凝土变形的因素很多，归纳起来可分为两大类，即非荷载作用下的变形和荷载作用下的变形。

（一）非荷载作用下的变形

1. 化学收缩

一般水泥水化生成物的体积比水化反应前物质的总体积要小，因此会导致水化过程的体积收缩，这种收缩称为化学收缩。化学收缩随混凝土硬化龄期的延长而增加，在 40 d 内收缩值增长较快，以后逐渐稳定。化学收缩是不能恢复的，它对结构物不会产生明显的破坏

作用，但在混凝土中可产生微细裂缝。

2. 干湿变形

干湿变形取决于周围环境的湿度变化。当混凝土在水中硬化时，水泥凝胶体中胶体离子的吸附水膜增厚，胶体离子间距离增大，使混凝土产生微小膨胀。当混凝土在干燥空气中硬化时，混凝土中水分逐渐蒸发，水混凝胶体或水泥石毛细管失水，使混凝土产生收缩。若把已收缩的混凝土再置于水中养护，原收缩变形一部分可以恢复，但仍有一部分（占 30% ~ 50%）不可恢复。

混凝土的湿胀变形量很小，对结构一般无破坏作用。但干缩变形对混凝土危害较大，干缩可能使混凝土表面出现拉应力而开裂，严重影响混凝土的耐久性。因此，应采取措施减少混凝土的收缩，可采用以下措施。

（1）加强养护。在养护期内使混凝土保持潮湿环境。

（2）减小水灰比。水灰比大，会使混凝土收缩量大大增加。

（3）减小水泥用量。水泥含量减少，骨料含量相对增加，骨料的体积稳定性比水泥浆好，可减少混凝土的收缩。

（4）加强振捣。混凝土振捣得越密实，内部孔隙量越少，收缩量也就越小。

3. 温度变形

混凝土的热胀冷缩变形称为温度变形。温度变形对大体积混凝土非常不利。在混凝土硬化初期，水泥水化放出较多的热量，而混凝土是热的不良导体，散热缓慢，使大体积混凝土内外产生较大的温差，从而在混凝土外表面产生很大的拉应力，严重时会产生裂缝。因此对大体积混凝土工程，应设法降低混凝土的发热量，如使用低热水泥、减少水泥用量、采用人工降温措施等，以减少内外温差，防止裂缝的产生和发展。

对纵向较长的混凝土及钢筋混凝土结构，应考虑混凝土温度变形所产生的危害，每隔一段长度应设置温度伸缩缝。

（二）荷载作用下的变形

1. 在短期荷载作用下的变形

混凝土是由水泥石、砂、石子等组成的不均匀复合材料，是一种弹塑性体。混凝土受力后既会产生可以恢复的弹性变形，又会产生不可恢复的塑性变形。全部应变（ε）是由弹性应变（ε_e）与塑性应变（ε_p）组成，如图 3-10 所示。

混凝土的变形模量是反映应力与应变关系的物理量，即 $\sigma = E \times \varepsilon$，但是混凝土的应力与应变之间的关系不是直线而是曲线，因此混凝土的变形模量不是定值。混凝土的变形模量有三种表示方法，即初始弹性模量 $E_0 = \tan\alpha_0$、割线变形模量 $E_c = \tan\alpha_1$ 和切线弹性模量 $E_h = \tan\alpha_2$，α_0、α_1、α_2 如图 3-11 所示。

在计算钢筋混凝土构件的变形、裂缝以及大体积混凝土的温度应力时，都需要知道混凝土的弹性模量。在钢筋混凝土构件设计中，常采用静力受压弹性模量作为混凝土的弹性模量，其具体测定方法详见《普通混凝土力学性能试验方法标准》（GB/T 50081—2002）。

混凝土的强度等级越高，弹性模量也越高，两者存在一定的相关性。当混凝土的强度等级由 C15 增高到 C80 时，其弹性模量大致由 2.20×10^4 MPa 增至 3.80×10^4 MPa。

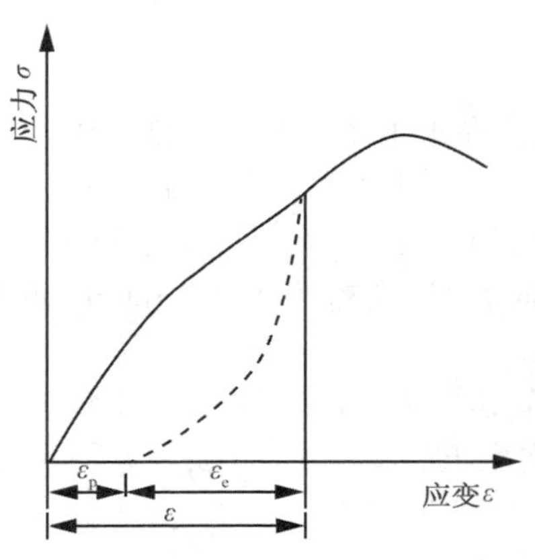

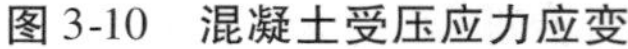

图 3-10　混凝土受压应力应变

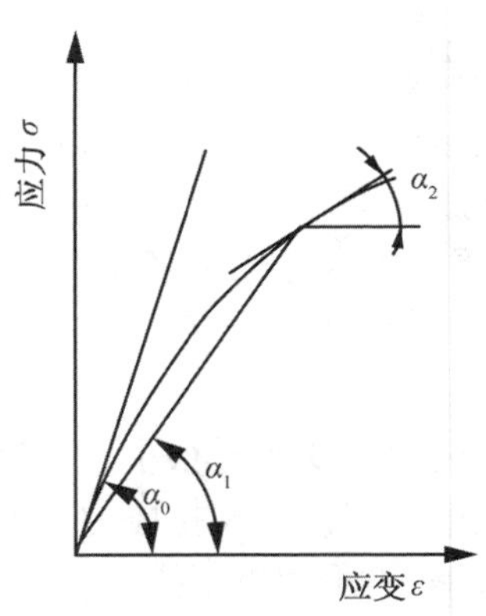

图 3-11　α_0、α_1、α_2 示意

2. 徐变

混凝土在荷载长期作用下，随时间增长而沿受力方向增加的非弹性变形，称为混凝土的徐变。图 3-12 表示混凝土的徐变曲线。当混凝土开始加荷时产生瞬时应变，随着荷载持续作用时间的增长，逐渐产生徐变变形。徐变变形初期增长较快，以后逐渐变慢，一般要延续 2 ~ 3 年才稳定下来。当变形稳定以后卸掉荷载，混凝土立即发生稍少于瞬时应变的恢复，称为瞬时恢复。在卸荷后的一段时间内，变形还会继续恢复，称为徐变恢复。最后残留下来的不能恢复的应变，称为残余应变。混凝土的徐变一般为 $(3 \sim 15) \times 10^{-4}$，即 0.3 ~ 1.5 mm/m。

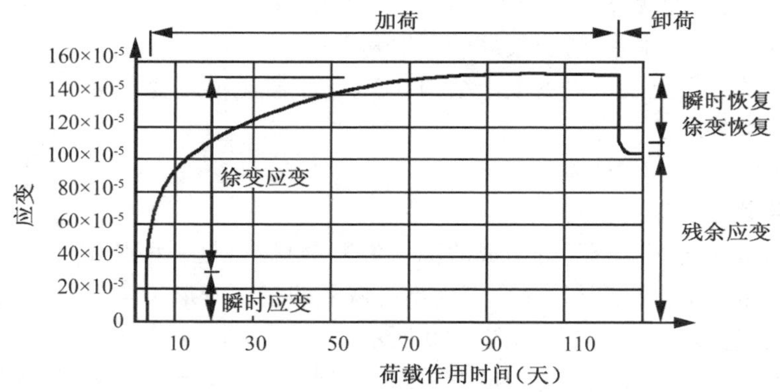

图 3-12　混凝土的徐变曲线

混凝土的徐变，一般认为是由于水泥石中的凝胶体在长期荷载作用下的黏性流动，并向毛细孔中移动的结果。影响混凝土徐变的因素很多，混凝土所受初应力越大，加荷载时龄期越短，水泥用量越多，水灰比越大，都会使混凝土的徐变越大；混凝土弹性模量越大，混凝土养护时温度越高、湿度越大，水泥水化越充分，徐变越小。

混凝土的徐变对混凝土构件来说，能消除混凝土内的应力集中，使应力较均匀地重新分布；对大体积混凝土来说，则能消除一部分由于温度变形所产生的破坏应力。但是，徐变会使构件的变形增加；在预应力钢筋混凝土结构中，徐变会使钢筋的预加应力受到损失，从而降低结构的承载能力。

四、混凝土的耐久性

在建筑工程中不仅要求混凝土具有足够的强度来安全地承受荷载，还要求混凝土具有与环境相适应的耐久性来延长建筑物的使用寿命。混凝土的耐久性是一项综合技术指标，包括抗渗性、抗冻性、抗侵蚀性及抗碳化性等。

（一）混凝土的抗渗性

混凝土的抗渗性是指混凝土抵抗压力液体（水、油等）渗透的能力。抗渗性是混凝土耐久性的一项重要指标，它直接影响混凝土的抗冻性和抗侵蚀性。当混凝土的抗渗性较差时，不但容易透水，而且由于水分渗入内部，当有冰冻作用或水中含侵蚀性介质时，混凝土就容易受到冰冻或侵蚀作用而被破坏。对钢筋混凝土还可能引起钢筋的锈蚀以及保护层的开裂和剥落。

混凝土的抗渗性用抗渗等级表示。抗渗等级是以 28 d 龄期的标准混凝土抗渗试件，按规定试验方法，以不渗水时所能承受的最大水压（MPa）来确定。混凝土的抗渗等级用代号 P 表示，如 P2、P4、P6、P8、P10、P12 等不同的抗渗等级，它们分别表示能抵抗 0.2 MPa、0.4 MPa、0.6 MPa、0.8 MPa、1.0 MPa、1.2 MPa 的水压力而不出现渗透现象。抗渗等级大于或等于 P6 的混凝土称为抗渗混凝土。

混凝土内部连通的孔隙、毛细管和混凝土浇筑中形成的孔洞、蜂窝等，都会引起混凝土渗水，因此提高混凝土密实度、改变孔隙结构、减少连通孔隙是提高混凝土抗渗性的重要措施。

对于抗渗要求的水工混凝土宜采用普通硅酸盐水泥，粗骨料宜采用连续级配，其最大公称粒径不宜大于 40.0 mm，含泥量不得大于 1.0%，泥块含量不得大于 0.5%；细骨料宜采用中砂，含泥量不得大于 3.0%，泥块含量不得大于 1.0%。按照《普通混凝土配合比设计规程》（JGJ 55—2011）规定，抗渗混凝土的每立方米含胶凝材料用量不宜大于 320 kg，砂率宜采用 35% ~45%，最大水胶比应根据表 3-15 采用。

表 3-15　抗渗混凝土最大水胶比

设计抗渗等级	最大水胶比	
	C20 ~ C30	C30 以上混凝土
P6	0.6	0.55
P8 ~ P12	0.55	0.50
> P12	0.50	0.45

（二）混凝土的抗冻性

混凝土的抗冻性是指混凝土在水饱和状态下，能经受多次冻融循环作用而不破坏，同时也不严重降低强度的性能。在寒冷地区，尤其是经常与水接触、容易受冻的外部混凝土构件，应具有较高的抗冻性。

混凝土的抗冻性用抗冻等级表示。抗冻等级是以 28 d 龄期的混凝土标准试件，在浸水饱和状态下，进行冻融循环试验，以同时满足强度损失率不超过 25%、质量损失率不超过 5% 时的最大循环次数来表示。混凝土的抗冻等级分为 F25、F50、F100、F150、F200、F250、F300 七个等级。如 F100 表示混凝土能够承受反复冻融循环次数为 100 次，强度下降不超

过25%，质量损失不超过5%。抗冻等级大于或等于F50的混凝土称为防冻混凝土。

混凝土的抗冻性与混凝土的密实程度、水灰比、孔隙特征和数量等有关。一般来说，密实的、具有封闭孔隙的混凝土，抗冻性较好；水灰比越小，混凝土的密实度越高，抗冻性也越好；在混凝土中加入引气剂或减水剂，能有效提高混凝土抗冻性。

对于抗冻要求的水工混凝土宜采用普通硅酸盐水泥，粗骨料宜采用连续级配，含泥量不得大于1.0%，泥块含量不得大于0.5%；细骨料宜采用中砂，含泥量不得大于3.0%，泥块含量不得大于1.0%，粗细骨料均应进行坚固性试验。按照《普通混凝土配合比设计规程》(JGJ 55—2011)规定，抗冻混凝土的复合矿物掺合料用量宜符合表3-16的规定，最大水胶比和最小胶凝材料用量应根据表3-17采用。

表3-16　复合矿物料最大掺量

水胶比	最大掺量	
	采用硅酸盐水泥	采用普通硅酸盐水泥
≤0.40	60%	50%
>0.40	50%	40%

表3-17　最大水胶比和最小胶凝材料用量

设计抗冻等级	最大水胶比		最小胶凝材料用量(kg/m^3)
	无引气剂	掺引气剂	
F50	0.55	0.60	300
F100	0.5	0.55	320
不低于F150	—	0.50	350

(三)混凝土抗侵蚀性

混凝土抗侵蚀性是指混凝土抵抗外界侵蚀性介质破坏作用的能力。当工程所处的环境有侵蚀介质时，对混凝土必须提出抗侵蚀性要求。

混凝土的抗侵蚀性与所用水泥的品种、混凝土的密实程度、孔隙特征等有关。密实性好的、具有封闭孔隙的混凝土，抗侵蚀性好。提高混凝土的抗侵蚀性应根据工程所处环境合理选择水泥品种。

(四)混凝土的碳化

混凝土的碳化作用是指混凝土中的$Ca(OH)_2$与空气中的CO_2作用生成$CaCO_3$和水，使表层混凝土的碱度降低。

影响碳化速率的环境因素是二氧化碳浓度及环境湿度等，碳化速率随空气中二氧化碳浓度的增高而加快。在相对湿度为50%～75%的环境中，碳化速率最快；当相对湿度达100%或相对湿度小于25%时，碳化作用停止。混凝土的碳化还与所用水泥品种有关，在常用水泥中，火山灰水泥碳化速率最快，普通硅酸盐水泥碳化速率最慢。

碳化对混凝土有不利的影响，碳化减弱了混凝土对钢筋的保护作用，可能导致钢筋的锈蚀；碳化还会引起混凝土的收缩，并可能导致微细裂缝。碳化作用对混凝土也有一些有利的

影响，主要是提高碳化层的密实度和抗压强度。总之，碳化对混凝土的影响是弊多利少，因此应设法提高混凝土的抗碳化能力。为防止钢筋锈蚀，钢筋混凝土结构构件必须设置足够的混凝土保护层。

（五）提高混凝土耐久性的主要措施

综上所述，影响混凝土耐久性的各项指标虽不相同，但对提高混凝土耐久性的措施来说，却有很多共同之处。混凝土的耐久性主要取决于组成材料的品种与质量、混凝土本身的密实度、施工质量、孔隙率和孔隙特征等，其中最关键的是混凝土的密实度。常用提高混凝土耐久性的措施主要有以下几个方面。

1. 合理选择水泥品种

水泥品种的选择应与工程结构所处环境条件相适应。

2. 控制混凝土的最大水灰比及最小水泥用量

在一定的工艺条件下，混凝土的密实度与水灰比有直接关系，与水泥用量有间接关系。所以混凝土中的水泥用量和水灰比，不能仅满足于混凝土对强度的要求，还必须满足耐久性要求。《普通混凝土配合比设计规程》（JGJ 55—2011）对建筑工程所用混凝土的最大水灰比和最小水泥用量做了规定，如表 3-18 和表 3-19 所示。

表 3-18　混凝土的最大水灰比和最小水泥用量

<table>
<tr><th colspan="2" rowspan="2">环境条件</th><th rowspan="2">结构物类型</th><th colspan="3">最大水灰比</th><th colspan="3">最小水泥用量</th></tr>
<tr><th>素混凝土</th><th>钢筋混凝土</th><th>预应力混凝土</th><th>素混凝土（kg/m³）</th><th>钢筋混凝土（kg/m³）</th><th>预应力混凝土（kg/m³）</th></tr>
<tr><td colspan="2">干燥环境</td><td>正常的居住或办公用房屋内部件</td><td>不做规定</td><td>0.65</td><td>0.60</td><td>200</td><td>260</td><td>300</td></tr>
<tr><td rowspan="2">潮湿环境</td><td>无冻害</td><td>（1）高湿度的室内部件
（2）室外部件
（3）在非侵蚀土和（或）水中的部件</td><td>0.7</td><td>0.6</td><td>0.6</td><td>225</td><td>280</td><td>300</td></tr>
<tr><td>有冻害</td><td>（1）经受冻害的室外部件
（2）在非侵蚀土和（或）水中且经受冻害的部位
（3）高湿度且经受冻害的室内部件</td><td>0.55</td><td>0.55</td><td>0.55</td><td>250</td><td>280</td><td>300</td></tr>
<tr><td colspan="2">有冻害和除冰剂的潮湿环境</td><td>经受冻害和除冰剂作用的室内和室外部件</td><td>0.5</td><td>0.5</td><td>0.5</td><td>300</td><td>300</td><td>300</td></tr>
</table>

注：（1）当用活性掺合料取代部分水泥时，表中的最大水灰比及最小水泥用量即为替代前的水灰比和水泥用量。

（2）配制及其以下等级的混凝土，可不受本表限制。

表 3-19　不同部位的混凝土水灰比最大允许值

混凝土部位		有抗冻要求	无抗冻要求
外部混凝土	水流冲刷区	0.50	0.50
	水位变化区	0.50	0.55
	水上	0.60	0.65
	水下、基础	0.55	0.60
内部混凝土		0.70	0.70

注：（1）在环境水有侵蚀性的情况下，外部水位变化区及水下混凝土最大允许水灰比应减小 0.05。

（2）当采用减水剂和加气剂，内部混凝土最大允许水灰比均可增加 0.05。

3. 选用较好的砂、石骨料

质量良好、技术条件合格的砂、石骨料，是保证混凝土耐久性的重要条件。改善粗、细骨料的级配，在允许的最大粒径范围内，尽量选用较大粒径的粗骨料，可减少骨料的空隙率和总表面积，节约水泥，提高混凝土的密实度和耐久性。

4. 掺入引气剂或减水剂

掺入引气剂或减水剂可以提高混凝土抗冻性、抗渗性。

5. 改善混凝土的施工操作方法

应搅拌均匀、振捣密实、加强养护等。

项目三　普通混凝土配合比设计

混凝土的配合比是指混凝土中各组成材料数量之间的比例关系。混凝土配合比设计就是要确定混凝土中各组成材料的用量，使得按此用量拌制出的混凝土能够满足工程所需的各项性能要求。

混凝土配合比常用的表示方法有两种。一种是以每立方米混凝土中各项材料的质量来表示，例如 1 m^3 混凝土中各材料用量为水泥 310 kg，水 155 kg，砂 750 kg，石 1 200 kg，外加剂 15.5 kg；另一种是以混凝土各项材料之间的质量比来表示（以水泥质量为 1），例如，水泥∶水∶砂∶石子∶外加剂 =1∶0.5∶2.4∶3.9∶0.05。

一、混凝土配合比设计的基本要求

（1）满足混凝土结构设计要求的强度等级；

（2）满足施工条件所要求的混凝土拌合物的和易性；

（3）满足工程所处环境和设计规定的耐久性；

（4）在满足上述三项要求的前提下，尽可能节约水泥，降低混凝土成本。

二、混凝土配合比设计的三个参数

混凝土配合比设计实质上就是确定水泥、水、砂、石这 4 种基本组成材料的相对比例关系，通常需要确定 3 个重要参数：水灰比、砂率和单位用水量。水灰比是指混凝土中水的用

量与水泥用量的比值；砂率是指混凝土中砂的质量占砂、石总质量的百分率；单位用水量是指 1 m^3 混凝土中的用水量。水灰比、砂率和单位用水量这 3 个参数与混凝土各项性能之间有着密切的关系，正确地确定这 3 个参数，就能使混凝土满足各项技术性能要求。

三、混凝土配合比设计的资料准备

在设计混凝土配合比之前，必须要通过调查研究，详细掌握下列基本资料。

(1)了解工程设计要求的混凝土强度等级和反映混凝土生产中强度质量稳定性的强度标准差，以便确定混凝土的配制强度。

(2)了解工程所处环境对混凝土耐久性的要求，以便确定混凝土的最大水灰比和最小水泥用量。

(3)了解结构构件的截面尺寸及钢筋配置情况，以便确定混凝土骨料的最大粒径。

(4)了解混凝土的施工方法及管理水平，以便选择混凝土拌合物的坍落度及骨料的最大粒径。

(5)掌握混凝土原材料的性能指标，具体包括：水泥的品种、等级、密度；砂、石骨料的种类、级配、最大粒径、表观密度等；拌合用水的水质情况；外加剂的品种、性能、掺量等。

四、混凝土配合比设计方法及步骤

根据《普通混凝土配合比设计规程》(JGJ 55—2011)，混凝土的配合比设计一般分三步进行，先根据原材料的性能以及对混凝土的技术要求等进行初步计算，得出初步配合比；再经实验室试配、调整，确定出满足设计和施工要求的较经济合理的实验室配合比(又称设计配合比)；最后再根据施工现场砂、石的含水情况对实验室配合比进行修正，换算成施工配合比。现场混凝土原材料的实际称量应按施工配合比为基准。

(一)初步配合比的计算

1. 确定配制强度 $f_{cu,o}$

为了保证混凝土能够达到设计要求的强度等级，又考虑到实际施工条件与实验室条件的差别，故在混凝土配合比设计时，必须使混凝土的配制强度高于设计强度等级。根据《普通混凝土配合比设计规程》(JGJ 55—2011)，混凝土的配制强度按式(3-7)计算。

$$f_{cu,o} = f_{cu,k} + 1.645\sigma \tag{3-7}$$

式中：$f_{cu,o}$——混凝土配制强度，MPa；

$f_{cu,k}$——混凝土立方体抗压强度标准值(即混凝土的设计强度等级)，MPa；

σ——混凝土强度标准差，MPa。

混凝土强度标准差宜根据同类混凝土统计资料计算确定，并应符合下列规定：强度试件组数不应少于 25 组。当混凝土强度等级为 C20 和 C25 级，其强度标准差计算值小于 2.5 MPa时，计算配制强度用的标准差应取不小于 2.5 MPa；当混凝土强度等级为等于或大于 C30 级，其强度标准差计算值小于 3.0 时，计算配制强度用的标准差应取不小于 3.0 MPa。

当无统计资料计算混凝土强度标准差时，应按表 3-20 选用。

表 3-20　σ 取值表

混凝土强度等级	< C20	C20 ~ C35	> C35
σ(MPa)	4.0	5.0	6.0

2. 确定水灰比(W/C)

当混凝土强度等级小于 C60 级时,由混凝土强度公式(3-4)可推导出满足强度要求的水灰比:

$$\frac{W}{C} = \frac{\alpha_a f_{ce}}{f_{cu,0} + \alpha_a \alpha_b f_{ce}} \tag{3-8}$$

同时水灰比还要满足混凝土耐久性要求。根据混凝土的使用条件,由表 3-18 查出满足耐久性的最大水灰比值。当计算所得的水灰比大于表 3-18 规定的最大水灰比值时,取表 3-18规定的最大水灰比值,即选取两者中较小的一个值作为混凝土的水灰比。

3. 选取每立方米混凝土的用水量(m_{w0})

根据混凝土施工要求的坍落度和骨料的种类及最大粒径,对于塑性混凝土,查表 3-13 选取用水量。对于干硬性混凝土、流动性及大流动性混凝土,按照《普通混凝土配合比设计规程》(JGJ 55—2011)的相关规定选取用水量。

4. 计算每立方米混凝土的水泥用量(m_{c0})

根据确定出的水灰比(W/C)和每立方米混凝土的用水量(m_{w0}),可计算出每立方米混凝土中的水泥用量(m_{c0})为:

$$m_{c0} = \frac{m_{w0}}{W/C} \tag{3-9}$$

为了保证混凝土的耐久性要求,计算出的水泥用量还应满足表 3-18 中规定的最小水泥用量的要求。如果计算所得的水泥用量小于表 3-18 规定的最小水泥用量,取表 3-18 规定的最小水泥用量值,即选取两者中较大的一个值作为混凝土的水泥用量。

5. 选取砂率(β_s)

一般应根据混凝土拌合物的和易性,通过试验找出合理砂率。如无试验资料,可根据骨料种类、规格及混凝土的水灰比,查表 3-14 选取合理砂率。

6. 计算每立方米混凝土的砂(m_{s0})、石(m_{g0})用量

根据《普通混凝土配合比设计规程》(JGJ 55—2011),可采用重量法或体积法确定细骨料(砂)、粗骨料(石)的用量。实际工程中常以重量法为准。

(1)重量法

重量法也叫假定表观密度法,是假定每立方米混凝土拌合物的表观密度等于各组成材料的用量之和。根据经验,如果混凝土所用原材料的情况比较稳定,所配制每立方米混凝土的重量(即表观密度)将接近一个固定值,这样就可以假定每立方米混凝土拌合物的重量(即表观密度)为 m 。按公式(3-10)、公式(3-11),结合水灰比(水胶比),解方程组,计算 m_{s0} 、m_{g0} 。

$$m_{c0} + m_{g0} + m_{s0} + m_{w0} = m_{cp} \tag{3-10}$$

$$\beta_s = \frac{m_{s0}}{m_{g0} + m_{s0}} \times 100\% \tag{3-11}$$

式中：m_{c0}——每立方米混凝土的水泥用量，kg；

m_{g0}——每立方米混凝土的粗骨料（石）用量，kg；

m_{s0}——每立方米混凝土的细骨料（砂）用量，kg；

m_{w0}——每立方米混凝土的用水量，kg；

β_s——砂率，%；

m_{cp}——每立方米混凝土拌合物的假定重量，kg，其值可取 2 350～2 450 kg。

（2）体积法

体积法是假定混凝土拌合物的体积等于各组成材料的绝对体积和拌合物中所含空气的体积之和。按式（3-12）、式（3-13），结合水灰比（水胶比），解方程组，计算出 m_{s0}、m_{g0}。

$$\frac{m_{c0}}{\rho_c}+\frac{m_{g0}}{\rho_g}+\frac{m_{s0}}{\rho_s}+\frac{m_{w0}}{\rho_w}+0.01\alpha=1 \tag{3-12}$$

$$\beta_s=\frac{m_{s0}}{m_{g0}+m_{s0}}\times 100\% \tag{3-13}$$

式中：ρ_c——水泥密度，kg/m³，可取 2 900～3 100 kg/m³；

ρ_g——粗骨料（石子）的表观密度，kg/m³；

ρ_s——细骨料（砂）的表观密度，kg/m³；

ρ_w——水的密度，kg/m³，可取 1 000 kg/m³；

α——混凝土的含气量百分数，在不使用引气型外加剂时，α 可取 1.0。

通过以上六个步骤便可将每立方米混凝土中水泥、水、砂和石子的用量全部求出，得到混凝土的初步配合比。需要注意的是，以上混凝土配合比计算的公式和表格中的数值，均以干燥状态骨料为基准，如果以其他含水状态的骨料为基准，则应做相应的修正。

混凝土的初步配合比是根据一些经验公式、图表等估算而得出的，配制的混凝土有可能不符合工程设计要求，所以必须通过实验室试验，对初步配合比进行试配、调整与确定。

（二）实验室配合比（设计配合比）的确定

《普通混凝土配合比设计规程》（JGJ 55—2011）规定：进行混凝土配合比试配时应采用工程中实际使用的原材料；混凝土的搅拌方法，宜与生产时使用的方法相同；混凝土配合比试配时，每盘混凝土的最小搅拌量应符合：骨料最大粒径为 31.5 mm 及以下时，拌合物数量不应小于 15 L；骨料最大粒径为 40 mm 时，拌合物数量不应小于 25 L；当采用机械拌合时，其搅拌量不应小于搅拌机额定搅拌量的 1/4。

1. 调整和易性，确定基准配合比

根据试验用拌合物的数量，按初步配合比称取所使用的原材料用量，拌合成混凝土拌合物。测定拌合物的坍落度（或维勃稠度），同时观察黏聚性和保水性。当混凝土拌合物的坍落度（或维勃稠度）不能满足要求，或黏聚性和保水性不好时，应进行调整。调整的原则如下：若坍落度过大，应保持砂率不变，增加砂、石的用量；若坍落度过小，应保持水灰比不变，增加用水量及相应的水泥用量；若拌合物出现含砂不足，黏聚性和保水性不良时，应适当增大砂率；如拌合物显得砂浆过多时，应适当降低砂率。每次调整后再试拌，直到和易性满足设计要求为止。然后提供出供混凝土强度试验用的基准配合比。

2. 复核强度，确定实验室配合比

经过和易性调整试验得出的混凝土基准配合比，其水灰比值不一定能满足混凝土的强度要求,所以应对混凝土的强度进行复核。混凝土强度复核检验时至少应采用3个不同的配合比,其中一个应为基准配合比,另外两个配合比的水灰比值,宜较基准配合比分别增加和减少0.05;用水量应与基准配合比相同,砂率值可分别增加和减少1%。制作混凝土强度试验试件时,应检验混凝土拌合物的和易性及拌合物的表观密度,并以此结果作为代表相应配合比的混凝土拌合物的性能。

每个混凝土配合比应至少应制作一组(3块)试件,标准养护到28 d时进行抗压强度测试。根据试验得出的混凝土强度与其相对应的水灰比(W/C)关系,用作图法或计算法求出与混凝土配制强度($f_{cu,o}$)相对应的灰水比,并应按下列原则确定每立方米混凝土的材料用量。

(1)用水量(m_w)应在基准配合比用水量的基础上,根据制作强度试件时测得的坍落度或维勃稠度进行调整确定。

(2)水泥用量(m_c)以用水量乘以选定出来的灰水比计算确定。

(3)粗骨料(m_g)和细骨料(m_s)用量应在基准配合比的粗骨料和细骨料用量的基础上,按选定的灰水比进行调整后确定。

3. 混凝土表观密度的校正

由强度复核之后确定的配合比,还应进行表观密度校正,具体步骤如下:

(1)确定混凝土拌合物的表观密度计算值

$$\rho_{c,c} = m_c + m_g + m_s + m_w \tag{3-14}$$

(2)计算混凝土配合比校正系数δ

$$\delta = \frac{\rho_{c,t}}{\rho_{c,c}} \tag{3-15}$$

式中:$\rho_{c,t}$——混凝土表观密度实测值,kg/m^3;

$\rho_{c,c}$——混凝土表观密度计算值,kg/m^3。

当混凝土表观密度实测值与计算值之差的绝对值不超过计算值的2%时,可不进行表观密度修正,即前面确定的配合比即为实验室配合比(设计配合比);当两者之差超过2%时,应将配合比中的各项材料用量均乘以校正系数δ,确定出实验室配合比(设计配合比)。

若对混凝土还有其他技术性能要求,如抗渗等级、抗冻等级、高强、泵送、大体积等方面的要求,混凝土的配合比设计应按《普通混凝土配合比设计规程》(JGJ 55—2011)的有关规定进行。

(三)计算施工配合比

混凝土的实验室配合比中砂、石是以干燥状态(砂含水量率小于0.5%,石子含水率小于0.2%)为基准计算出的,而施工现场存放的砂、石骨料往往含有一定的水分。所以,现场材料的实际称量应按工地砂、石的含水情况进行修正,同时用水量也应做相应修正。修正后的配合比,称为施工配合比。

现假定工地上砂的含水率为a%,石子的含水率为b%,则每立方米混凝土中各项材料实际称量(即施工配合比)应为:

$$m_c' = m_c \tag{3-16}$$

$$m_s' = m(1 + a\%) \tag{3-17}$$

$$m_g' = m_g(1 + b\%) \tag{3-18}$$

$$m_w{}' = m_w - m_s a\% - m_g b\% \tag{3-19}$$

式中，$m_c{}'$，$m_s{}'$，$m_g{}'$，$m_w{}'$分别为施工配合比中每立方米混凝土中的水泥、砂、石、水的用量，kg。

五、普通混凝土配合比设计实例

【例】某办公楼钢筋混凝土梁（室内干燥环境）截面的最小尺寸为 250 mm，钢筋的最小净距为 60 mm。混凝土设计强度等级为 C30，施工要求的坍落度为 30 ~ 50 mm，采用机械搅拌、振捣，施工单位无混凝土强度标准差的统计资料。混凝土采用的原材料为：42.5 号普通硅酸盐水泥，实测强度为 46.0 MPa，密度为 3 100 kg/m³；中砂，表观密度为 2 650 kg/m³；碎石，表观密度为 2 700 kg/m³；自来水。

试求：(1)混凝土的初步配合比、实验室配合比（设计配合比）。

(2)若已知施工现场砂含水率为 3%，石含水率为 1%，求此混凝土的施工配合比。

解：

（一）初步配合比的计算

1. 确定配制强度 $f_{cu,o}$

由于施工单位无混凝土强度标准差的统计资料，查表 4-16，得 $\sigma = 5.0$ MPa，

$$f_{cu,o} = f_{cu,k} + 1.645\sigma = 30 + 1.645 \times 5.0 = 38.2 \text{ MPa}$$

2. 确定水灰比（W/C）

碎石 $\alpha_a = 0.53$，$\alpha_b = 0.20$，将相关数据代入式(3-8)得：

$$\frac{W}{C} = \frac{\alpha_a f_{ce}}{f_{cu,0} + \alpha_a \alpha_b f_{ce}} = \frac{0.53 \times 46.0}{38.2 + 0.53 \times 0.20 \times 46.0} = 0.57$$

查表 3-18 得，满足耐久性要求的最大水灰比为 0.65。

由于 0.65 > 0.57，故取混凝土的水灰比 $W/C = 0.57$。

3. 确定每立方米混凝土的用水量 m_{w0}

确定粗骨料的最大粒径：根据规范规定，粗骨料最大粒径不超过构件截面最小尺寸的 1/4，且不得大于钢筋最小净间距的 3/4，可得到 $D_{max} \leqslant 0.25 \times 250 = 62.5$ mm 且 $D_{max} \leqslant 0.75 \times 60 = 45$ mm。因此，粗骨料最大粒径应选用 $D_{max} = 40$ mm，即采用粒级为 5 ~ 40 mm 的碎石骨料。

根据粗骨料的最大粒径和施工所需的坍落度，查表 3-13，选用 $m_{c0} = 175$ kg。

4. 确定每立方米混凝土的水泥用量（m_{c0}）

$$m_{c0} = \frac{m_{w0}}{W/C} = \frac{175}{0.57} = 307 \text{ kg}$$

查表 3-18，本工程要求的最小水泥用量为 260 kg。

由于 307 > 260，故取混凝土的水泥用量为 307 kg。

5. 选取合理的砂率（β_s）

查表 3-14，$W/C = 0.57$，碎石最大粒径为 40 mm，可得合理砂率 $\beta_s = 30\% \sim 37\%$，选取 $\beta_s = 33\%$。

6. 计算每立方米混凝土的砂、石用量

(1)体积法

$$\frac{307}{3\ 100}+\frac{m_{g0}}{2\ 700}+\frac{m_{s0}}{2\ 650}+\frac{175}{1\ 000}+0.01\times 1=1$$

$$\frac{m_{s0}}{m_{g0}+m_{s0}}\times 100\%=33\%$$

解以上方程组得：$m_{s0}=639$ kg；$m_{g0}=1\ 278$ kg。

(2)重量法

假定每立方米混凝土拌合物的重量为2 400 kg,则有：

$$307+m_{g0}+m_{s0}+175=2\ 400$$

$$\frac{m_{s0}}{m_{g0}+m_{s0}}\times 100\%=33\%$$

解以上方程组得：$m_{s0}=639$ kg；$m_{g0}=1\ 278$ kg。

由此可看出,由以上两种方法计算的结果一致。

实际工程中常以重量法为准,则混凝土的初步配合比为：每立方米混凝土中水泥307 kg,水175 kg,砂639 kg,石子1 278 kg或水泥∶水∶砂∶石子＝1∶0.57∶2.08∶4.16。

(二)确定实验室配合比

1. 调整和易性,确定基准配合比

按初步配合比配制25 L混凝土进行试拌,各种材料用量如下：

水泥：$307\times 0.025=7.675$ kg

砂：$639\times 0.025=15.975$ kg

石：$1\ 278\times 0.025=31.95$ kg

水：$175\times 0.025=4.38$ kg

混凝土按规定方法拌合后,测得坍落度为10 mm,小于设计要求的坍落度30～50 mm,故需进行坍落度调整。保持水灰比不变,增加水泥和水用量各5%,即水泥用量增加为：$7.675\times 1.05=8.06$ kg,水用量增加为：$4.38\times 1.05=4.60$ kg,砂、石用量不变。重新拌合后测得坍落度为35 mm,且黏聚性和保水性良好,即混凝土拌合物和易性满足要求。经调整后满足和易性要求的各项材料的用量为：水泥8.06 kg,砂15.975 kg,石31.95 kg,水4.60 kg,拌合物总质量为60.585 kg。

2. 复核强度,确定实验室配合比

采用水灰比为0.48、0.53、0.58分别拌制3个试样,每个试样的用水量均与基准配合比相同,水灰比为0.48的试样砂率增加1%,水灰比为0.58的试样砂率减少1%。经测定,3种试样拌合物的和易性均满足要求,测得其表观密度分别为2 457 kg/m^3、2 450 kg/m^3、2 445 kg/m^3。

3个不同水灰比的拌合物分别做成混凝土试件,标准养护28 d,测得其抗压强度分别如下：

水灰比为0.48：$f_{cu,0}=41.2$ MPa；

水灰比为0.53：$f_{cu,0}=38.3$ MPa；

水灰比为0.58：$f_{cu,0}=35.5$ MPa。

根据混凝土配制强度值38.2 MPa,可判断出第二个试样满足要求。第二个试样对应的水灰比为0.53,混凝土拌合物的实测表观密度为 =2 450 kg/m³,可初步定出每立方混凝土各材料用量为:

$$m_w = \frac{4.6}{60.585} \times 2\,450 = 186 \text{ kg}$$

$$m_c = \frac{186}{0.53} = 351 \text{ kg}$$

$$m_s = \frac{15.975}{60.585} \times 2\,450 = 646 \text{ kg}$$

$$m_g = \frac{31.95}{60.585} \times 2\,450 = 1\,292 \text{ kg}$$

3. 混凝土表观密度的校正

混凝土拌合物的表观密度计算值 $\rho_{c,c} = 186 + 351 + 646 + 1\,292 = 2\,475 \text{ kg/m}^3$。

表观密度实测值为 $\rho_{c,t} = 2\,450 \text{ kg/m}^3$。

表观密度计算值与实测值相同,校正系数 $\delta = \frac{2\,450}{2\,450} = 0.99$,即不需进行表观密度修正。

故该混凝土的实验室配合比(设计配合比)为:每立方米混凝土中水泥 348 kg,水 184 kg,砂 640 kg,石 1 279 kg;或 $m_c : m_w : m_s : m_g = 1:0.53:1.84:3.68$。

(三)计算施工配合比

根据现场砂含水率为3%,石含水率为1%,可得现场施工每立方米混凝土各项的实际称量为:

$$m_c' = m_c = 351 \text{ kg}$$

$$m_s' = m_s(1 + 3\%) = 640 \times (1 + 3\%) = 659 \text{ kg}$$

$$m_g' = m_g(1 + 1\%) = 1\,279 \times (1 + 1\%) = 1\,291 \text{ kg}$$

$$m_w' = m_w - m_s \times 3\% - m_g \times 1\% = 186 - 640 \times 3\% - 1\,279 \times 1\% = 152 \text{ kg}$$

该混凝土的施工配合比为:每立方米混凝土中水泥 351 kg,水 152 kg,砂 659 kg,石 1 291 kg;或 $m_c' : m_w' : m_s' : m_g' = 351:152:659:1\,291 = 1:0.43:1.88:3.68$。

项目四　水工混凝土配合比设计

一、水工混凝土配合比设计原则与基本参数

混凝土配合比设计原则应满足建筑物要求的强度、抗裂性、耐久性和施工和易性,应经济合理地选出混凝土单位体积中各种组成材料的用量。

1. 水胶比

水工混凝土的水胶比应根据设计对混凝土强度的要求,通过试验确定,并应符合《水工混凝土施工规范》(DL/T 5144—2015)的规定,还应满足设计规定的抗渗、抗冻等级等要求。混凝土抗渗、抗冻等级与水泥的品种、水胶比、外加剂和掺合料品种及掺量、混凝土龄期等因素有关。对于大中型工程,应通过试验建立相应的关系曲线,并根据试验结果,选择满足设计技术指标要求的水胶比。在没有试验资料时,抗冻混凝土的水胶比,宜根据混凝土抗冻等级和所用的骨料最大粒径按《水工建筑物抗冰冻设计规范》(DL/T 5082—1998)的要求选用。掺掺合料时混凝土的最大水胶比应适当降低,并通过试验确定。

2. 用水量

水工混凝土用水量,应根据骨料最大粒径、坍落度、外加剂、掺合料以及适宜的砂率通过试拌确定。

(1)常态混凝土用水量:水胶比在0.40~0.70范围,当无试验资料时,其初选用水量可按表3-13选取;水胶比小于0.40的混凝土以及采用特殊成型工艺的混凝土用水量应通过试验确定。

(2)流动性混凝土的用水量宜按下列步骤计算:

①以表3-13中坍落度90 mm的用水量为基础,按坍落度每增大20 mm用水量增加5 kg/m³,计算出未掺外加剂时的混凝土用水量。

②掺外加剂时的混凝土用水量可按下式计算:

$$m_w = m_{w0}(1-\beta) \tag{3-20}$$

式中:m_w——掺外加剂时混凝土用水量,kg;

m_{w0}——未掺外加剂时混凝土用水量,kg;

β——外加剂减水率。

③外加剂的减水率应通过试验确定。

(3)碾压混凝土用水量:

水胶比在0.40~0.70范围,当无试验资料时,其初选用水量可按表3-21选取。

表3-21 碾压混凝土初选用水量(kg/m³)

碾压混凝土 VC 值(s)	卵石最大粒径		碎石最大粒径	
	40 mm	80 mm	40 mm	80 mm
1~5	120	105	135	115
5~10	115	100	130	110
10~20	110	95	120	105

注:i. 本表适用于细度模数为2.6~2.8的天然中砂,当使用细砂或粗砂时,用水量需增加或减少5~10 kg/m³。

ii. 采用人工砂时,用水量需增加5~10 kg/m³。

iii. 掺入火山灰质掺合料时,用水量需增加10~20 kg/m³;采用Ⅰ级粉煤灰时,用水量可减少5~10 kg/m³。

iv. 采用外加剂时,用水量应根据外加剂的减水率做适当调整,外加剂的减水率应通过试验确定。

v. 本表适用于骨料含水状态为饱和面干状态。

3. 骨料级配及砂率

石子按粒径依次分为5~20 mm、20~40 mm、40~80 mm、80~150 mm(120 mm)四个粒级。水工大体积混凝土宜尽量使用最大粒径较大的骨料,石子最佳级配(或组合比)应通过试验确定,一般以紧密堆积密度较大,用水量较小时的级配为宜。当无试验资料时,可按表3-22选取。

混凝土配合比宜选取最优砂率。最优砂率应根据骨料品种、品质、粒径、水胶比和砂的细度模数等通过试验选取。当无试验资料时，砂率可按以下原则确定。

(1)混凝土坍落度小于 10 mm 时，砂率应通过试验确定。混凝土坍落度为 10～60 mm 时，砂率可按表 3-23 初选并通过试最后确定。混凝土坍落度大于 60 mm 时，砂率可通过试验确定，也可在表 3-23 的基础上按坍落度每增大 20 mm，砂率增大 1% 的幅度予以调整。

表 3-22　石子组合比初选

混凝土种类	级配	石子最大粒径(mm)	卵石(小：中：大：特大)	碎石(小：中：大：特大)
常态混凝土	二	40	40：60：0：0	40：60：0：0
	三	80	30：30：40：0	30：30：40：0
	四	150	20：20：30：30	25：25：20：20
碾压混凝土	二	40	50：50：0：0	50：50：0：0
	三	80	30：40：30：0	30：40：30：0
注：表中比例为质量比。				

表 3-23　常态混凝土砂率初选

骨料最大粒径(mm)	水胶比			
	0.40	0.50	0.60	0.70
20	36%～38%	38%～40%	40%～42%	42%～44%
40	30%～32%	32%～34%	34%～36%	36%～38%
80	24%～26%	26%～28%	28%～30%	30%～32%
150	20%～22%	22%～24%	24%～26%	26%～28%

注：i. 本表适用于卵石、细度模数为 2.6～2.8 的天然中砂拌制的混凝土。

ii. 砂的细度模数每增减 0.1，砂率相应增减 0.5%～1.0%。

iii. 使用碎石时，砂率需增加 3%～5%。

iv. 使用人工砂时，砂率需增加 2%～3%。

v. 掺用引气剂时，砂率可减小 2%～3%；掺用粉煤灰时，砂率可减小 1%～2%。

(2)碾压混凝土的砂率可表 3-24 初选并通过试验最后确定。

表 3-24　碾压混凝土砂率初选

骨料最大粒径(mm)	水胶比			
	0.40	0.50	0.60	0.70
40	32%～34%	34%～36%	36%～38%	38%～40%
80	27%～29%	29%～32%	32%～34%	34%～36%

注：i. 本表适用于卵石、细度模数为 2.6～2.8 的天然中砂拌制的 *VC* 值为 3～7 s 的碾压混凝土。

ii. 砂的细度模数每增减 0.1，砂率相应增减 0.5%～1.0%。

iii. 使用碎石时，砂率需增加 3%～5%。

iv. 使用人工砂时，砂率需增加 2%～3%。

v. 掺用引气剂时,砂率可减小 2% ~3%;掺用粉煤灰时,砂率可减小 1% ~2%。

4. 外加剂及掺合料掺量

外加剂掺量和掺合料的掺量按胶凝材料质量的百分比计,应通过试验确定,并应符合国家和行业现行有关标准的规定。有抗冻要求的混凝土,必须掺用引气剂,其掺量应根据混凝土的含气量要求通过试验确定。对大中型水电水利工程,混凝土的最小含气量应通过试验确定;当没有试验资料时,混凝土的最小含气量应符合《水工建筑物抗冰冻设计规范》(DL/T 5082—1998)的规定。混凝土的含气量不宜超过 7%。

二、水工混凝土配合比设计方法及步骤

根据《水工混凝土配合比设计规程》(DL/T 5330—2005),水工混凝土的配合比设计一般分为初步配合比,配合比的试配、调整和确定。

(一)初步配合比的计算

1. 计算配制强度 $f_{cu,o}$,求出相应的水胶比,并根据混凝土抗渗、抗冻等级等要求和允许的最大水胶比限值选定水胶比

$$f_{cu,o} = f_{cu,k} + t\sigma \tag{3-21}$$

式中:$f_{cu,o}$——混凝土配制强度,MPa;

t——概率度系数;

$f_{cu,k}$——混凝土立方体抗压强度标准值(即混凝土的设计强度等级),MPa;

σ——混凝土强度标准差,MPa。

保证率 P 与概率度系数 t 的关系如表 3-25 所示。一般国内大坝混凝土设计强度保证率为 80%,电站厂房等结构混凝土设计强度保证率为 90%,具体可依据建筑物重要性来确定。

表 3-25　保证率 P 与概率度系数 t 的关系

保证率 P	70.0%	75.0%	80.0%	84.1%	85.0%	90.0%	95.0%	97.7%	99.9%
概率度系数 t	0.525	0.675	0.840	1.000	1.040	1.280	1.645	2.000	3.000

根据混凝土配制强度选择水胶比。在适宜范围内,可选择 3 ~5 个水胶比,在一定条件下通过试验,建立强度与水胶比的回归方程式(3-21)或图表,按强度与水胶比关系,选择相应于配制强度的水胶比。

$$f_{cu,o} = Af_{ce}\left(\frac{c+p}{w} - B\right) \tag{3-22}$$

$$\frac{w}{c+p} = \frac{Af_{ce}}{f_{cu,0} - ABf_{ce}} \tag{3-23}$$

式中:$f_{cu,o}$——混凝土的配制强度,MPa;

f_{ce}——水泥 28 d 龄期抗压强度实测值(ISO 法),MPa;

$\frac{c+p}{w}$——胶水比;

$\frac{w}{c+p}$——水胶比;

A、B——回归系数,应根据工程使用的水泥、掺合料、骨料、外加剂等,通过试验由建立

的水胶比与混凝土强度关系式确定，没有资料时，可参考表3-26所示。

表3-26　常态混凝土强度回归系数 A、B 参考值

骨料品种	水泥品种	粉煤灰掺量	A	B
碎石	中热硅酸盐水泥	0～10%	0.545	0.578
		20%	0.533	0.659
		30%	0.503	0.793
		40%	0.339	0.447
	普通硅酸盐水泥	0～10%	0.478	0.512
		20%	0.456	0.543
		30%	0.326	0.378
		40%	0.278	0.214
卵石	中热硅酸盐水泥	0	0.452	0.556
	普通硅酸盐水泥	0	0.486	0.745

2. 选取混凝土的用水量，并计算出混凝土的水泥用量（或胶凝材料用量）

影响混凝土单位用水量的主要因素是粗骨料的最大粒径、砂石的颗粒和级配、水泥需水量、掺合料及外加剂的品种和掺量。此外，还需要满足拌合物坍落度、含气量等要求。

混凝土的胶凝材料用量（$m_c + m_p$）、水泥用量（m_c）和掺合料用量（m_p）按下式计算：

$$m_c + m_p = \frac{m_w}{w/(c+p)} \tag{3-24}$$

$$m_c = (1 - p_m)(m_c + m_p) \tag{3-25}$$

$$m_p = p_m(m_c + m_p) \tag{3-26}$$

式中：m_c ——每立方米混凝土水泥用量，kg；

m_p ——每立方米混凝土掺合料用量，kg；

m_w ——每立方米混凝土用水量，kg；

p_m ——掺合料掺量比例，%；

$w/(c+p)$ ——水胶比。

3. 选取砂率，计算砂子和石子的用量，并提出供试配用的计算配合比

砂、石骨料用量由已确定的用水量、水泥（胶凝材料）用量和砂率，根据“体积法”或“质量法”计算。

（1）体积法：基本原理是混凝土拌和物的体积等于各项材料的绝对体积与空气体积之和。

①每立方米混凝土中砂、石的绝对体积为：

$$V_{s,g} = 1 - \left(\frac{m_w}{\rho_w} + \frac{m_c}{\rho_c} + \frac{m_p}{\rho_p} + \alpha\right) \tag{3-27}$$

砂子用量：

$$m_s = V_{s,g}S_v\rho_s \tag{3-28}$$

石子用量：

$$m_g = V_{s,g}(1 - S_v)\rho_g \tag{3-29}$$

式中：$V_{s,g}$——每立方米混凝土中砂、石的绝对体积，m^3；

m_w——每立方米混凝土用水量，kg；

m_c——每立方米混凝土水泥用量，kg；

m_p——每立方米混凝土掺合料用量，kg；

m_s——每立方米混凝土砂子用量，kg；

m_g——每立方米混凝土石子用量，kg；

α——混凝土含气量；

S_v——体积砂率；

ρ_w——水的密度，kg/m^3；

ρ_c——水泥密度，kg/m^3；

ρ_p——掺合料密度，kg/m^3；

ρ_s——砂子饱和面干表观密度，kg/m^3；

ρ_g——石子饱和面干表观密度，kg/m^3。

②各级石子用量按选定的组合比例计算，确定混凝土配合比。

胶凝材料：水：砂：石 $= 1 : \dfrac{m_w}{m_c + m_p} : \dfrac{m_s}{m_c + m_p} : \dfrac{m_g}{m_c + m_p}$

(2)质量法：基本原理是混凝土拌和物的质量等于各项材料质量之和。

①混凝土拌和物的质量应通过试验确定，计算时可按表 3-27 选用。

表 3-27　混凝土拌和物质量假定值

混凝土种类	石子最大粒径				
	20 mm	40 mm	80 mm	120 mm	150 mm
普通混凝土(kg/m^3)	2 380	2 400	2 430	2 450	2 460
引气混凝土(kg/m^3)	2 280(5.5%)	2 320(4.5%)	2 350(3.5%)	2 380(3.0%)	2 390(3.0%)

注：i. 适用于骨料表观密度为 2 600～2 650 kg/m^3 的混凝土。

ii. 骨料表观密度每增减 100 kg/m^3，混凝土拌和物质量相应增减 60 kg/m^3；混凝土含气量每增、减 1%，拌和物质量相应增、减 1%。

iii. 表中括弧内的数字为引气混凝土的含气量。

砂石总质量：

$$m_{s,g} = m_{c,e} - (m_w + m_c + m_p) \tag{3-30}$$

砂子用量：

$$m_s = m_{s,g}s_m \tag{3-31}$$

石子用量：

$$m_g = m_{s,g} - m_s \tag{3-32}$$

式中：$m_{s,g}$——每立方米混凝土中砂、石总质量，kg；

$m_{c,e}$——每立方米混凝土拌和物质量假定值，kg；

m_w——每立方米混凝土用水量，kg；

m_c——每立方米混凝土水泥用量，kg；

m_p——每立方米混凝土掺合料用量，kg；

m_s——每立方米混凝土砂子用量，kg；

m_g——每立方米混凝土石子用量，kg；

s_m——质量砂率。

②各级石子用量按选定的组合比例计算，确定混凝土配合比。

（二）配合比的试配、调整和确定

1. 试配

在混凝土配合比试配时，应采用工程中实际使用的原材料。混凝土的拌和，应按《水工混凝土试验规程》（DL/T 5150—2001）进行。在混凝土试配时，每盘混凝土的最小拌和量应符合表3-28的规定，当采用机械拌和时，其拌和量不宜小于拌和机额定拌和量的1/4。

表3-28　混凝土试配的最小拌和量

骨料最大粒径（mm）	拌和物数量（L）
20	15
40	25
≥80	40

按计算的配合比进行试拌，根据坍落度、含气量、泌水、离析等情况判断混凝土拌和物的工作性，对初步确定的用水量、砂率、外加剂掺量等进行适当调整。用选定的水胶比和用水量，每次增减砂率1%～2%进行试拌，坍落度最大时的砂率即为最优砂率。用最优砂率试拌，调整用水量至混凝土拌和物，满足工作性要求，然后提出进行混凝土抗压强度试验用的配合比。混凝土强度试验至少应采用三个不同水胶比的配合比，其中一个应为确定的配合比，其他配合比的用水量不变，水胶比依次增减，变化幅度为0.05，砂率可相应增减1%。当不同水胶比的混凝土拌和物坍落度与要求值的差超过允许偏差时，可通过增、减用水量进行调整。根据试配的配合比成型混凝土立方体抗压强度试件，标准养护到规定龄期进行抗压强度试验。根据试验得出混凝土抗压强度与水胶比关系曲线，用作图法或计算法求出与混凝土配制强度（$f_{cu,o}$）相对应的水胶比。

2. 调整

按照试配结果，计算混凝土各项材料用量和比例，按下列步骤进行校正。

（1）按确定的材料用量用下式计算每立方米混凝土拌和物的质量：

$$m_{c,c} = m_w + m_c + m_p + m_s + m_g \tag{3-33}$$

（2）按下式计算混凝土配合比校正系数δ：

$$\delta = \frac{m_{c,t}}{m_{c,c}} \tag{3-34}$$

式中：δ——配合比校正系数；

$m_{c,c}$ ——每立方米混凝土拌和物质量计算值，kg；

$m_{c,t}$ ——每立方米混凝土拌和物质量实测值，kg；

m_w ——每立方米混凝土用水量，kg；

m_c ——每立方米混凝土水泥用量，kg；

m_p ——每立方米混凝土掺合料用量，kg；

m_s ——每立方米混凝土砂子用量，kg；

m_g ——每立方米混凝土石子用量，kg。

(3)按校正系数 δ 对配合比中各项材料用量进行调整，即为调整的设计配合比。

3. 确定

当混凝土有抗渗、抗冻等其他技术指标要求时，应用满足抗压强度要求的设计配合比，按 DL/T 5150 进行相关性能试验。如不满足要求，则应对配合比进行适当调整，直到满足设计要求为止。当使用过程中遇下列情况之一时，应调整或重新进行配合比设计：

①混凝土性能指标要求有变化时；

②混凝土原材料品种、质量有明显变化时。

三、水工混凝土配合比设计与计算实例

【例】某工程坝体 B 区混凝土强度等级为 180 d 龄期 $C_{180}35F250W10$(混凝土强度在 180 d 为不小于 35 MPa，抗冻等级为 F250，抗渗等级为 W10)，要求保证率 $P=80\%$，主要材料及参数如下：

中热硅酸盐水泥，密度为 3 200 kg/m³；Ⅱ级粉煤灰，密度为 2 340 kg/m³；掺用高效减水剂 0.7% 和适量的引气剂，混凝土含气量控制在 5% ±0.5% 范围内；人工砂细度模数 2.65，饱和面干表观密度为 2 720 kg/m³，饱和面干含水量 1.2%；石料饱和面干表观密度为 2 740 kg/m³；机口控制坍落度为 30～50 mm。试计算每立方米混凝土各材料用量。

1. 选择设计混凝土配合比相关参数

查表 3-25 和表 3-20，当保证率 $P=80\%$ 相应概率度系数 $t=0.84$；$C_{180}35$ 混凝土的标准差为 5.5 MPa，按式(3-21)求得混凝土配制强度：

$$f_{cu,o}=f_{cu,k}+t\sigma=35+0.84\times5.5=39.7\ \text{MPa}$$

《水工混凝土粉煤灰技术规范》(DL/T 5055—2007)规定，抗冻融混凝土的粉煤灰等量替代水泥的最大限量为 35%，考虑该工程属巨型水电站，为留有余地，初选粉煤灰掺量为 30%。对于水胶比，考虑最低胶凝材料用量的要求，且大体积常态混凝土胶凝材料用量不宜低于 140 kg/m³，其中水泥不宜低于 70 kg/m³，根据以往工程经验暂取混凝土 $m_w/(m_c+m_p)=0.45$。骨料最大粒径为 150 mm 时，通过级配试验确定四级配骨料级配比例为特大石∶大石∶中石∶小石 =3∶3∶2∶2，砂率 25%，混凝土用水量 90 kg/m³，减水剂掺量 0.7%，引气剂掺量 0.005%，含气量暂按 5% 计算。

2. 计算配合比

胶凝材料用量 $m_c+m_p=90/0.45=200$ kg

水泥用量 $m_c=70\%\times(m_c+m_p)=140$ kg

粉煤灰用量 $m_p=(m_c+m_p)-m_c=200-140=60$ kg

减水剂用量 $=0.7\%\times(m_c+m_p)=1.4$ kg

引气剂用量 =0.005% ×(m_c + m_p) =0.01 kg

3. 计算砂、石骨料用量及其相应混凝土配量比

(1)按绝对体积法

砂、石骨料绝对体积 $V_{s,g}$ =1 -(90/1 000 +140/3 200 +60/2 840 +0.05) =0.791 m^3;

砂料用量 m_s =0.791 ×0.25 ×2 720 =538 kg;

石材用量 m_g =0.791 ×(1 -0.25) ×2 740 =1 626 kg。

按四级配石料级配比例,特大石: 大石: 中石: 小石 =3: 3: 2: 2,计算得其中特大石、大石用量各 488 kg,中石、小石用量个各 325 kg。

据此求得混凝土配合比:

胶凝材料: 水: 砂: 石 =1: 0.45: 2.76: 8.335

(2)按密度法

假定混凝土密度为 2 480 kg/m^3,则

砂、石骨料总用量 N =2 480 -(90 +200) =2 190 kg;

砂、石骨料平均密度: ρ =2 720 ×0.25 +2 740 ×(1 -0.25) =2 735 kg/m^3;

砂料 m_s =2 190/2 735 ×0.25 ×2720≈545 kg;

石料 m_g =2 190 -545 =1 645 kg。

经试验室试拌,实测混凝土密度 =2 454 kg/m^3 与其原假定 2 480 kg/m^3 的调整系数为 2 454/2 480 =0.989 5。调整后每立方米混凝土各种材料的用量如下:

水 m_w =90 ×0.989 5 =89 kg;

水泥 m_c =140 ×0.989 5 =138.5 kg;

粉煤灰 m_p =60 ×0.9895 =59 kg;

减水剂 200 ×0.989 5 ×0.7% =1.39 kg;

引气利 200 ×0.989 5 ×0.005% =0.009 9 kg;

砂料 m_s =545 ×0.989 5 =539 kg;

石料 m_g =1 645 ×0.989 5 =1 628 kg。

其中特大石、大石用量各 488 kg,中石、小石用量各 326 kg。

混凝土配合比:

胶凝材料: 水: 砂: 石 =1: 0.45: 2.73: 8.243。

以上两种方法求出的混凝土配合比十分接近,两者相差约为 1%,而最终配合比尚需实验室验证与调整。

【例】海工水下混凝土配合比验证实例

委托单位	某公司	委托日期	2015/8/31
工程名称	某省三门湾大桥及接线工程第TJ9标段	样品编号	15R145-1
使用部位	桩基	试验日期	2015/9/6
设计要求	C35	报告日期	2015/12/2
样品名称	高性能混凝土（海工水下混凝土）	砼配制强度	43.2 MPa
是否泵送	非泵送	拌合方法	机械
试验依据	JGJ 55—2011、JTJ 270—1998、JTS 257-2—2012、GB/T 50081—2002、GB/T 50082—2009、CECS53：1993	试验条件	温度（℃）24；湿度：/
主要设备	电子台秤（9-FM-09-1）、电子台秤（9-FM-15-10）、混凝土搅拌机（9-FN-05-1）、容量筒（9-LG-5-4）、压力试验机（9FW-03-6）、钢直尺（9-LA-12-2）、混凝土氯离子扩散系数测定仪（9-AF-01-2）、pH计（8-CP-01-2）、混凝土含气量仪（9-FP-01-1）		

原材料

水泥		砂		石		外加剂		掺合料			
品种等级	52.5	种类	河沙	种类	碎石	品种	HW-2	品种	粉煤灰	矿粉	其他
厂、牌名	宁海强蛟海螺	产地	湖南	产地	宁波	生产厂家	杭州华威	生产厂家	国华电厂	台州美标水泥有限公司	/
报告编号	15A-547	报告编号	15F-326	报告编号	15F-313	报告编号	15G-161	报告编号	15L-079	15M139	/

混凝土技术条件

配合比（质量比）	水胶比	坍落度（mm）	砂率（%）	抗压强度		抗折强度		氯离子含量（%）	电通量（C）
				7天	28天	7天	28天		
1∶5.13∶6.81∶0.93∶0.025∶0.63∶0.88	0.38	215	43	34.1	48.6	/	/	0.013 0	/
1∶4.71∶6.51∶0.88∶0.025∶0.63∶0.88	0.36	205	42	37.8	52.0	/	/	0.010 0	/
1∶4.28∶6.16∶0.83∶0.025∶0.063∶0.88	0.34	210	41	40.3	55.7	/	/	0.008 4	/

每立方米混凝土材料用量（kg）											备注
水泥	河砂	石（mm）		水	外加剂		掺合料				
		5~16	16~25		HW-2	/	粉煤灰	矿粉	/	/	
156	801	319	743	145	3.89	/	97	136	/	/	1 h后坍落度：210 mm；扩展度：590 mm
164	773	320	748	145	4.11	/	103	144	/	/	1 h后坍落度：205 mm；扩展度：600 mm
174	745	322	750	144	4.35	/	109	152	/	/	1 h后坍落度：200 mm；扩展度：590 mm

根据扩展度、氯离子含量等相关因素综合考虑，推荐0.36水胶比组作为实验室配合比，并测定混凝土含气量为：4%；混凝土总含碱量为：1.62 kg/m^3；84天混凝土非稳态迁移系数为：1.62×10^{-12} m^2/s。

项目五　混凝土的质量控制

为了保证混凝土结构的安全性,必须对混凝土的质量进行控制。混凝土的质量控制包括生产控制和合格性控制。生产控制是对混凝土各个施工环节进行质量检查和控制;合格性控制是利用数理统计方法,进行混凝土强度的检验评定。

一、混凝土的生产控制

(一)混凝土原材料的质量控制

水泥、水、砂子、石子等原材料必须通过质量检验,符合混凝土用原材料的要求和现行有关标准的规定后方可使用。各种原材料应逐批检查出厂合格证和检验报告,同时为了防止市场供应混乱而产生的混料及错批或由于时间效应引起质量变化,材料在使用前最好进行复检。

(二)混凝土配合比的控制

混凝土配合比是通过设计计算和试配确定,在施工中,应严格按照配合比进行配料,一般不得随意改变配合比。在施工现场要经常测定骨料的含水率,如含水率出现变化,应及时调整混凝土施工配合比。

(三)混凝土施工工艺的质量控制

(1)混凝土拌合时应准确控制原材料的称量,水泥、水、外加剂、掺合料的称量误差应控制在2%以内,粗、细骨料的称量误差应控制在3%以内。

(2)混凝土运输中为防止离析、泌水等不良现象,应尽量减少转运次数,缩短运输时间,采取正确装卸措施。

(3)浇注时应采取适宜的入仓方法,限制卸料高度,对每层混凝土应按顺序振捣,严防漏振。

(4)浇注后必须在一定时间内进行养护,保持必要的温度及湿度,保证水泥正常凝结硬化,从而确保混凝土的强度和防止发生干缩裂缝。

二、混凝土的合格性控制

混凝土的合格性控制主要指在正常连续生产的情况下,随机抽取试样进行混凝土抗压强度的测试,用数理统计方法来评定混凝土的质量。数理统计方法可用算术平均值、标准差、变异系数和保证率等参数来综合评定混凝土质量,下面以混凝土强度为例来说明数理统计方法的一些基本概念。

(一)混凝土强度评定的数理统计方法

1. 混凝土强度平均值

对同一批混凝土,在某一统计期内连续取样制作试件(每组3块),测得各组试件的立方体抗压强度代表值分别为$f_{cu,1}$,$f_{cu,2}$,$f_{cu,3}$,…,$f_{cu,n}$,求其算术平均值即得到混凝土强度平均值:

$$\overline{f_{cu}} = \frac{1}{n}\sum_{i=1}^{n} f_{cu,i} \tag{3-35}$$

式中：$\overline{f_{cu}}$——混凝土立方体抗压强度平均值，MPa；

n——试验组数；

$f_{cu,i}$——第 i 组试件立方体抗压强度代表值，MPa。

强度平均值仅反映混凝土总体强度的平均值，并不能说明混凝土强度的波动情况，能反映强度波动情况的是标准差和变异系数。

2. 标准差 σ（又称均方差）

$$\sigma = \sqrt{\frac{\sum_{i=1}^{n} f_{cu,i} - n\overline{f_{cu}}^2}{n-1}} \tag{3-36}$$

式中：n——试件组数；

$\overline{f_{cu}}$——n 组混凝土立方体抗压强度的平均值，MPa；

$f_{cu,i}$——第 i 组试件的立方体抗压强度值，MPa；

σ——混凝土强度的标准差，MPa。

标准差是强度分布曲线上拐点距强度平均值之间的距离。值越大，说明混凝土强度的离散程度越大，混凝土质量越不稳定，生产管理水平低下；值越小，说明混凝土强度测定值比较集中，波动较小，混凝土的均匀性好，施工水平高。

3. 变异系数 C_v

$$C_v = \frac{\sigma}{\overline{f_{cu}}} \tag{3-37}$$

变异系数 C_v 值越小，说明混凝土质量越稳定，混凝土生产的质量水平越高。

4. 强度保证率 P

混凝土强度保证率是指混凝土强度总体分布中大于设计强度等级的概率，用强度分布曲线上的阴影部分来表示，如图 3-13 所示。

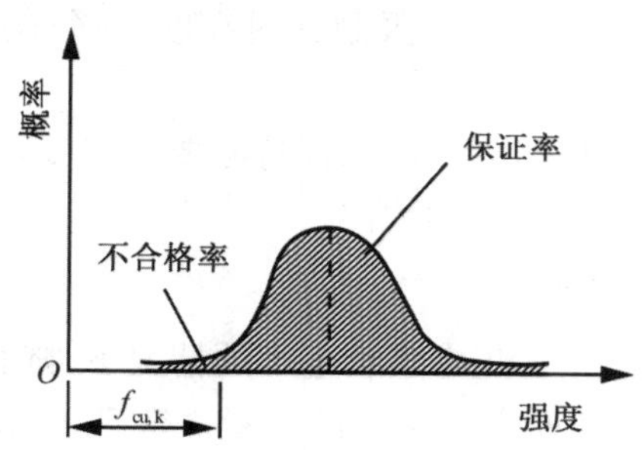

图 3-13　强度保证率

强度保证率的计算方法如下：根据混凝土的强度等级，强度平均值、标准差或变异系数计算出概率度。概率度的计算公式如下：

$$f = \frac{\overline{f_{cu}} - f_{cu,k}}{\sigma} = \frac{\overline{f_{cu}} - f_{cu,k}}{C_v \overline{f_{cu}}} \tag{3-38}$$

根据概率度 f 值，由表 3-29 可查得强度保证率 P。

表 3-29　不同 f 值的保证率 P

f	0.00	0.50	0.80	0.84	1.00	1.04	1.20	1.28	1.40	1.50	1.60
P	50.0%	69.2%	78.8%	80.0%	84.1%	85.1%	88.5%	90.0%	91.9%	93.5%	94.7%
f	1.645	1.70	1.75	1.81	1.88	1.96	2.00	2.05	2.33	2.50	3.00
P	95%	95.5%	96.0%	96.5%	97.0%	97.5%	97.7%	98.0%	99.0%	99.4%	99.87%

根据统计周期内混凝土强度的标准差率和保证率 P(%),可将混凝土生产单值的生产管理水平划分为优良、一般和差三个等级。

(二)混凝土强度的检验评定

混凝土强度应分批进行检验评定,一个验收批的混凝土应由强度等级相同、龄期相同、生产工艺条件和配合比相同的混凝土组成。根据《混凝土强度检验评定标准》(GB 50107—2009)规定,混凝土强度评定方法可采用统计方法评定和非统计方法评定。统计方法评定适用于预拌混凝土厂、预制混凝土构件厂和采用现场集中搅拌混凝土的施工单位。非统计方法评定适用于零星生产的预制构件厂的混凝土或现场搅拌量不大的混凝土。

1. 统计方法评定

(1)标准差已知的统计方法

当混凝土的生产条件在较长时间内能保持一致,且同一品种混凝土的强度变异性能保持稳定时,每批混凝土的强度标准差可根据前一时期生产累计的强度数据确定。强度评定应由连续的 3 组试件组成一个验收批,其强度应同时满足下列要求:

$$m_{fu} \geqslant f_{cu,k} + 0.7\sigma_0 \tag{3-39}$$

$$f_{cu,min} \geqslant f_{cu,k} - 0.7\sigma_0 \tag{3-40}$$

当混凝土强度等级不高于 C20 时,其强度的最小值应满足(3-41)要求:

$$f_{cu,min} \geqslant 0.85 f_{cu,k} \tag{3-41}$$

当混凝土强度等级高于 C20 时,其强度的最小值尚应满足式(3-42)要求:

$$f_{cu,min} \geqslant 0.90 f_{cu,k} \tag{3-42}$$

式中:m_{fu} ——同一验收批混凝土立方体抗压强度的平均值,MPa;

$f_{cu,min}$ ——同一验收批混凝土立方体抗压强度的最小值,MPa;

$f_{cu,k}$ ——混凝土立方体抗压强度标准值,MPa;

σ_0 ——验收批混凝土立方体抗压强度的标准差,MPa, σ_0 不应小于 2.5。

验收批混凝土立方体抗压强度的标准差 σ_0 ,应根据前一个检验期内同一品种混凝土试件的强度数据,按式(3-43)计算。

$$\sigma_0 = \frac{0.59}{m}\sum_{i=1}^{m}\Delta f_{cu,i} \tag{3-43}$$

式中:$\Delta f_{cu,i}$ ——第 i 批试件立方体抗压强度最大值与最小值之差;

m——用以确定验收批混凝土立方体抗压强度标准差的数据总批数。

上述检验期不应少于 60 d 也不宜超过 90 d,且在该期间内强度数据的总批数不应少于 15 批。

（2）标准差未知的统计方法

当混凝土生产连续性差而生产条件在较长时间内不能保持一致，或生产周期较短而无法积累强度数据以计算可靠的标准差参数时，检验评定只能根据每一验收批抽样的强度数据来确定。强度评定的样本容量应不少于 10 组的混凝土试件，其强度应同时满足下列要求：

$$m_{f_{cu}} - \lambda_1 S_{f_{cu}} \geqslant f_{cu,k} \tag{3-44}$$

$$f_{cu} \geqslant \lambda_2 f_{cu,k} \tag{3-45}$$

式中：$S_{f_{cu}}$ ——同一验收批混凝土样本立方体抗压强度的标准差，MPa，不应小于 2.5 MPa；

λ_1、λ_2 ——合格判定系数，按表 3-30 取用。

表 3-30　混凝土强度的合格判定系数（1）

试件组数	10～14	15～19	≥20
λ_1	1.00	0.95	0.90
λ_2	0.90	0.85	

混凝土样本立方体抗压强度的标准差可按式（3-45）计算。

$$S_{f_{cu}} = \sqrt{\frac{\sum_{i=1}^{n} f_{cu,i} - nm_{f_{cu}}}{n-1}} \tag{3-46}$$

式中：$f_{cu,i}$ ——第 i 组混凝土样本试件的立方体抗压强度值，MPa；

n ——混凝土试件的样本组数。

2. 非统计方法评定

当前我国各地普遍存在着小批量零星混凝土的生产方式，其试件组数有限，不具备按统计方法评定混凝土强度的条件。当用于评定的样本试件组数不足 10 组且不少 3 组时，可采用非统计方法评定混凝土强度。按非统计方法评定混凝土强度时，其强度应同时满足下列要求：

$$m_{f_{cu}} \geqslant \lambda_3 f_{cu,k} \tag{3-47}$$

$$f_{min} \geqslant \lambda_4 f_{cu,k} \tag{3-48}$$

式中：λ_3、λ_4 ——合格判定系数，按表 3-31 取用。

表 3-31　混凝土强度的合格判定系数（2）

试件组数	<C50	≥C50
λ_3	1.15	1.10
λ_4	0.95	0.90

（三）混凝土强度合格性判定

当混凝土分批进行检验评定时，若检验结果能满足上述规定要求时，则该批混凝土强度判断为合格；当不能满足上述规定时，该批混凝土强度判为不合格。对于评定为不合格的混凝土结构或构件，应进行鉴定。对于不合格的混凝土，可采用从结构或构件中钻取试件的方法或采用非破损（回弹法、超声法）检验方法，对结构或构件中混凝土的强度进行检测，作为混凝土强度处理的依据。

项目六　其他种类混凝土

普通混凝土虽然广泛应用于建筑工程，但随着工程的需要和科学技术的不断发展，各种新品种混凝土不断涌现。这些新品种混凝土都有其特殊的性能及施工方法，适用于某些特殊领域，它们的出现扩大了混凝土的使用范围，在国内外得到了广泛的应用。

一、高强混凝土

随着高层和超高层钢筋混凝土建筑结构的快速发展，一般强度的混凝土已远远不能满足工程的需要，研究和制备较高强度的混凝土已势在必行。提高工程结构混凝土的强度，已成为当今世界各国土木工程界普遍重视的课题，其既是混凝土技术发展的重要方向，又是节约能源、资源的重要技术措施之一。

目前，一般把强度等级为 C60 及其以上的混凝土称为高强混凝土；强度等级超过 C100 的混凝土称为超高强混凝土。在优选材料与合理设计的情况下，采用普通材料与常规施工工艺，完全可以配制出高强混凝土和超高强混凝土。提高混凝土强度的途径很多，通常是同时采用几种技术措施，增加效果显著。

《普通混凝土配合比设计规程》（JGJ 55—2011）规定，配制高强混凝土所用的原材料和高强混凝土的配合比设计应符合下列规定。

1. 原材料

（1）应选用质量稳定、强度等级不低于 42.5 的硅酸盐水泥或普通硅酸盐水泥。

（2）对强度等级为 C60 级的混凝土，其粗骨料的最大粒径不应大于 31.5 mm，对强度等级高于 C60 的混凝土，其粗骨料的最大粒径不应大于 25 mm；针、片状颗粒含量不宜大于 5.0%，含泥量不应大于 0.5%，泥块含量不宜大于 0.2%。其他质量指标应符合现行行业标准《普通混凝土用碎石或卵石质量标准及检验方法》（JGJ 53—92）的规定。

（3）细骨料的细度模数宜大于 2.6；含泥量不应大于 2.0%，泥块含量不宜大于 0.5%。其他质量指标应符合现行行业标准《普通混凝土用砂、石质量标准及检验方法》（JGJ 52—2006）的规定。

（4）配置高强混凝土时应掺用高效减水剂或缓凝高效减水剂。

（5）配置高强混凝土时应掺用活性较好的矿物掺合料，且宜复合使用矿物掺合料。

总之，配制高强混凝土必须对本地区所能得到的所有原材料进行优选，它们除了要有比较好的性能指标外，还必须质量稳定，即在施工期内主要性能不能有太大的变化。

2. 配合比

高强混凝土配合比的计算方法和步骤除应按普通混凝土配合比设计方法和步骤进行外，尚应符合下列规定。

（1）基准配合比中的水灰比，可根据现有试验资料选取。

（2）配制高强混凝土所用砂率及所采用的外加剂和矿物掺合料的品种、掺量，应通过试验确定。

（3）高强混凝土的水泥用量不应大于 550 kg/m^3，水泥和矿物掺合料的总量不应大于

600 kg/m³。

(4)当采用3个不同的配合比进行混凝土强度试验时,其中一个应为基准配合比,另外两个配合比的水灰比,宜较基准配合比分别增加和减少0.02~0.03。

(5)设计配合比确定后,应用该配合比进行不少于6次的重复试验进行验证,其平均值不应低于配制强度。

另外,还应加强对高强混凝土施工现场的质量控制和管理。一些在普通情况下不太敏感的因素,在低水灰比的情况下会变得相当敏感,而对高强混凝土,设计时所留的强度富余度又不可能太大,可供调节的余量较小,这就要求在整个施工过程中必须注意各种条件、因素的变化,并且要根据这些变化随时调整配合比和各种工艺参数。对于高强混凝土,一般检测技术如回弹,超声等在强度大于50 MPa后已不能采用,唯一能进行检测的钻心取样法来检验高强混凝土也有一定的困难。这些都说明加强现场施工质量控制和管理的必要性。

高强混凝土最大的优点是抗压强度高,一般为普通强度混凝土的4~6倍,故可减小构件的截面尺寸,减轻自重,最适宜用于高层建筑和大跨度工程。高强混凝土的密实性能好,抗渗、抗冻性能均优于普通混凝土,大量用于海洋和港口工程,它们耐海水侵蚀和海浪冲刷的能力大大优于普通混凝土,可以提高工程使用寿命。大量的工程实践证明,在建筑工程中采用高强混凝土,不仅可以减小结构断面尺寸、减轻结构自重、降低材料用量、有效地利用高强钢筋,而且能增加建筑的抗震能力,加快施工进度,降低工程造价,满足特种工程的要求。因此,在结构工程中推广应用高强混凝土具有重大的技术经济意义。

二、高耐久性能混凝土

高耐久性能混凝土常用的配制途径及措施主要有以下几个方面。

(1)必须掺入高效减水剂。高效减水剂可减小水灰比,获得高流动性,提高抗压强度。高效减水剂的选用及掺入技术是决定高性能混凝土各项性能的关键技术之一。

(2)必须掺入一定量的活性磨细矿物掺合料,如硅灰、磨细矿渣、优质粉煤灰等,减少水泥用量。可利用活性磨细掺合料的微粒效应和火山灰活性,以增加混凝土的密实性,提高强度。

(3)选择优质的原材料。应采用优质、高强度的水泥;选用级配良好、致密坚硬的骨料。粗骨料粒径不宜过大,在配置C60~C100的高性能混凝土时,粗骨料的最大粒径不宜大于20 mm;在配置C100以上的高性能混凝土时,粗骨料的最大粒径不宜大于12 mm。

(4)优化配合比。普通混凝土配合比设计方法在这里不再适用,必须通过试配优化后确定高性能混凝土的配合比。在满足设计要求的前提下,尽可能降低水泥用量,减小水灰比,并限制水泥浆体的体积。

(5)加强生产质量管理,严格控制每个施工环节。

高耐久性能混凝土是混凝土的发展方向之一,已在城市建设、建筑工程、地下及水下工程、海洋开发、宇宙航天、核能工程中广泛应用。例如英国在煤矿井壁衬砌工程中,采用了强度高达100 MPa的高强、高耐久性能混凝土,以此来抵抗很高的水压力;跨海、跨江大桥桥墩混凝土寿命能够达到200年的耐久寿命,海洋钻井平台下部采用高强、高耐久性能混凝土抵抗海水的压力和海水中盐类的腐蚀。在未来的几十年里,高强、高耐久性能混凝土将在海底隧道、海上采油平台、污水管道、核反应堆外壳、有害化学物的容器等恶劣环境下的混凝土结构物中得到广泛应用。

三、防水混凝土

防水混凝土也称抗渗混凝土，是指抗渗等级大于或等于P6的混凝土。防水混凝土是靠本身的密实性和抗渗性达到防水抗渗的作用，不需附加任何防水措施。防水混凝土主要是在普通混凝土的基础上通过调整配合比、改善骨料级配、选择水泥品种以及掺入外加剂等方法，改善混凝土自身的密实性，从而达到防水抗渗的目的。

目前常用的防水混凝土有普通防水混凝土、外加剂防水混凝土和膨胀水泥防水混凝土。

（一）普通防水混凝土

普通防水混凝土主要是通过严格控制骨料级配、水灰比、水泥用量等方法，提高混凝土密实性以满足抗渗要求的混凝土。为此，普通防水混凝土所用的材料除应满足普通混凝土对原材料的要求外，原材料和配合比还应符合以下要求：粗骨料宜采用连续级配，最大粒径不宜大于40 mm，含泥量不得大于1.0%，泥块含量不得大于0.5%；细骨料的含泥量不得大于3.0%，泥块含量不得大于1.0%；抗渗混凝土宜掺加矿物掺合料，每立方米混凝土中的水泥用量和矿物掺合料总量不宜小于320 kg；砂率宜为35% ~45%；水灰比应限制在0.6以下。

（二）外加剂防水混凝土

外加剂防水混凝土是在混凝土中掺入适当品种和数量的外加剂，隔断或堵塞混凝土中的各种孔隙、裂缝及渗水通道，以达到提高抗渗性能的一种混凝土。常用的外加剂有防水剂、引气剂、膨胀剂、减水剂等。

引气剂防水混凝土是在混凝土中加入极微量的引气剂，可产生大量均匀的、孤立的和稳定的小气泡，它们填充了混凝土的孔隙，隔断了渗水通道。此外，引气剂还能使水泥石中的毛细管由亲水性变为憎水性，阻碍混凝土的吸水和渗水作用，也有利于提高混凝土的抗渗性。引气剂防水混凝土具有良好的和易性、抗渗性、抗冻性和耐久性，技术经济效果好，在国内外被普遍采用。

（三）膨胀水泥防水混凝土

膨胀水泥防水混凝土是用膨胀水泥配制成的混凝土，它是依靠膨胀水泥水化产生的钙矾石等大量结晶体，填充孔隙空间，并改善混凝土的收缩变形性能，提高混凝土的抗渗和抗裂性能。

防水混凝土主要应用于各种基础工程、水工构筑物、地下工程、屋面或桥面工程等，是一种经济可靠的防水材料。为获得更好的效果，工程中还应根据综合条件，选择适当的防水混凝土类型，以满足耐久性要求，达到结构自防水的目的。

四、防辐射混凝土

防辐射混凝土又称屏蔽混凝土、防射线混凝土，是指对γ射线、X射线或中子辐射具有屏蔽能力，不易被放射线穿透的混凝土。

防辐射混凝土是用增加混凝土容重的方法来提高对X射线和γ射线的屏蔽能力。为了提高混凝土的容重，防辐射混凝土一般都采用重骨料（如含铁质矿石、重晶石以及铁砂、钢丝等）。防辐射混凝土的容重一般在3 500 kg/m^3以上，用钢段为集料制作的混凝土，容重可高达5 500 kg/m^3。防辐射混凝土各组成材料间的密度相差较大，为了防止在施工过程中发生离析并能获得良好的密实效果，一般在浇注时要求采用灌浆法等特殊措施。

氢原子核对高速中子具有良好的防护作用，而水含有较多的氢元素，因此，防辐射混凝土要采用结晶水含量高的材料来制作。为了提高结晶水含量，可采用高铝水泥和石膏矾土膨胀水泥等作胶结材料。有些防辐射混凝土中还掺入含硼及含锂的掺合料或骨料，以提高对中子的吸收能力。

防辐射混凝土主要用于原子能反应堆、粒子加速器，以及工业、农业和科研部门的放射性同位素设备的防护。

五、纤维混凝土

纤维混凝土是一种以普通混凝土为基材，外掺各种短切纤维材料而制成的纤维增强混凝土。常用的短切纤维材料有尼龙纤维、聚乙烯纤维、聚丙烯纤维、钢纤维、玻璃纤维、碳纤维等。

普通混凝土虽然抗压强度较高，但其抗拉、抗裂、抗弯、抗冲击等性能较差。在普通混凝土加入纤维制成纤维混凝土可有效地降低混凝土的脆性，提高混凝土的抗拉、抗裂、抗弯、抗冲击等性能。

目前纤维混凝土已用于屋面板、墙板、路面、桥梁、飞机跑道等方面，并取得了很好的效果，预计在今后的土木建筑工程中将得到更广泛的应用。

六、泵送混凝土

混凝土拌合物的坍落度不低于 100 mm 并用泵送施工的混凝土。随着社会发展和人口的迅速膨胀，建筑物逐步向高层化发展，传统的混凝土运输方式已远远满足不了现代施工工艺及质量要求，促使了混凝土泵送技术的快速发展，泵送混凝土的用量越来越多，泵送混凝土的应用更加广泛。

泵送混凝土因为混凝土要经过输送泵到达浇注地点，因此要求流动性要好。配制泵送混凝土应符合下列要求。

1. 原材料的选用

泵送混凝土应选用硅酸盐水泥、普通硅酸盐水泥、矿渣硅酸盐水泥和粉煤灰硅酸盐水泥，不宜采用火山灰质硅酸盐水泥；粗骨料宜采用连续粒级的卵石，其针片状颗粒含量不宜大于 10%，粗骨料最大粒径与输送管径之比应符合相关规定；砂宜采用中砂，其通过 0.315 mm筛孔的颗粒含量不应少于 15%。

泵送混凝土应掺用防止混凝土拌合物在泵送管道中离析和堵塞的泵送剂或减水剂，并宜掺入适量的活性矿物掺合料（如粉煤灰等），可避免混凝土施工中拌合料发生分层离析、泌水和堵塞输送管道等现象。

2. 配合比的要求

泵送混凝土配合比的计算和试配步骤除应满足普通混凝土的规定外，还应符合下列规定：用水量与水泥和矿物掺合料的总量之比不宜大于 0.6；水泥和矿物掺合料的总量不宜小于 300 kg/m^3；砂率宜为 35% ~48%，这是因为泵送混凝土要有足够的砂浆量，在泵送压力下裹着石子向前运动，如果砂子少了，砂浆量少了，就会流动性差，如果多了，又会增加用水量，混凝土变稠，也不利于强度发展；掺用引气型外加剂时，其混凝土含气量不宜大于 4%。

七、喷射混凝土

喷射混凝土是将预先配好的水泥、砂、石子和一定数量的速凝剂装入喷射机，利用压缩

空气将其送至喷头，与水混合后，以很高的速度喷向岩石或混凝土表面所形成的混凝土。喷射混凝土需要掺加速凝剂，目的是为了保证混凝土在几分钟内就凝结，并能提高混凝土的早期强度，减少回弹量。但速凝剂对后期强度有所降低，所以要控制速凝剂的掺量并通过试配确定。

喷射混凝土对原材料的要求：宜采用普通硅酸盐水泥；为了减少混合料搅拌中产生粉尘和干料拌合时水泥飞扬及损失，要求骨料宜有一定的含水率，砂子含水率宜为5%～7%，石子含水率宜为1%～2%；石子粒径不宜太大，以免发生堵管，石子最大粒径不应大于15 mm；砂子不宜使用细砂，因细砂会增加混凝土的收缩变形。

喷射混凝土的抗压强度为25～40 MPa，抗拉强度为2.0～2.5 MPa，与岩石的黏结力为1.0～1.5 MPa，完全能满足地下建筑结构的要求。喷射混凝土广泛应用于锚喷暗挖隧道施工、岩石地下工程和矿井支护工程等。

八、大体积混凝土

混凝土结构物实体最小尺寸大于或等于1 m，或预计会因水泥水化热引起混凝土内外温差过大而导致裂缝的混凝土称为大体积混凝土。

高层建筑的基础、大型水坝、桥墩等工程所用混凝土，当尺寸较大时应按大体积混凝土设计和施工。在大体积混凝土中，为了减少由于水泥水化热引起的温度应力，应选用水化热低和凝结时间长的水泥，如低热矿渣硅酸盐水泥、中热硅酸盐水泥、矿渣硅酸盐水泥、粉煤灰硅酸盐水泥、火山灰质硅酸盐水泥等。大体积混凝土应掺用缓凝剂、减水剂和减少水泥水化热的掺合料，粗骨料宜采用连续级配，细骨料宜采用中砂。

大体积混凝土在保证混凝土强度及坍落度要求的前提下，应提高掺合料及骨料的含量，以降低每立方米混凝土的水泥用量。大体积混凝土配合比的计算和试配步骤应按《普通混凝土配合比设计规程》（JGJ 55—2011）的规定进行，并宜在配合比确定后进行水化热的验算或测定。

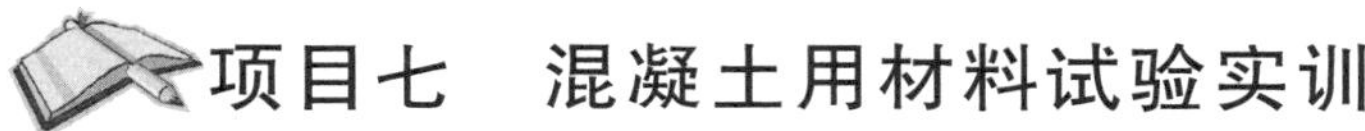

项目七　混凝土用材料试验实训

一、砂的筛分试验实训

1. 实训目的

学习混凝土用砂的筛分原理和方法，会评判该砂的粗细程度和级配。

2. 实训准备

（1）实验依据

《建筑用砂》（GB/T 14684—2001）。

（2）仪器设备

①方孔筛：孔径为0.15 mm、0.3 mm、0.6 mm、1.18 mm、2.36 mm、4.75 mm及9.50 mm的筛各一个，并附有筛底和筛盖。

②摇筛机。

③天平。

④烘箱、浅盘、毛刷。

3. 实训基本内容

根据实训准备的仪器及相关技术规范，筛分500 g水工混凝土用砂，测定各筛的筛余量，并完成实训报告。

二、砂石密度试验任务

1. 实训目的

①根据建筑材料基本物理性质知识，测定混凝土用砂的堆积密度；

②根据建筑材料基本物理性质知识，测定混凝土用石子的表观密度和堆积密度。

2. 实训准备

(1)实验依据

《建筑用砂》(GB/T 14684—2001)、《建筑用卵石、碎石》(GB/T 14685—2001)。

(2)仪器设备

①标准容器(容积为1 L)；

②标准漏斗；

③台秤、烘箱、直尺；

④广口瓶、浅盘、带盖容器等。

3. 实训基本内容

根据实训准备的仪器及相关技术规范，测定水工混凝土用砂的堆积密度、石子的堆积密度和表观密度，并完成实训报告。

三、混凝土拌合及强度测定试验

1. 实训目的

学习混凝土配合比在实训室预配的基本方法，测定混凝土的和易性，测定混凝土不同龄期的强度。

2. 实训准备

(1)实验依据

《水工混凝土试验规程》(SL 352—2006)、《普通混凝土配合比设计规程》(JGJ 55—2011)、《水工混凝土试验规程》(DL/T 5150—2001)。

(2)仪器设备

①电子秤或台秤；

②托盘；

③烘箱；

④坍落度筒、维勃稠度仪；

⑤捣棒；

⑥抹刀；

⑦混凝土拌合机或拌合用槽；

⑧万能试验机；

⑨养护箱或养护室；

⑩100 mm×100 mm×100 mm或150 mm×150 mm×150 mm试模。

3. 实训基本内容

通过仪器设备拌制某一配比普通(常态)混凝土,调整配比以达到适宜的和易性。将调整好和易性的混凝土装入试模,用捣棒和抹刀处理好放入养护箱,在标准养护条件下养护14 d、28 d,分别做强度试验,记录强度情况,完成试验。

复习题

1. 普通混凝土的组成材料有哪几种? 在混凝土中各起什么作用?

2. 配制普通混凝土如何选择水泥的品种和强度等级?

3. 什么是砂的粗细程度和颗粒级配? 如何评定砂的粗细程度和颗粒级配?

4. 两种砂的级配相同,细度模数是否相同? 反之,两种砂的细度模数相同,其级配是否相同?

5. 现有某砂样500 g,经筛分试验各号筛的筛余量如下。

筛孔尺寸(mm)	4.75	2.36	1.18	0.60	0.30	0.15	<0.15
筛余量(g)	15	100	70	65	90	115	45
分计筛余百分数							
累计筛余百分数							

问:(1)计算各筛的分计筛余百分数和累计筛余百分数。

(2)此砂的细度模数是多少? 判断砂的粗细程度。

(3)判断此砂的级配是否合格。

6. 晶制普通混凝土选择石子的最大粒径应考虑哪些方面因素?

7. 现浇钢筋混凝土板式楼梯,混凝土强度等级为C25,楼梯截面最小尺寸为120 mm,钢筋间最小净距为40 mm。现提供有普通硅酸盐水泥42.5和52.5,备有粒级为5~20 mm的卵石。

(1)卵石粒级是否合适?

(2)取卵石烘干,称取5 kg,经筛分得筛余量如下所示,试判断卵石级配是否合格?

筛孔尺寸(mm)	26.5	19.0	16.0	9.50	4.75	2.36
筛余量(kg)	0	0.30	0.90	1.70	1.90	0.20

8. 什么是混凝土的和易性? 包括哪几方面含义? 如何评定混凝土的和易性?

9. 影响混凝土和易性的主要因素有哪些?

10. 当混凝土拌合物流动性太大或太小,可采取什么措施进行调整?

11. 什么是合理砂率? 采用合理砂率有何技术和经济意义?

12. 解释以下关于混凝土强度的几个名词:

(1)立方体抗压强度;

(2)立方体抗压强度标准值;

(3)强度等级;

(4)轴心抗压强度;

(5)配制强度;

(6)设计强度。

13. 影响混凝土强度的主要因素有哪些?提高混凝土强度的主要措施有哪些?

14. 当使用相同配合比拌制混凝土时,卵石混凝土与碎石混凝土的性质有何不同?

15. 用强度等级为 42.5 的普通水泥、河砂及卵石配制混凝土,使用的水灰比分别为0.60和0.53,试估算混凝土 28 d 的抗压强度分别为多少?

16. 解释以下名词:

(1)自然养护;

(2)标准养护;

(3)蒸汽养护;

(4)蒸压养护。

17. 什么是混凝土的抗渗性?P8 表示什么含义?

18. 什么是混凝土的抗冻性?F150 表示什么含义?

19. 提高混凝土耐久性的措施有哪些?

20. 使用外加剂应注意哪些事项?

21. 混凝土配合比设计的基本要求是什么?

22. 在混凝土配合比设计中,需要确定的 3 个参数是什么?

23. 某教学楼的钢筋混凝土柱(室内干燥环境),施工要求坍落度为 30 ~ 50 mm。混凝土设计强度等级为 C30,采用 52.5 级普通硅酸盐水泥;砂子为中砂,表观密度为 2.65,堆积密度为 1 450 kg/m^3;石子为碎石,粒级为 5 ~ 40 mm,表观密度为 2.70,堆积密度为 1 550 kg/m^3;混凝土采用机械搅拌、振捣,施工单位无混凝土强度标准差的统计资料。

(1)根据以上条件,用绝对体积法求混凝土的初步配合比。

(2)假如用计算出的初步配合比拌合混凝土,经检验后混凝土的和易性、强度和耐久性均满足设计要求。又已知现场砂的含水率为 2%,石子的含水率为 1%,求该混凝土的施工配合比。

24. 混凝土的表观密度为 2 500 kg/m^3,用重量法计算第 23 题的混凝土初步配合比。

25. 土的表观密度为 2 400 kg/m^3,1 m^3 混凝土中水泥用量为 280 kg,水灰比为 0.5,砂率为 40%。计算此混凝土的质量配合比。

模块四 砂浆

砂浆是由胶凝材料、细骨料、水、外加剂或掺合料(也可以不掺入外加剂或掺合料)按适当比例拌合成拌合物,经一定时间硬化而成的材料。

砂浆种类较多,按功能和用途不同,分为砌筑砂浆、抹面砂浆和特种砂浆;按使用行业分为普通砂浆、水工砂浆;按砂浆中所用胶凝材料不同分为水泥砂浆、石灰砂浆、混合砂浆(如水泥石灰砂浆、石灰黏土砂浆、水泥黏土砂浆等)。

砂浆在工程中的用途广泛,主要用途有:

①用于装配式结构中墙板、混凝土楼板等各种构件的接缝;

②将砖、石材、砌块等块状材料胶结成砌体;

③镶贴大理石、陶瓷地砖等各类装饰板材;

④用于建筑物室内外墙面、地面、梁、柱、顶棚等构件的表面抹灰;

⑤制成各类特殊功能的砂浆,如装饰砂浆、保温砂浆、防水砂浆、吸声砂浆、防辐射砂浆等。

项目一　砂浆的组成材料

砂浆与混凝土的基本组成相近,只是缺少了粗骨料,因此砂浆又称为细骨料混凝土。有关混凝土的一些基本理论,如凝结硬化机理、强度发展规律、耐久性影响因素等,原则上也适用于砂浆。组成砂浆的材料有胶凝材料、细骨料(即砂)、水、掺加料及外加剂等。

一、胶凝材料

砂浆常用的胶凝材料有水泥、石灰等。砂浆应根据所使用的环境和部位来合理选择胶凝材料种类,如处于潮湿环境中的砂浆只能选用水泥作为胶凝材料,而处于干燥环境中胶凝材料可选用水泥或石灰。砌筑砂浆所用水泥强度等级一般为砂浆强度等级的 4 ~5 倍,水泥砂浆采用的水泥强度等级不宜超过 32.5 级。水泥混合砂浆采用的水泥强度等级不宜超过 42.5 级。

二、细骨料(即砂)

砂浆所用的砂子应符合混凝土用砂的质量要求。但由于砂浆层较薄,对砂子的最大粒径应有所限制。用于砌筑石材的砂浆,砂子的最大粒径不应大于砂浆层厚度的1/5～1/4;砌砖所用的砂浆宜采用中砂或细砂,且砂子的粒径不应大于2.5 mm;用于各种构件表面的抹面砂浆及勾缝砂浆,宜采用细砂,且砂子的粒径不应大于1.2 mm。

此外,为了保证砂浆的质量,对砂中的含泥量也有要求。对强度等级大于等于M5的浆,砂中含泥量不应超过5%;对强度等级为M2.5的水泥混合砂浆,砂中含泥量不应超过10%。

三、水

砂浆拌合用水与混凝土用水的质量要求相同。

四、掺加料

在砂浆中掺入掺加料可改善砂浆的和易性,节约水泥,降低成本。常用的掺加料有石灰膏、粉煤灰、黏土膏、电石膏等。为了保证砂浆的质量,生石灰应充分熟化成石灰膏后,再掺入到砂浆中。

五、外加剂

为了改善砂浆的某些性能,可在砂浆中掺入外加剂,如引气剂、缓凝剂、早强剂等。外加剂的品种与掺量应通过试验确定。

项目二　砂浆的技术性质

砂浆的技术性质主要是新拌砂浆的和易性和硬化后砂浆的强度,另外还有砂浆的黏结力、变形等性能。

一、新拌砂浆的和易性

新拌砂浆应具有良好的和易性,使砂浆能较容易地铺成均匀的薄层,且与基面紧密黏结。砂浆的和易性包括流动性和保水性两个方面。

(一)流动性

砂浆的流动性又称稠度,是指在自重或外力作用下流动的性质。砂浆的稠度大小用沉入度(单位为mm)表示,用砂浆稠度仪测定。沉入度越大,砂浆流动性越好。若流动性过大,砂浆易分层、泌水;若流动性过小,不便于施工操作,灰缝不易填充。所以,新拌砂浆应具有适宜的稠度。

砂浆稠度的选择要考虑砌体材料的种类、气候条件等因素。一般基底为多孔吸水材料或在干热条件下施工时,砂浆的流动性应大一些;而对于密实的、吸水较少的基底材料,或在湿冷条件下施工时,砂浆的流动性应小一些。根据《砌筑砂浆配合比设计规程》(JGJ/T 98—2010)的规定,砌筑砂浆稠度可按表4-1选用。

表 4-1　砌筑砂浆的稠度选择

砌体种类	砂浆稠度(mm)
烧结普通砖砌体、粉煤灰砖砌块	70～90
混凝土砖砌块、普通混凝土小型空心砌块砌体、灰砂砖砌体	50～70
烧结多孔砖、空心砖砌体、轻集料混凝土小型空心砌块砌体、蒸压加气混凝土砌块砌体	60～80
石砌体	30～50

（二）保水性

保水性是指砂浆保持水分的能力，也指砂浆中各项组成材料不易分层离析的性质。若砂浆的保水性不好，在运输和使用过程中会发生泌水、流浆现象，使砂浆的流动性下降，难以铺成均匀、密实的砂浆薄层；并且由于水分流失会影响胶凝材料的凝结硬化，造成砂浆强度和黏结力下降。所以在工程中应选用保水性良好的砂浆，以保证工程质量。

砂浆保水性的强弱用分层度（单位为 mm）表示，用砂浆分层度仪测定。分层度过大（如超过 30 mm），砂浆容易泌水、分层或水分流失过快，不便于施工。砂浆的分层度一般以 10～20 mm为宜，水泥砂浆的分层度不宜超过 30 mm，水泥石灰混合砂浆的分层度不宜超过 20 mm。若分层度过小，砂浆虽然保水性好，但硬化后容易产生干缩裂缝。

二、砂浆的强度

砂浆的强度通常指立方体抗压强度，是将砂浆制成 70.7 mm×70.7 mm×70.7 mm 的立方体标准试件，一组六块，在标准条件下养护 28 d，用标准试验方法测得的抗压强度平均值，用 f_m 表示。根据砂浆的抗压强度，将砂浆划分为 M2.5、M5.0、M7.5、M10、M15、M20 六个强度等级，其中 M 指英文单词 mortar。如 M10 表示砂浆的抗压强度为 10 MPa。

砂浆的试配强度按下式计算：

$$f_{m,0} = kf_2 \tag{4-1}$$

式中：$f_{m,0}$ ——砂浆的试配强度（MPa），应精确至 0.1 MPa；

f_2 ——砂浆强度等级值（MPa），应精确至 0.1 MPa；

k——系数，按表 4-2 取值。

表 4-2　砂浆强度标准差 σ 及系数 k

强度等级	强度标准差 σ(MPa)							k
施工水平	M5	M7.5	M10	M15	M20	M25	M30	
优良	1.00	1.50	2.00	3.00	4.00	5.00	6.00	1.15
一般	1.25	1.88	2.50	3.75	5.00	6.25	7.50	1.20
较差	1.50	2.25	3.00	4.50	6.00	7.50	9.00	1.25

砂浆强度标准差的确定应符合下列规定：

当无统计资料时标准差数值取值见表 4-2。当有统计资料时，砂浆强度标准差应按下式计算：

$$\sigma = \sqrt{\frac{\sum_{i=1}^{n} f_{m,i}^2 - n\mu_{f_m}^2}{n-1}} \tag{4-2}$$

式中：$f_{m,i}$——统计周期内同一品种砂浆第 i 组试件的强度(MPa)；

$n\mu_{f_m}^2$——统计周期内同一品种砂浆 n 组试件强度的平均值(MPa)；

n——统计周期内同一品种砂浆试件的总组数，$n>25$。

当考虑标准差对配置强度的影响时可以用式(4-3)进行计算。

三、砂浆的黏结力

砂浆黏结力的大小影响砌体的强度、耐久性、稳定性、抗震性等，与工程质量有密切关系。一般砂浆的抗压强度越高，黏结力越大。此外，砂浆的黏结力还与基层材料的表面状态、润湿情况、清洁程度及施工养护等条件有关，在粗糙的、润湿的、清洁的基层上使用且养护良好的砂浆与基层的黏结力较好。因此，砌筑墙体前应将块材表面清理干净，浇水润湿，必要时凿毛，砌筑后应加强养护，从而提高砂浆与块材之间的黏结力，保证砌体的质量。

四、砂浆的变形

砂浆在承受荷载、温度变化或湿度变化时，均会产生变形。变形过大或不均匀会降低砌体的整体性，引起沉降或裂缝。砂浆中混合料掺量过多或使用轻骨料，会产生较大的收缩变形。砂浆变形过大会产生裂纹或剥离等质量问题，因此要求砂浆具有较小的变形性。

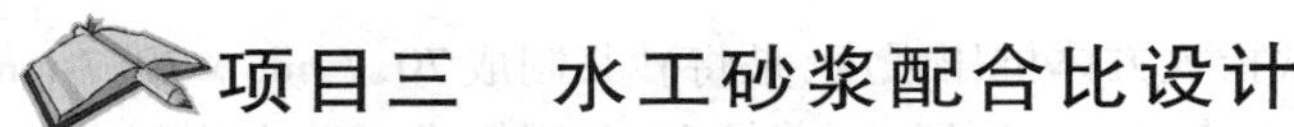

项目三　水工砂浆配合比设计

一、砂浆配合比设计的基本原则

(1)水工砂浆的技术指标要求与其接触的混凝土的设计指标相适应。

(2)水工砂浆所使用的原材料应与其接触的混凝土所使用的原材料相同。

(3)水工砂浆应与其接触的混凝土所使用的掺合料品种、掺量相同，减水剂的掺量为混凝土掺量的70%左右。当掺引气剂时，其掺量应通过试验确定，以含气量达到7%～9%时的掺量为宜。

(4)采用体积法计算每立方米水工砂浆各项材料用量。

二、砂浆配制强度的确定

(1)砂浆的强度等级应按砂浆设计龄期立方体抗压强度标准值划分。水工砂浆的强度等级采用符号M加设计龄期下角标再加立方体抗压强度标准值表示，如 $M_{90}15$，表示立方体抗压强度15 MPa，设计龄期为90 d，若设计龄期为28 d，则省略下角标，如M20。砂浆设计龄期立方体抗压强度标准值系指按照标准方法制作养护的边长为70.7 mm×70.7 mm×70.7 mm的立方体试件，在设计龄期用标准试验方法测得的具有设计保证率的抗压强度，以 N/mm^2 或MPa计。

(2)砂浆配制抗压强度按下式计算：

$$f_{m,o} = f_{m,k} + t\sigma \tag{4-3}$$

式中：$f_{m,o}$——砂浆配制抗压强度，MPa；

$f_{m,k}$——砂浆设计龄期立方体抗压强度标准值，MPa；

t——概率度系数，由给定的保证率 P 选定，其值按表 4-3 选用；

σ——砂浆立方体抗压强度标准差，MPa。

表 4-3　保证率和概率度系数关系

保证率 P	70.0%	75.0%	80.0%	84.1%	85.0%	90.0%	95.0%	97.7%	99.9%
概率度系数 t	0.525	0.675	0.840	1.0	1.040	1.280	1.645	2.0	3.0

（3）当设计龄期为 28 d 时，抗压强度保证率 P 为 95%。其他龄期砂浆抗压强度保证率应符合设计要求。水工结构复杂，不同工程部位有不同的保证率（P）要求。如大体积混凝土一般要求 P 为 80%，体积较大的钢筋混凝土工程要求 P 为 85% ~ 90%，薄壁结构工程要求 P 为 95%等。不同的保证率要求必须采用不同的 t 值。水工砂浆作为混凝土接缝材料时应同于混凝土的保证率。

（4）砂浆抗压强度标准差 σ

当无近期同品种砂浆抗压强度统计资料时，σ 值可按表 4-4 取用。施工中应根据现场施工时段抗压强度的统计结果调整 σ 值。

表 4-4　标准差 σ 选用值

设计龄期砂浆抗压强度标准值（MPa）	≤10	15	≥20
砂浆抗压强度标准差（MPa）	3.5	4.0	4.5

根据现场施工时段抗压强度的统计结果来确定标注差 σ 时，宜按同品种砂浆抗压强度统计资料确定。

①统计时，砂浆抗压强度试件总数应不少于 25 组；

②根据近期相同抗压强度、相同生产工艺和配合比的同品种砂浆抗压强度资料，砂浆抗压强度标准差 σ 按下式计算：

$$\sigma = \{[\sum (f_{m,i})^2 - n(m_{f_m})^2]/(n-1)\}^{-2} \tag{4-4}$$

式中：$f_{m,i}$——第 i 组试件抗压强度，MPa；

m_{f_m}——n 组试件的抗压强度平均值，MPa；

n——试件组数。

三、砂浆配合比的计算

可选择与其接触混凝土的水胶比作为砂浆初选水胶比。

（一）水工砂浆的用水量

水工砂浆配合比设计时用水量可按表 4-5 确定。

表 4-5　砂浆参考用水量(稠度 40 ~ 60 mm)

水泥品种	砂子细度	用水量(kg/m^3)
普通硅酸盐水泥	粗砂	270
	中砂	280
	细沙	310
矿渣硅酸盐水泥	粗砂	275
	中砂	285
	细沙	315
稠度 ±10 mm	用水量 ±(8 ~ 10 kg/m^3)	

(二)水工砂浆胶凝材料用量

砂浆的胶凝材料用量($m_c + m_p$)、水泥用量(m_c)和掺合料用量(m_p)按下式计算：

$$m_c + m_p = m_w / [W/(C+P)] \tag{4-5}$$

$$m_c = (1 - P_m)(m_c + m_p) \tag{4-6}$$

$$m_p = P_m(m_c + m_p) \tag{4-7}$$

式中：m_c——每立方米砂浆水泥用量,kg;

m_p——每立方米砂浆掺合料用量,kg;

m_w——每立方米砂浆用水量,kg;

$W/(C+P)$——水胶比;

P_m——掺合料掺量比例,%。

(三)水工砂浆细骨料用量

细骨料即砂子用量,由已确定的用水量和胶凝材料用量,根据体积法计算:

$$V_s = 1 - [m_w/\rho_w + m_c/\rho_c + m_p/\rho_p + \alpha] \tag{4-8}$$

$$m_s = \rho_s V_s \tag{4-9}$$

式中：V_s——每立方米砂浆中砂的绝对体积,m^3;

m_w——每立方米砂浆用水量,kg;

m_c——每立方米砂浆水泥用量,kg;

m_p——每立方米砂浆掺合料用量,kg;

α——含气量,一般为 7% ~9%;

ρ_w——水的密度,kg/m^3;

ρ_c——水泥密度,kg/m^3;

ρ_p——掺合料密度,kg/m^3;

ρ_s——砂子饱和面干表观密度,kg/m^3;

m_s——每立方米砂浆砂子用量,kg。

列出砂浆各项材料的计算用量和比例。

四、水工砂浆配合比的试配、调整和确定

(1)按计算的配合比进行试拌,固定水胶比,调整用水量直至达到设计要求的稠度。由

调整后的用水量提出进行砂浆抗压强度试验用的配合比。

(2)砂浆抗压强度试验至少应采用三个不同的配合比,其中一个应为初始确定的配合比,其他配合比的用水量不变,水胶比依次增减,变化幅度为0.05。当不同水胶比的砂浆稠度不能满足设计要求时,可通过增、减用水量进行调整。

(3)测定满足设计要求的砂浆稠度时每立方米砂浆的质量、含气量及抗压强度,根据28 d龄期抗压强度试验结果,绘出抗压强度与水胶比(或砂灰比)关系曲线,用作图法或计算法求出与砂浆配制强度($f_{m,o}$)相对应的水胶比(或砂灰比)。

(4)按公式计算出每立方米砂浆中各项材料用量及比例,并经试拌确定最终配合比。

项目四　砌筑砂浆配合比设计

砌筑砂浆要根据工程类型及砌体部位的设计要求来选择砂浆的强度等级,再按所要求的强度等级确定其配合比。石灰砂浆一般根据保水性来确定石灰和砂的比例,配合比一般取石灰膏:砂=1:(2~5)(体积比)。对于砌筑砖、砌块等吸水材料的水泥混合砂浆和水泥砂浆,应按照《砌筑砂浆配合比设计规程》(JGJ /T 98—2010)的要求,按以下步骤设计配合比。

一、水泥混合砂浆配合比计算

(一)计算砂浆试配强度

为了保证砂浆具有85%的强度保证率,砂浆的试配强度应高于设计强度。试配强度按式(4-10)计算。

$$f_{\mathrm{m,o}} = f_2 + 0.645\sigma \tag{4-10}$$

式中:$f_{\mathrm{m,o}}$——砂浆的试配强度,MPa;

f_2——砂浆抗压强度平均值,MPa;

σ——砂浆现场强度标准差,MPa。

砂浆现场强度标准差的确定应符合下列规定:

(1)当有统计资料时,应按式(4-11)计算。

$$\sigma = \sqrt{\frac{\sum_{i=1}^{n} f_{\mathrm{m},i}^2 - n\mu_{f_{\mathrm{m}}}^2}{n-1}} \tag{4-11}$$

式中:$f_{\mathrm{m},i}$——统计周期内同一品种砂浆第i组试件的强度,MPa;

$\mu_{f_{\mathrm{m}}}$——统计周期内同一品种砂浆n组试件强度的平均值,MPa;

n——统计周期内同一品种砂浆试件的总组数,$n \geqslant 25$。

(2)当不具有近期统计资料时,砂浆现场强度标准差σ可按表4-6取用。

表 4-6　砂浆强度标准差选用值(单位:MPa)

施工水平 砂浆强度等级	M2.5	M5	M7.5	M10	M15	M20
优良	0.50	1.00	1.50	2.00	3.00	4.00
一般	0.62	1.25	1.88	2.50	3.75	5.00
较差	0.75	1.50	2.25	3.00	4.50	6.00

(二)计算每立方米砂浆的水泥用量 Q_c

根据式(4-2),可得出每立方砂浆中的水泥用量为:

$$Q_c = \frac{1\,000(f_{m,0} - \beta)}{\alpha f_{ce}} \tag{4-12}$$

式中:Q_c ——每立方米砂浆的水泥用量,kg;

$f_{m,0}$ ——砂浆的试配强度,MPa;

α、β ——砂浆的特征系数,可参考表 4-2 选用;

f_{ce} ——水泥的实测强度,MPa。

在无法取得水泥的实测强度值时,可按式(4-13)计算 f_{ce}。

$$f_{ce} = \gamma_c f_{ce,k} \tag{4-13}$$

式中:$f_{ce,k}$ ——水泥强度等级对应的强度值,MPa;

γ_c ——水泥强度等级值的富余系数,该值应按实际统计资料确定。无统计资料时,γ_c 可取 1.0。

(三)计算每立方米砂浆掺加料的用量 Q_d

为保证砂浆具有良好的流动性和保水性,每立方米水泥混合砂浆中水泥和掺加料总量 Q_a 宜为 300 ~ 350 kg/m^3。每立方米砂浆中的掺加料用量为:

$$Q_d = Q_a - Q_c \tag{4-14}$$

式中:Q_d ——每立方米砂浆的掺加料用量,kg,石灰膏、黏土膏使用时的稠度为 120 ± 5 mm,当石灰膏稠度为其他值时,其用量应乘以换算系数,换算系数如表 4-7;

Q_c ——每立方米砂浆的水泥用量,kg;

Q_a ——每立方米砂浆中水泥和掺加料的用量,kg,Q_a 的值宜在 300 ~ 350 kg 之间。

表 4-7　石灰膏不同稠度时的用量换算系数

石灰膏稠度(mm)	120	110	100	90	80	70	60	50	40
换算系数	1.00	0.99	0.97	0.95	0.93	0.92	0.90	0.88	0.87

(四)确定每立方米砂浆的砂用量 Q_s

砂浆中的胶凝材料、掺加料和水是用来填充砂中的空隙的,每立方米砂浆含有堆积体积为 1 m^3 的砂。因此,每立方米砂浆中的砂用量应按干燥状态(含水量小于 0.5%)砂的堆积密度值作为计算值。当砂的含水率大于 0.5% 时,应考虑砂的含水率,每立方米砂浆中的砂用量按式(4-15)计算。

$$Q_s = \rho_{s,干}'(1 + \alpha) \tag{4-15}$$

式中：Q_s——每立方米砂浆中的砂用量，kg；

$\rho_{s,干}'$——干燥状态砂的堆积密度，kg/m^3；

α——砂的含水率，%。

（五）确定每立方米砂浆的水用量 Q_w

砂浆中用水量的多少对其强度等性能影响不大，因此一般可根据经验以满足施工所需的稠度即可。水泥混合砂浆每立方米砂浆中的用水量，根据砂浆稠度等要求可选用 240 ~ 310 kg。

水泥混合砂浆用水量选取时应注意以下问题：用水量不包括石灰膏或黏土膏中的水。

二、水泥砂浆配合比选用

水泥砂浆如按水泥混合砂浆同样计算水泥用量，则水泥用量普遍偏少。《砌筑砂浆配合比设计规程》（JGJ /T 98—2010）规程中建议按照表 4-8 选用，避免由于计算带来的不合理情况，表中每立方米砂浆的用水量范围仅供参考，仍以达到稠度要求为根据。

表 4-8　每立方米水泥砂浆材料用量

强度等级	每立方米砂浆水泥用量（kg）	每立方米砂子用量（kg）	每立方米砂浆用水量（kg）
M5	200 ~ 230	1 m^3 砂子的堆积密度值	270 ~ 330
M7.5	230 ~ 260		
M10	260 ~ 290		
M15	290 ~ 330		
M20	340 ~ 400		
M25	360 ~ 410		
M30	430 ~ 480		

注：（1）表中水泥强度等级为 32.5 级。

（2）当采用细砂或粗砂时，用水量分别取上限或下限。

（3）稠度小于 70 mm 时，用水量可小于下限。

（4）施工现场气候炎热或干燥季节，可酌量增加水量。

（5）试配强度的确定与水泥混合砂浆相同。

三、配合比的试配、调整与确定

试配时应采用工程中实际使用的材料，砂浆试配时应采用机械搅拌，水泥砂浆、混合砂浆搅拌时间不得少于 120 s；掺用粉煤灰和外加剂的砂浆，搅拌不得少于 180 s。按计算或查表所得配合比进行试拌，测定拌合物的沉入度和分层度。若不能满足要求，则应调整材料用量，直到符合要求为止，由此得到的配合比为试配时砂浆的基准配合比。

检验砂浆强度时至少应采用 3 个不同的配合比，其中一个为基准配合比，另外两个配合比的水泥用量按基准配合比分别增加和减少 10%，在保证沉入度、分层度合格的条件下，可将用水量或掺加料用量做相应调整。对 3 个不同的配合比进行调整后，按规定方法成型试件，测定砂浆强度，并选定符合试配强度要求的且水泥用量最低的配合比作为砂浆的配合比。

四、砌筑砂浆配合比设计实例

【例】某工程砌筑砖墙所用强度等级为 M10 的水泥石灰混合砂浆。所采用原材料为强度等级为 32.5 的普通硅酸盐水泥；中砂，含水率为 3%，干燥堆积密度为 1 450 kg/m^3；石灰膏的稠度为 100 mm。此工程施工水平一般，试计算此砂浆的配合比。

解：(1) 计算砂浆试配强度

$f_2 = 10$ MPa，$\sigma = 2.5$ MPa，砂浆的试配强度为：

$f_{m,o} = f_2 + 0.645\sigma = 10 + 0.645 \times 2.5 = 11.6$ MPa

(2) 计算每立方米砂浆的水泥用量 Q_c

查表，得 A = 3.03，B = −15.09

由于无水泥实测强度，故 $f_{ce} = \gamma_c f_{ce} = 1.0 \times 32.5 = 32.5$ MPa

则每立方米砂浆中的水泥用量为：

$$Q_c = \frac{1\,000(f_{cm} - \beta)}{\alpha f_{ce}}$$

$$= 1\,000 \times (11.6 + 15.09)/(3.03 \times 32.5) = 271 \text{ kg}$$

(3) 计算每立方米砂浆的石灰膏用量 Q_d

取每立方米砂浆中水泥和掺加料的总量 $Q_a = 320$ kg，则每立方米砂浆的石灰膏用量为：

$$Q_d = Q_a - Q_c = 320 - 271 = 49 \text{ kg}$$

稠度为 100 mm 的石灰膏用量应乘以换算系数 0.97，则应掺加石灰膏的用量为 49 × 0.97 = 47.5 kg。

(4) 确定每立方米砂浆的砂用 Q_s

$$Q_s = \rho_{s,干}'(1 + \alpha) = 1\,450 \times (1 + 3\%) = 1\,493.5 \text{ kg}$$

(5) 确定每立方米砂浆的水用量 Q_w

由于使用的是中砂，用水量应在 240 ~ 310 kg 范围内，选取用水量 $Q_w = 280$ kg。

故此砂浆的设计配合比为：

水泥: 石灰膏: 砂: 水 = 271: 47.5: 1 493.5: 280 = 1: 0.18: 5.51: 1.03。

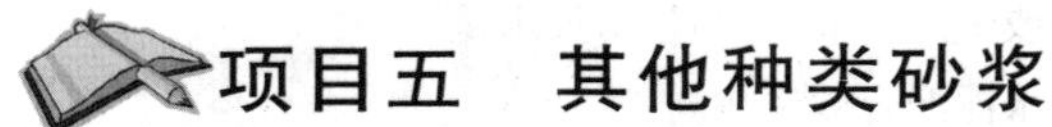

项目五　其他种类砂浆

一、防水砂浆

防水砂浆是指用于防水层的砂浆。防水砂浆层又称刚性防水层，适用于不受振动和具有一定刚度的混凝土或砖石砌体表面。对于变形较大或可能产生不均匀沉降的建筑物，都不宜采用刚性防水层。

防水砂浆可用普通水泥砂浆制作，也可在水泥砂浆中掺入适量防水剂制成，或采用聚合物水泥砂浆防水，在水泥砂浆中掺入适量防水剂制成的防水砂浆目前应用最广泛。防水剂的掺量，一般为水泥质量的 3% ~ 5%，常用的防水剂氯化物金属盐类、金属皂类、硅酸钠类、有机硅类等。常用的聚合物有天然橡胶胶乳、合成橡胶胶乳、树脂乳液、水溶性聚合物等。

防水砂浆配合比，一般为水泥与砂子的质量比为 1: 3，水灰比应为 0.50 ~ 0.60，稠度不

应大于 80 mm。水泥宜采用 32.5 强度等级以上的水泥，砂子应选用洁净的中砂。

刚性防水层对施工操作要求较高，必须保证砂浆的密实性，否则难以获得理想的防水效果。防水砂浆拌合时，把一定量的防水剂溶于拌合水中，与事先拌匀的水泥、砂混合料再次拌合均匀形成砂浆拌合物。用于混凝土或砖石砌体表面的水泥砂浆防水层，应采用多层抹压的施工工艺，以提高水泥砂浆层的防水能力。涂料时，每层约为 5 mm，一般分五层涂抹，一、三层可用防水水泥净浆，二、四、五层用防水水泥砂浆，每层在初凝前用木抹子压实一遍，最后一层要压光。抹完后要加强养护，防止脱水过快造成干净干裂。

二、绝热砂浆

绝热砂浆是以水泥、石灰膏、石膏等胶凝材料与膨胀珍珠岩、膨胀蛭石、陶粒、火山渣等轻质多孔骨料按一定比例配制成的砂浆。常用的绝热砂浆有水泥膨胀珍珠岩砂浆、水泥膨胀蛭石砂浆、水泥石灰膨胀蛭石砂浆等。绝热砂浆具有质轻和良好的绝热性能，其热导率为 0.07 ~0.10 W/(m·K)，可用于屋面、墙壁、供热管道的保温隔热层。

三、吸声砂浆

用水泥、石膏、砂、锯末(其体积比为 1:1:3:5)等可配制成吸声砂浆，也可在石灰砂浆、石膏砂浆中掺入玻璃纤维、矿物棉等松软纤维材料制成吸声砂浆，另外由轻质多孔骨料制成的绝热砂浆也具有吸声性能。吸声砂浆用于有吸声要求室内墙壁和顶棚的抹灰。

四、防辐射砂浆

在水泥中掺入重晶石粉和重晶石砂可配制成具有防 X 射线和 γ 射线能力的砂浆，其配合比一般为水泥: 重晶石粉: 重晶石砂为 1:0.25:5。在水泥砂浆中掺加硼砂、硼酸等可配制成具有防中子辐射能力的砂浆，可用于射线防护工程。

五、抹面砂浆

抹面砂浆又称抹灰砂浆，是指涂抹在建筑物或建筑构件表面的砂浆。抹面砂浆的作用是保护结构主体免遭各种侵蚀，提高结构的耐久性，改善结构的外观。抹面砂浆对强度要求不高，但要求砂浆具有良好的和易性，容易抹成均匀平整的薄层；与基层有足够的黏结力，长期使用不致开裂和脱落。

(一)抹面砂浆的组成材料

为了提高抹面砂浆的黏结力，其胶凝材料用量比砌筑砂浆多，并可在其中加入适量的有机聚合物(占水泥质量的10%)，如聚乙烯醇缩甲醛胶(俗称107 胶)等。由于抹面砂浆的面积较大，干缩大，易开裂，故常在砂浆中加入麻刀、纸筋、稻草等纤维材料来增加抗拉强度，防止砂浆层开裂。

(二)常用抹面砂浆的种类

常用抹面砂浆有水泥砂浆、石灰砂浆、水泥混合砂浆、麻刀石灰砂浆、纸筋石灰砂浆等。抹面砂浆由于对强度要求不高，一般不需进行配合比设计，常根据施工经验来选择配合比。常用抹面砂浆的配合比及应用范围可参考表 4-9。

为了保证砂浆抹灰层表面平整，避免砂浆脱落和出现裂缝，常采用分层薄涂的方法，一般分两层(中级抹灰)或三层(高级抹灰)施工。底层抹灰的作用是使砂浆与基层黏结牢固，要求砂浆具有较高的黏结力和良好的和易性；中层抹灰起抹平作用，有时可省去不做；面层抹灰起装饰作用，要求光洁平整。一般底层及中层抹灰多采用水泥混合砂浆或石灰砂浆，面层多采用水泥混合砂浆、麻刀石灰砂浆、纸筋石灰砂浆等。

用于室外、潮湿环境或易碰撞等部位的砂浆，如外墙、地面、踢脚、水池、墙裙、窗台等，应采用水泥砂浆。

表 4-9　常用抹面砂浆的配合比及应用范围

材料	体积配合比	应用范围
水泥: 砂	(1:3) ~ (1:2.5)	潮湿房间的墙裙、踢脚、地面基层
水泥: 砂	(1:2) ~ (1:1.5)	地面、墙面、天棚
水泥: 砂	(1:0.5) ~ (1:1)	混凝土地面压光
石灰: 砂	(1:2) ~ (1:4)	干燥环境中砖、石墙表面
石灰: 水泥: 砂	(1:0.5:4.5) ~ (1:1:5)	勒脚、檐口、女儿墙及较潮湿部位
石灰: 黏土: 砂	(1:1:4) ~ (1:1:8)	干燥环境墙表面
石灰: 石膏: 砂	(1:0.4:2) ~ (1:1:3)	干燥环境墙及天花板
石灰: 石膏: 砂	(1:2:2) ~ (1:2:4)	干燥环境的线脚及装饰
石灰膏: 麻刀	100: 2.5(质量比)	木板条顶棚面层
石灰膏: 纸筋	100: 3.8(质量比)	木板条顶棚面层
石灰膏: 纸筋	1 m^3 灰膏掺 3.6 kg 纸筋	较高级墙板、天棚
石灰: 石膏: 砂: 锯木	1:1:3:5	用于吸声粉刷

六、装饰砂浆

装饰砂浆是涂抹在建筑物室内外表面，具有美观装饰效果的抹面砂浆。装饰砂浆的胶凝材料常采用普通水泥、白水泥、彩色水泥、石灰、石膏等，骨料可采用普通砂、石英砂、彩釉砂、彩色瓷粒、玻璃珠以及大理石或花岗岩破碎成的石渣等，也可根据装饰需要加入一些矿物颜料。

装饰砂浆分为灰浆类装饰砂浆和石渣类装饰砂浆两种。下面主要介绍几种建筑工程中常用的装饰砂浆。

(一)水磨石

水磨石是由水泥、白色或彩色大理石渣、水按适当比例配合，经成型、养护、研磨、抛光等工序制作而成。水磨石一般养护 1 ~2 d 后，用打磨机将表面的水泥浆和石子的棱角磨去，露出大量的石子剖面，然后用草酸冲洗，经干燥后打蜡养护。水磨石可现场制作，也可预制。一般用于建筑物室内的地面、窗台、墙裙等。水磨石用于地面装饰时，可事先设计图案和色彩，抛光后更具艺术效果。

（二）水刷石

水刷石是将水泥石渣浆直接涂抹在建筑物表面，待水泥初凝后，用毛刷刷洗或用喷枪喷水冲洗，冲掉表层的水泥浆，使石渣半露而不脱落，获得彩色石子的装饰效果。水刷石一般用于外墙装饰，具有一定的质感，经久耐用。

（三）干粘石

干粘石是在水泥浆凝结之前将彩色石渣粘到水泥浆表面，经压实、硬化后而成。干粘石中的石渣要求黏结牢固，不掉渣，不露浆，石渣的2/3应压入水泥浆内。干粘石的装饰效果、用途与水刷石相同，但减少了湿作业，可提高工作效率，节约水泥和石渣。

（四）斩假石

斩假石又称剁斧石，是将水泥石渣浆硬化到一定程度时，用钝斧、凿子等工具剁斩出具有天然石材表面的纹理。斩假石表面具有粗面花岗岩的效果，一般用于室外柱面、栏杆、勒脚等处的装饰。

（五）拉毛灰

拉毛灰是用铁抹子或木蟹将面层砂浆轻压后顺势用力拉去，形成一种凹凸质感较强的饰面层。拉毛灰不仅具有装饰作用，还具有吸声作用，一般用于建筑物的外墙面和影剧院等有吸声要求的墙面和顶棚。

（六）弹涂

弹涂是用弹力器将水泥浆分次弹到基面上，形成1～3 mm大小近似的圆状色浆斑点。弹涂饰面主要采用白水泥和彩色水泥，常加入107胶改善其性能，表面刷树脂面层起防护作用。弹涂主要用于建筑物内、外墙面和顶棚。

（七）拉条抹灰

拉条抹灰是用专用模具把面层砂浆做出竖向线条的装饰做法。拉条抹灰有细条形、粗条形、半圆形、梯形及方形等多种形式，面层具有一定线型的纹理质感，立体感强，主要公共建筑门厅、会议室、影剧院等空间比较大的内墙面装饰。

七、环氧砂浆

环氧砂浆是以环氧树脂、固化剂、增塑剂、稀释剂以及砂子粒料为主的填料组成的灌浆或黏结材料，某灌浆环氧砂浆配合比（质量比）如表4-10：

表4-10　某灌浆环氧砂浆配合比（质量比 kg/m³）

环氧树脂	乙二胺	丙酮	二丁酯	填料	砂
100	6～8	10		石英粉270	540
100	10	20	10	42.5级普通硅酸盐水泥300、石棉100	375

八、锚固砂浆

锚固砂浆用于预制简支箱梁盆式支座锚固，如表4-11。

表 4-11　某工程用的硫黄锚固砂浆配合比

配合比(质量比)硫黄:水泥:砂:石蜡	材料用量(kg/m³)				
	硫黄	水泥	砂	石蜡	水
1:0.5:1.5:0.03	300	150	450	9	150
1:0.5:1.5:0.02	300	150	450	6	150

项目六　砂浆性能试验实训

1. 实训目的

学习不同强度要求的砂浆配比设计方法,并以水工砂浆设计作为实训内容,进行实训。

2. 实训准备

(1)试验依据

《砌筑砂浆配合比设计规程》(JGJ/T 98—2010),《水工混凝土配合比设计规程》(DL/T 5330—2015),水工设计手册(第二版)第四卷——材料、结构。

(2)仪器设备

①砂浆搅拌机;

②砂浆稠度仪;

③砂浆分层度测定仪;

④拌和钢板;

⑤钢制捣棒;

⑥台秤、量筒、秒表;

⑦水泥胶砂振实台;

⑧压力试验机;

⑨70.7 mm×70.7 mm×70.7 mm 试模。

3. 实训内容

根据实训准备的仪器及相关技术规范,配置 M7.5 砂浆,测定砂浆的分层度、保水性和强度,并完成实训报告。

复习题

1. 砂浆的组成材料有几种?

2. 砂浆的和易性指标有哪些?

3. 什么是砂浆的保水性?

4. 什么是砂浆的强度?

5. $M_{90}15$ 砂浆的含义是什么。

6. 对抹面砂浆有什么要求?

7. 建筑工程中常用的装饰砂浆有哪些类型? 各用于哪些地方?

8. 某水工工程填缝所用等级为 $M_{60}15$ 的水泥砂浆。采用强度等级为 42.5 的普通硅酸盐水泥;砂子为中砂且与填缝处混凝土所用水泥、砂一致,砂含水率为 3%,干燥堆积密度为 1 430 kg/m^3。此工程施工水平优良,试计算此砂浆的配合比。

模块五 金属材料

用于水工建筑工程的金属材料主要包括钢材、铜材、铝材。钢材应用于主要的受力结构中,如用于钢筋混凝土中的带肋钢筋,用于扶手等位置的耐候钢管,用于 PHC 桩的受力结构,用于现场施工的各型号钢板桩,用于临时施工用的钢结构。铜材大量用于需要止水的施工缝、构造缝等位置。铝材是重要的临时结构用材。

项目一 钢材的基本特性

工程中使用的各种钢材包括钢结构用的各种型钢(圆钢、角钢、槽钢、工字钢等)、钢板,以及钢筋混凝土中的各种钢筋、钢丝等。

钢材材质均匀密实,强度高,塑性和韧性好,能承受冲击和振动荷载,易于焊接、铆接、切割等加工和装配,广泛应用于水利、建筑、铁路、桥梁等工程中,是一种重要的建筑结构材料。钢材的主要缺点是容易锈蚀,耐火性差。

一、钢的冶炼

钢材是将生铁在炼钢炉中进行冶炼,然后浇注成钢锭,再经过轧制、锻压、拉拔等压力加工工艺制成的材料。生铁性能脆硬,在建筑上难以使用。炼钢的原理就是把熔融的生铁进行加工,使其中碳的含量降低到2%以下,其他杂质的含量也控制在规定范围之内。

目前能进行大规模炼钢的方法主要有平炉炼钢法、氧气转炉炼钢法和电炉炼钢法 3 种,各种冶炼方法的特点和用途如表 5-1 所示。当前氧气转炉法是最主要的炼钢方法,而平炉炼钢法由于生产效率低,已基本被淘汰。

表 5-1　主要冶炼钢铁方法的特点和应用

炉种	原料	特点	生产钢种
平炉	生铁、废钢	容量大,冶炼时间长,钢质较好,成本较高	碳素钢、低合金钢
氧气转炉	铁水、废钢	冶炼速度快,生产效率高,钢质较好	碳素钢、低合金钢
电弧炉	废钢	容积小,耗电大,控制严格,钢质好,但成本高	合金钢、优质碳素钢

二、钢的分类

钢的分类方法很多,常见的分类方法有以下几种。

(一)按化学成分分类

1. 碳素钢

碳素钢的主要化学成分是铁,其次是碳,此外还含有少量的硅、锰、磷、硫、氧、氮等微量元素。碳素钢根据碳含量的高低,又分为低碳钢(碳含量 <0.25%)、中碳钢(碳含量为 0.25% ~0.60%)、高碳钢(碳含量 >0.60%)。

2. 合金钢

合金钢是在碳素钢的基础上加入一种或多种改善钢材性能的合金元素,如锰、硅、钒、钛等。合金钢根据合金元素的总含量,又分为低合金钢(合金元素总量 <5%)、中合金钢(合金元素总量为 5% ~10%)、高合金钢(合金元素总量 >10%)。

(二)按冶炼时脱氧程度不同分类

1. 镇静钢(代号 Z)

镇静钢一般用硅脱氧,脱氧完全,钢液浇注后平静地冷却凝固,基本无 CO 气泡产生。镇静钢均匀密实,机械性能好,品质好,但成本高。镇静钢可用于承受冲击荷载的重要结构。

2. 沸腾钢(代号 F)

沸腾钢一般用锰、铁脱氧,脱氧很不完全,钢液冷却凝固时有大量 CO 气体外逸,引起钢液沸腾,故称为沸腾钢。沸腾钢内部气泡和杂质较多,化学成分和力学性能不均匀,因此钢的质量较差,但成本较低,可用于一般的建筑结构。

3. 半镇静钢(代号 b)

半镇静钢用少量的硅进行脱氧,钢的脱氧程度和性能介于镇静钢和沸腾钢之间。

4. 特殊镇静钢(代号 TZ)

特殊镇静钢比镇静钢脱氧程度更充分彻底。特殊镇静钢的质量最好,适用于特别重要的结构工程。

(三)按品质(杂质含量)分类

钢材根据品质好坏可分为普通钢、优质钢、高级优质钢(主要是对硫、磷等有害杂质的限制范围不同)。

(四)按用途分类

钢材按用途不同可分为结构钢(主要用于工程构件及机械零件)、工具钢(主要用于各种刀具、量具及磨具)、特殊钢(具有特殊物理、化学或力学性能,如不锈钢、耐热钢、耐磨钢等,一般为合金钢)。

工程上常用的钢种是普通碳素钢中的低碳钢和普通合金钢中的低合金钢。

三、建筑钢材的主要技术性能

(一)力学性能

力学性能又称机械性能，是钢材最重要的使用性能。钢材的主要力学性能有抗拉性能、冲击韧性、耐疲劳性等。

1. 抗拉性能

表示钢材抗拉性能的主要技术指标是屈服点、抗拉强度和伸长率，这些技术指标可通过低碳钢(软钢)受拉时的应力-应变曲线来阐明，如图 5-1 所示。

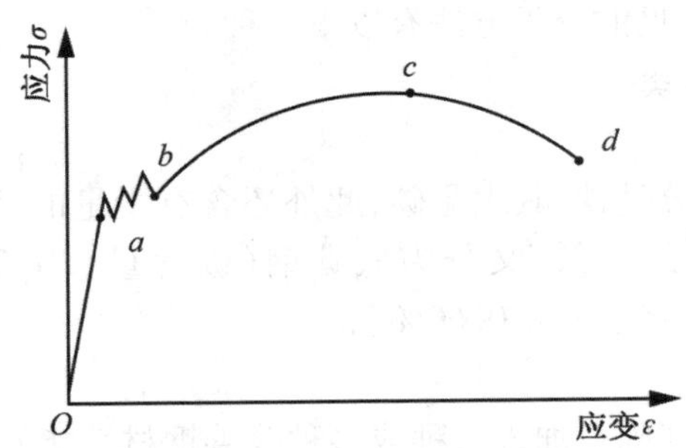

图 5-1 低碳钢的应力-应变曲线

低碳钢的应力-应变曲线共分为四个阶段，即弹性阶段(oa)、屈服阶段(ab)、强化阶段(bc)、颈缩阶段(cd)。自开始加载到 a 点之前，钢筋处于弹性阶段，应力应变呈线性关系，在此阶段内，若卸去外力，试件仍能恢复原状；应力达到 a 点后钢筋进入屈服阶段，应力不再增加而应变急剧增长形成屈服台阶 ab；超过 b 点后应力应变关系重新表现为上升的曲线，bc 段称为强化阶段；到达应力最高点 c 点后钢筋产生颈缩现象，应力开始下降，到 d 点钢筋被拉断，cd 段称为破坏阶段。

(1)屈服点

软钢应力-应变曲线上屈服阶段 ab 段 b 点的应力称为屈服点或屈服强度，用 σ_a 表示。对于碳含量较高的硬钢类钢材，在外力作用下没有明显的屈服台阶，通常以 0.2% 残余变形时对应的应力作为屈服强度，用 $\sigma_{0.2}$ 表示，称为条件屈服点。

在结构设计时，屈服强度是钢材设计强度取值的主要依据。这是因为钢材应力超过屈服点以后，虽然没有断裂，但会产生较大的塑性变形，这将使构件产生很大的变形和不可闭合的裂缝，以致无法使用。

(2)抗拉强度

钢材受拉断裂前的最大应力，即应力-应变曲线上最高点 c 点对应的应力称为抗拉强度或极限强度，用 σ_b 表示。抗拉强度虽然是钢材抵抗断裂破坏能力的一个重要指标，可是在结构设计中一般不直接利用。

屈服点和抗拉强度的比值称为屈强比，屈强比是反映钢材的安全可靠程度和利用率大小的重要指标。屈强比越小，表示材料的安全度越高，不易发生脆性断裂和局部超载引起的破坏；屈强比越大，则表示钢材的强度利用率偏低，不够经济合理。通常情况下，屈强比在

0.60～0.75 范围内比较合适。

(3)伸长率

钢材的伸长率为钢材试件拉断后的伸长值与原标距长度之比,用 δ 表示,伸长率 δ 可用式(5-1)计算。

$$\delta = (L_1 - L_0) \times 100\% / L_0 \tag{5-1}$$

式中:L_0——试件原始标距长度,mm;

L_1——断裂试件拼合后标距的长度,mm。

由于钢材伸长率的大小与原始标距长度 L_0 有关,所以国家规定取 $L_0 = 5a$ 或 $L_0 = 10a$(a 为钢材的直径或厚度),对应的伸长率记为 δ_5 或 δ_{10}。对同一种钢材,δ_5 大于 δ_{10}。

伸长率是衡量钢材塑性的一个重要指标,δ 越大说明钢材塑性越好。钢材的塑性大,不仅便于进行各种加工,而且能保证钢材在建筑上的安全使用。因为钢材的塑性变形可将结构上的局部高峰应力重新分布,从而避免结构过早破坏;另外钢材在塑性破坏前,有很明显的变形和较长的变形持续时间,便于人们发现和补救。

2. 冲击韧性

冲击韧性是指钢材抵抗冲击荷载作用的能力,通常用冲击韧性值 a_k 来度量。冲击韧性值 a_k 用标准试件以摆锤冲断 V 形缺口试件时,单位面积所消耗的功(J/cm^2)来表示。a_k 越大,钢材的冲击韧性越好,抵抗冲击作用的能力越强。

影响钢材冲击韧性的因素很多。当钢材中的磷、硫含量较高,化学成分不均匀,含有非金属夹杂物以及焊接中形成的微裂纹等都会使冲击韧性显著降低。温度对钢材冲击韧性的影响也很大。某些钢材在常温(20 ℃)条件下呈韧性断裂,而当温度降低到一定程度时,a_k 值急剧下降而使钢材呈脆性断裂,这一现象称为低温冷脆性,这时的温度称为脆性临界温度。脆性临界温度越低,说明钢材的低温冲击韧性越好。另外,钢材随时间的延长,强度会逐渐提高,冲击韧性下降,这种现象称为时效。时效敏感性越大的钢材,经过时效以后其冲击韧性的降低越显著。为了保证安全,对于承受动荷载的重要结构,应选用时效敏感性小的钢材。

对于重要的结构以及承受动荷载作用的结构,特别是处于负温条件下的结构,应保证钢材具有一定的冲击韧性。

3. 耐疲劳性

钢材在数值和方向都有变化荷载的反复作用下,往往在应力远小于其抗拉强度时突然发生破坏,这种现象称为钢材的疲劳破坏。疲劳破坏的危险应力用疲劳极限来表示,疲劳极限是指疲劳试验中试件在交变应力作用下,在规定的周期基数内不发生断裂所能承受的最大应力。

钢材的疲劳破坏,一般认为是由拉应力引起的。因此,钢材的疲劳极限与抗拉强度有关,钢材的抗拉强度高,其疲劳极限也高。在设计承受交变荷载作用的结构时,应了解所用钢材的疲劳极限。

(二)工艺性能

建筑钢材在使用前,大多需进行一定形式的加工。良好的工艺性能是钢制品或构件的质量保证,而且可以提高成品率,降低成本。

1. 冷弯性能

冷弯性能是指钢材在常温下承受弯曲变形的能力。衡量钢材冷弯性能的指标有两个，一个是试件的弯曲角度(α)，另一个是弯心直径(d)与钢材的直径或厚度(a)的比值(d/a)，如图5-2所示。冷弯试验是将钢材按规定的弯曲角度和弯心直径进行弯曲，若弯曲后试件弯曲处无裂纹、起层及断裂现象，则认为冷弯性能合格；否则为不合格。钢材的弯曲角度越大，弯心直径与钢材的直径或厚度的比值越小，表示钢材的冷弯性能越好。

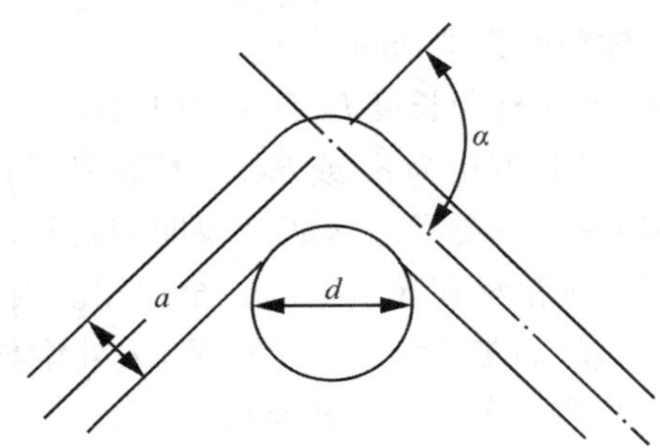

图5-2 钢材的冷弯性能

建筑构件在加工和制造过程中，常要把钢筋、钢板等钢材弯曲成一定的形状，这就需要钢材有较好的冷弯性能。钢材在弯曲过程中，受弯部位产生局部不均匀塑性变形，这种变形在一定程度上比伸长率更能反映钢材内部的组织状态、夹杂物、内应力等缺陷。

2. 焊接性能

钢材的焊接性能(又称可焊性能)是指钢材在通常的焊接方法和工艺条件下获得良好焊接接头的性能。可焊性好的钢材焊接后不易形成裂纹、气孔等缺陷，焊头牢固可靠，焊缝及其附近热影响区的性能不低于母材的力学性能。

钢材的化学成分影响钢材的可焊性。一般碳含量越高，可焊性越低。碳含量小于0.25%的低碳钢具有优良的可焊性，高碳钢的焊接性能较差。钢材中加入合金元素如硅、锰、钛等，将增大焊接硬脆性，降低可焊性。

在建筑工程中，焊接结构应用广泛，如钢结构构件的连接，钢筋混凝土的钢筋骨架、接头的连接，以及预埋件的连接等，这就要求钢材具有良好的可焊接性。焊接结构用钢宜选用碳含量较低的镇静钢。

(三)钢材的化学成分对钢材性能的影响

钢材中所含的元素很多，除了主要成分铁和碳外，还含有少量的硅、锰、硫、磷、氧、氮以及一些合金元素等，它们的含量决定了钢材的性能和质量。

1. 碳

碳是钢材中的主要元素，是决定钢材性能的重要因素。在碳含量小于0.8%的范围内，随着碳含量的增加，钢材的抗拉强度和硬度增加，塑性和冲击韧性降低。当碳含量超过1%时，随着碳含量的增加，除硬度继续增加外，钢材的强度、塑性、韧性都降低，耐腐蚀性和可焊性变差，冷脆性和时效敏感性增强。

2. 有益元素

(1)硅

硅是炼钢时为了脱氧而加入的元素。当钢材中硅含量在1%以内时，它能增加钢材的强度、硬度、耐腐蚀性，且对钢材的塑性、韧性、可焊性无明显影响。当钢材中硅含量过高（大于1%）时，将会显著降低钢材的塑性、韧性、可焊性，并增大冷脆性和时效敏感性。

（2）锰

锰是炼钢时为了脱氧而加入的元素，是我国低合金结构钢的主要合金元素。在炼钢过程中，锰和钢中的硫、氧化合成 MnS 和 MnO，杂渣排除，起到了脱氧排硫的作用。锰的含量一般在1%～2%范围内，它的作用主要是能显著提高钢材的强度和硬度，改善钢材的热加工性能和可焊性，几乎不降低钢材的塑性、韧性。但钢材中锰的含量过高，会降低钢材的塑性、韧性和可焊性。

（3）铝、钒、钛、铌

它们都是炼钢时的强脱氧剂，也是最常用的合金元素，适量加入钢内能改善钢材的组织，细化晶粒，显著提高强度，改善韧性和可焊性。

3. 有害元素

（1）硫

硫是钢材中极有害的元素，多以 FeS 夹杂物的形式存在于钢中。由于 FeS 熔点低，使钢材在热加工中内部产生裂痕，引起断裂，形成热脆现象。硫的存在还会导致钢材的冲击韧性、可焊性及耐腐蚀性降低，故钢材中硫的含量应被严格控制。为了消除硫的危害，可在钢中加入适量的锰。

（2）磷

磷是钢中的有害元素，以 FeP 夹杂物的形式存在于钢中。它能使钢的强度和硬度增加，但会使钢材的塑性、韧性显著降低，可焊性变差，尤其在低温下，冲击韧性下降更突出，是钢材冷脆性增大的主要原因。

（3）氧、氮、氢

氧、氮、氢这三种有害元素都会显著降低钢材的塑性和韧性，应加以限制。氧大部分以氧化物夹杂形式存在于钢中，使钢的强度、塑性和可焊性降低。随着氮含量增加，能使钢的强度、硬度增加，但使钢的塑性、韧性、可焊性大大降低，还会加剧钢的时效敏感性、冷脆性和热脆性。钢中溶氢会产生白点（圆圈状的断裂面）和内部裂纹，断口有白点的钢一般不能用于建筑结构。

四、钢材的冷加工处理和时效

将钢材在常温下进行冷拉、冷拔和冷轧，使钢材产生塑性变形，从而提高屈服强度，塑性和韧性相应降低，这个过程称为钢材的冷加工强化。通常冷加工变形越大，则强化越明显，即屈服强度提高越多，而塑性和韧性下降也越大。

钢材经过冷加工后，在常温下放置15～20 d，或加热到100～200 ℃保持一段时间，钢材的强度和硬度将进一步提高，塑性和韧性进一步下降，这种现象称为时效。前者称为自然时效，后者称为人工时效。通常对强度较低的钢筋采用自然时效，对强度较高的钢筋采用人工时效。

钢材经冷拉前后及经过时效处理后的性能变化规律，可在拉力试验的应力-应变图中得到反映，如图5-3所示。钢筋经冷加工处理和时效后屈服强度和抗拉强度都得到提高，塑性和韧性相应降低。

建筑工程中，常对钢材进行冷加工和时效处理来提高屈服强度，以节约钢材。冷拉和时

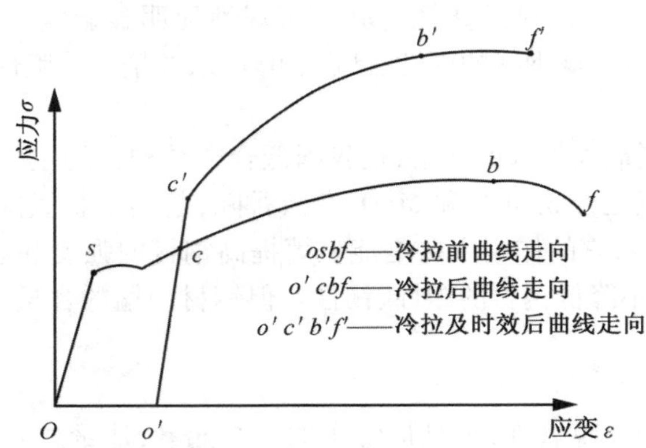

图 5-3　钢材冷拉及时效强化示意图

效处理后的钢筋,在冷拉的同时还被调直和清除了锈皮,简化了施工工序。但对于受动荷载或经常处于负温条件下工作的钢结构,如桥梁、吊车梁、钢轨等结构用钢,应避免过大的脆性,防止出现突然断裂,应采用时效敏感性小的钢材。

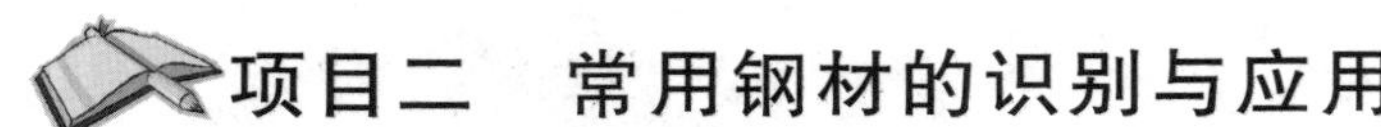

项目二　常用钢材的识别与应用

用于建筑工程中的钢材可分为钢筋混凝土用钢和钢结构用钢两大类。

一、建筑工程中的主要钢种

(一)普通碳素结构钢(简称碳素结构钢)

1. 牌号

按照国家标准《碳素结构钢》(GB/T 700—2006)的规定,碳素结构钢的牌号表示方法由屈服点的字母 Q、屈服点数值(MPa)、质量等级和脱氧程度四个部分按顺序组成。碳素结构钢按屈服点的数值(MPa)划分为 Q195、Q215、Q235、Q275 四个牌号;质量等级分为 A、B、C、D 四个等级,质量按顺序逐级提高;脱氧程度分为沸腾钢(F)、镇静钢(Z)和特殊镇静钢(TZ),牌号表示时,Z、TZ 可省略。例如:Q235-A · F 表示屈服点不低于 235 MPa 的 A 级沸腾钢;Q235-C 表示屈服点不低于 235 MPa 的 C 级镇静钢。

2. 技术性能

碳素结构钢的化学成分应符合表 5-2 的规定,力学性应能符合表 5-3、表 5-4 的规定。从表 5-4 中可见,碳素结构钢随钢号的增大,强度和硬度增大,塑性、韧性和可加工性能逐步降低;同一钢号内质量等级越高,钢的质量越好。

3. 应用

土木建筑工程中应用最广泛的是 Q235 号钢。其碳含量为 0.14% ~0.22%,属于低碳钢,具有较高的强度,良好的塑性、韧性和可焊性,综合性能好,能满足一般钢结构和钢筋混凝土用钢要求,且成本较低。Q235 号钢被大量制作成钢筋、型钢和钢板,用于建造房屋建筑、桥梁、海工钢结构等。

表 5-2　碳素结构钢的化学成分(GB/T 700—2006)

<table>
<tr><th rowspan="2">牌号</th><th rowspan="2">等级</th><th colspan="5">化学成分≤</th><th rowspan="2">脱氧方法</th></tr>
<tr><th>C</th><th>Mn</th><th>Si</th><th>S</th><th>P</th></tr>
<tr><td>Q195</td><td>—</td><td>0.12%</td><td>0.50%</td><td>0.30%</td><td>0.040%</td><td>0.035%</td><td>F、Z</td></tr>
<tr><td rowspan="2">Q215</td><td>A</td><td rowspan="2">0.15%</td><td rowspan="2">1.20%</td><td rowspan="2">0.35%</td><td>0.050%</td><td rowspan="2">0.045%</td><td rowspan="2">F、Z</td></tr>
<tr><td>B</td><td>0.045%</td></tr>
<tr><td rowspan="4">Q235</td><td>A</td><td>0.22%</td><td rowspan="4">1.40%</td><td rowspan="4">0.35%</td><td>0.050%</td><td rowspan="2">0.045%</td><td rowspan="2">F、Z</td></tr>
<tr><td>B</td><td>0.20%</td><td>0.045%</td></tr>
<tr><td>C</td><td>0.17%</td><td>0.040%</td><td>0.040%</td><td>Z</td></tr>
<tr><td>D</td><td>0.17%</td><td>0.035%</td><td>0.035%</td><td>TZ</td></tr>
<tr><td rowspan="5">Q275</td><td>A</td><td>0.24%</td><td rowspan="5">1.50%</td><td rowspan="5">0.35%</td><td>0.050%</td><td>0.045%</td><td>F、Z</td></tr>
<tr><td rowspan="2">B</td><td>0.21%</td><td rowspan="2">0.045%</td><td rowspan="2">0.045%</td><td rowspan="2">Z</td></tr>
<tr><td>0.22%</td></tr>
<tr><td>C</td><td rowspan="2">0.20%</td><td>0.040%</td><td>0.040%</td><td>Z</td></tr>
<tr><td>D</td><td>0.035%</td><td>0.035%</td><td>TZ</td></tr>
</table>

表 5-3　碳素结构钢的冷弯试验指标(GB/T 700—2006)

<table>
<tr><th rowspan="4">牌号</th><th rowspan="4">试样方向</th><th colspan="2">冷弯实验 $b=2a$,180 ℃</th></tr>
<tr><th colspan="2">钢材厚度(直径)(mm)</th></tr>
<tr><th>≤60</th><th>60 ~ 100</th></tr>
<tr><th colspan="2">弯心直径 d</th></tr>
<tr><td rowspan="2">Q195</td><td>纵</td><td>0</td><td rowspan="2">—</td></tr>
<tr><td>横</td><td>$0.5a$</td></tr>
<tr><td rowspan="2">Q215</td><td>纵</td><td>$0.5a$</td><td>$1.5a$</td></tr>
<tr><td>横</td><td>a</td><td>$2a$</td></tr>
<tr><td rowspan="2">Q235</td><td>纵</td><td>a</td><td>$2a$</td></tr>
<tr><td>横</td><td>$1.5a$</td><td>$2.5a$</td></tr>
<tr><td rowspan="2">Q275</td><td>纵</td><td>$1.5a$</td><td>$2.5a$</td></tr>
<tr><td>横</td><td>$2a$</td><td>$3a$</td></tr>
</table>

表 5-4　碳素结构钢的力学性能(GB/T 700—2006)

牌号	等级	拉伸试验												冲击试验	
		屈服强度(MPa)						抗拉强度(MPa)	断后伸长率					温度(℃)	V 形冲击功(纵向)(J)
		钢材厚度(直径)(mm)							钢材厚度(直径)(mm)						
		≤16	16~40	40~60	60~100	100~150	150~200		≤40%	40%~60%	60%~100%	100%~150%	150%~200%		
		≥							≥						≥
Q195	—	195	185	—	—	—	—	315~430	33%	—	—	—	—	—	—
Q215	A	215	205	195	185	175	165	335~450	31%	30%	29%	27%	26%	—	—
	B													20	27
Q235	A	235	225	215	215	195	185	370~500	26%	25%	24%	22%	21%	—	—
	B													20	27
	C													0	
	D													-20	
Q275	A	275	265	255	245	225	215	410~540	22%	21%	20%	18%	17%	—	—
	B													20	27
	C													0	
	D													-20	

Q195、Q215 号钢，强度低，塑性和韧性较好，易于冷加工，常用于钢钉、铆钉、螺栓及铁丝等。Q215 号钢经冷加工后可代替 Q235 号钢使用。

Q275 号钢，强度较高，但塑性、韧性较差，不宜焊接和冷弯加工，主要用于轧制带肋钢筋、机械零件和工具等。

（二）优质碳素结构钢

根据国家标准《优质碳素结构钢》（GB/T 695—2015）的规定，优质碳素结构钢根据锰含量不同分为普通锰含量（0.35% ~0.80%）和较高锰含量（0.70% ~1.20%）两大组。优质碳素结构钢多为镇静钢，对有害杂质的含量控制得很严格，质量稳定，综合性能好，但成本较高。

优质碳素结构钢共有 28 个钢号，钢号的表示方法由统一数字代号或牌号表示，如 U20102 代号对应的牌号为 10，U21202 代号对应的牌号为 20Mn。锰含量较高时，在钢号后加注"Mn"。例如："45Mn"表示平均碳含量为 0.45% 的较高锰含量的镇静钢；"30"则表示平均碳含量为 0.30% 的普通锰含量的镇静钢。

优质碳素结构根据钢冶炼程度大部分为镇静状态，在生产过程中对硫、磷等有害杂质控制较严，质量较稳定。优质碳素结构钢的性能主要取决于碳含量，碳含量越高，则强度越高，但塑性和韧性降低。

在建筑工程中，30 ~45 号钢主要用于重要结构的钢铸件和高强度螺栓等，45 号钢用于制作预应力混凝土中的锚具，65 ~80 号钢用于生产预应力混凝土用钢丝和钢绞线。

（三）低合金高强度结构钢

低合金高强度结构钢是在碳素结构钢的基础上加入总量小于 5% 的合金元素形成的钢种。常用的合金元素有锰、硅、钒、钛、铌、铬、镍等，这些合金元素可使钢材的强度、塑性、耐腐蚀性、低温冲击韧性等得到显著的改善和提高。

1. 牌号

根据国家标准《低合金高强度结构钢》（GB/T 1591—2008）的规定，低合金高强度结构钢的牌号表示方法由屈服点的字母 Q、屈服点数值（MPa）和质量等级三个部分按顺序组成。低合金高强度结构钢按屈服点的数值（MPa）划分为 Q245、Q390、Q420、Q460、Q500、Q550、Q620、Q690 八个牌号；质量等级分为 A、B、C、D、E 五个等级，质量按顺序逐级提高。例如：Q390A 表示屈服点不低于 390 MPa 的 A 级低合金高强度结构钢。

2. 技术标准

低合金高强度结构钢的化学成分、力学性应能符合表 5-5、表 5-6 的规定。

3. 性能及应用

低合金高强度结构钢与碳素钢相比具有以下突出的优点：强度高，可减轻自重，节约钢材；综合性能好，如抗冲击性、耐腐蚀性、耐低温性能好，使用寿命长；塑性、韧性和可焊性好，有利于加工和施工。

低合金高强度结构钢由于具有以上优良的性能，主要用于轧制型钢、钢板、钢筋及钢管，在建筑工程中广泛应用于钢筋混凝土结构和钢结构，特别是重型、大跨度、高层结构和桥梁等。

表 5-5　低合金高强度结构钢的化学成分(GB/T 1591—2008)

牌号	质量等级	化学成分（质量分数）														
		C	Si	Mn	P	S	Nb	V	Ti	Cr	Ni	Cu	N	Mo	B	Al
					≤											≥
Q345	A	≤0.20%	≤0.50%	≤1.70%	0.035%	0.035%	0.07%	0.15%	0.20%	0.30%	0.50%	0.30%	0.012%	0.10%	—	—
	B				0.035%	0.035%										
	C				0.030%	0.030%										0.015%
	D	≤0.18%			0.030%	0.025%										
	E				0.025%	0.020%										
Q390	A	≤0.20%	≤0.50%	≤1.70%	0.035%	0.035%	0.07%	0.20%	0.20%	0.30%	0.50%	0.30%	0.015%	0.10%	—	—
	B				0.035%	0.035%										
	C				0.030%	0.030%										0.015%
	D				0.030%	0.025%										
	E				0.025%	0.020%										
Q420	A	≤0.20%	≤0.50%	≤1.70%	0.035%	0.035%	0.07%	0.20%	0.20%	0.30%	0.80%	0.30%	0.015%	0.10%	—	—
	B				0.035%	0.035%										
	C				0.030%	0.030%										0.015%
	D				0.030%	0.025%										
	E				0.025%	0.020%										
Q460	C	≤0.20%	≤0.60%	≤1.80%	0.030%	0.030%	0.11%	0.20%	0.20%	0.30%	0.80%	0.55%	0.015%	0.20%	0.004%	0.015%
	D				0.030%	0.025%										
	E				0.025%	0.020%										
Q500	C	≤0.18%	≤0.60%	≤1.80%	0.030%	0.030%	0.11%	0.12%	0.20%	0.60%	0.80%	0.55%	0.015%	0.20%	0.004%	0.015%
	D				0.030%	0.025%										
	E				0.025%	0.020%										
Q550	C	≤0.18%	≤0.60%	≤2.00%	0.030%	0.030%	0.11%	0.12%	0.20%	0.80%	0.80%	0.80%	0.015%	0.30%	0.004%	0.015%
	D				0.030%	0.025%										
	E				0.025%	0.020%										
Q620	C	≤0.18%	≤0.60%	≤2.00%	0.030%	0.030%	0.11%	0.12%	0.20%	1.00%	0.80%	0.80%	0.015%	0.30%	0.004%	0.015%
	D				0.030%	0.025%										
	E				0.025%	0.020%										
Q690	C	≤0.18%	≤0.60%	≤2.00%	0.030%	0.030%	0.11%	0.12%	0.20%	1.00%	0.80%	0.80%	0.015%	0.30%	0.004%	0.015%
	D				0.030%	0.025%										
	E				0.025%	0.020%										

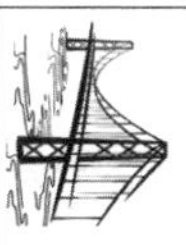

表 5-6 低合金高强度结构钢的拉伸性能(GB/T 1591—2008)

牌号	质量等级	拉伸试验																					
		以下公称厚度(直径，边长)下屈服强度(MPa)									以下公称厚度(直径，边长)下抗拉强度(MPa)							断后伸长率 A 公称厚度(直径，边长)					
		≤16 mm	16~40 mm	40~63 mm	63~80 mm	80~100 mm	100~150 mm	150~200 mm	200~250 mm	250~400 mm	≤40 mm	40~63 mm	63~80 mm	80~100 mm	100~150 mm	150~250 mm	250~400 mm	≤40 mm	40~63 mm	63~100 mm	100~150 mm	150~250 mm	250~400 mm
Q345	A B	≥345	≥335	≥325	≥315	≥305	≥285	≥275	≥265	—	470~630	470~630	470~630	470~630	450~600	450~600	—	≥20%	≥19%	≥19%	≥18%	≥17%	—
	C D E									≥265							450~600	≥21%	≥20%	≥20%	≥19%	≥18%	≥17%
Q390	A B C D E	≥390	≥370	≥350	≥330	≥330	≥310	—	—	—	490~650	490~650	490~650	490~650	470~620	—	—	≥20%	≥19%	≥19%	≥18%	—	—
Q420	A B C D E	≥420	≥400	≥380	≥360	≥360	≥340	—	—	—	520~680	520~680	520~680	520~680	500~650	—	—	≥19%	≥18%	≥18%	≥18%	—	—
Q460	C D E	≥460	≥440	≥420	≥400	≥400	≥380	—	—	—	550~720	550~720	550~720	550~720	530~700	—	—	≥17%	≥16%	≥16%	≥16%	—	—
Q500	C D E	≥500	≥480	≥470	≥450	≥440	—	—	—	—	610~770	600~760	590~750	540~730	—	—	—	≥17%	≥17%	≥17%	—	—	—
Q550	C D E	≥550	≥530	≥520	≥500	≥490	—	—	—	—	670~830	620~810	600~790	590~780	—	—	—	≥16%	≥16%	≥16%	-	—	—
Q620	C D E	≥620	≥600	≥590	≥570	—	—	—	—	—	710~880	690~880	670~860	—	—	—	—	≥15%	≥15%	≥15%	—	—	—
Q690	C D E	≥690	≥670	≥660	≥640	—	—	—	—	—	770~940	750~920	730~900	—	—	—	—	≥14%	≥14%	≥14%	—	—	—

另外，当低合金钢中的铬含量达 11%时，铬就在合金金属的表面形成一种惰性的氧化铬膜，形成不锈钢。不锈钢可加工成钢板、钢管、型材等，表面可加工成无光泽和高度抛光发亮的材料，既可作为建筑装饰材料，也可作为承重构件。

二、钢筋混凝土用钢材

混凝土具有较高的抗压强度，但抗拉强度很低。若在混凝土中配置抗拉强度较高的钢筋，可大大扩展混凝土的应用范围，而混凝土又会对钢筋起保护作用。钢筋混凝土中所用的钢筋主要有热轧钢筋、冷加工钢筋、热处理钢筋、钢丝和钢绞线等。

（一）热轧钢筋

热轧钢筋是经热轧成型并自然冷却的成品钢筋，按外形可分为光圆钢筋和带肋钢筋两种。带肋钢筋的横截面为圆形，表面带肋，肋的形式有纵肋（平行于钢筋轴线的均匀连续肋）、横肋（与钢筋轴线不平行的其他肋）和月牙肋（横肋的纵截面呈月牙形，且与纵肋不相交）等。月牙肋钢筋的外形和截面如图 5-4 所示。带肋钢筋加强了钢筋与混凝土之间的黏结力，可有效防止混凝土与配筋之间发生相对位移，其尺寸和允许偏差如表 5-7 所示。

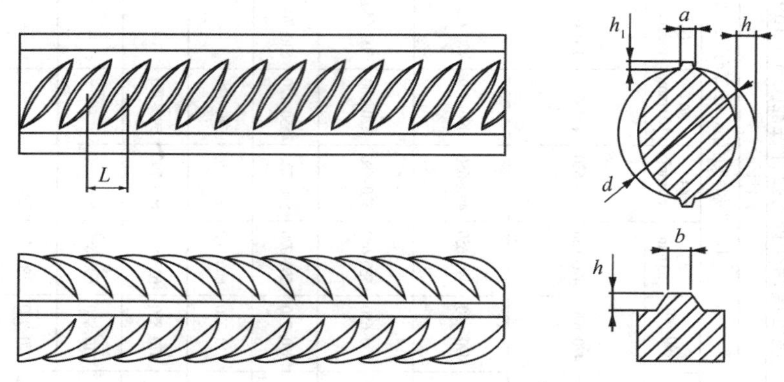

图 5-4　月牙肋钢筋的外形和截面

热轧钢筋的性能应符合《钢筋混凝土用钢 第 1 部分：热轧光圆钢筋》（GB 1499.1—2008）和《钢筋混凝土用钢 第 2 部分：热轧带肋钢筋》（GB 1499.2—2007）的规定，其力学性能和工艺性能如表 5-8。

热轧光圆钢筋的牌号用 HPB235 及 HPB300 表示，是用 Q235 及 Q300 碳素结构钢轧制而成的光圆钢筋。它的强度较低，但具有塑性好，伸长率高，便于弯折成形，容易焊接等特点。热轧光圆钢筋可用作中、小型钢筋混凝土结构的主要受力钢筋，也可作为冷轧带肋钢筋的原材料，盘条还可作为冷拔低碳钢丝的原材料。

表 5-7　带肋钢筋尺寸和允许偏差

<table>
<tr><th rowspan="2">公称直径</th><th colspan="2">内径 d</th><th colspan="2">横肋高 h</th><th colspan="2">纵肋高 h_1</th><th rowspan="2">横肋宽 b</th><th rowspan="2">纵肋宽 a</th><th colspan="2">间距 l</th><th rowspan="2">横肋末端最大间隙（公称周长的10%弦长）</th></tr>
<tr><th>公称尺寸</th><th>允许偏差</th><th>公称尺寸</th><th>允许偏差</th><th>公称尺寸</th><th>允许偏差</th><th>公称尺寸</th><th>允许偏差</th></tr>
<tr><td>6</td><td>5.8</td><td>±0.3</td><td>0.6</td><td>+0.3
−0.2</td><td>0.6</td><td>±0.3</td><td>0.4</td><td>1.0</td><td>4.0</td><td rowspan="8">±0.5</td><td>1.8</td></tr>
<tr><td>8</td><td>7.7</td><td rowspan="6">±0.4</td><td>0.8</td><td>+0.4
−0.2</td><td>0.8</td><td rowspan="2">±0.5</td><td>0.5</td><td>1.5</td><td>5.5</td><td>2.5</td></tr>
<tr><td>10</td><td>9.6</td><td>1.0</td><td>+0.4
−0.3</td><td>1.0</td><td>0.6</td><td>1.5</td><td>7.0</td><td>3.1</td></tr>
<tr><td>12</td><td>11.5</td><td>1.2</td><td rowspan="3">±0.4</td><td>1.2</td><td rowspan="6">±0.8</td><td>0.7</td><td>1.5</td><td>8.0</td><td>3.7</td></tr>
<tr><td>14</td><td>13.4</td><td>1.4</td><td>1.4</td><td>0.8</td><td>1.8</td><td>9.0</td><td>4.3</td></tr>
<tr><td>16</td><td>15.4</td><td>1.5</td><td>1.5</td><td>0.9</td><td>1.8</td><td>10.0</td><td>5.0</td></tr>
<tr><td>18</td><td>17.3</td><td>1.6</td><td>+0.5
−0.4</td><td>1.6</td><td>1.0</td><td>2.0</td><td>10.0</td><td>5.6</td></tr>
<tr><td>20</td><td>19.3</td><td rowspan="3">±0.5</td><td>1.7</td><td>±0.5</td><td>1.7</td><td>1.2</td><td>2.0</td><td>10.0</td><td>6.2</td></tr>
<tr><td>22</td><td>21.3</td><td>1.9</td><td rowspan="3">±0.6</td><td>1.9</td><td>1.3</td><td>2.5</td><td>10.5</td><td rowspan="3">±0.8</td><td>6.8</td></tr>
<tr><td>25</td><td>24.2</td><td>2.1</td><td>2.1</td><td rowspan="2">±0.9</td><td>1.5</td><td>2.5</td><td>12.5</td><td>7.7</td></tr>
<tr><td>28</td><td>27.2</td><td rowspan="3">±0.6</td><td>2.2</td><td>2.2</td><td>1.7</td><td>3.0</td><td>12.5</td><td>8.6</td></tr>
<tr><td>32</td><td>31.0</td><td>2.4</td><td>+0.8
−0.7</td><td>2.4</td><td rowspan="3">±1.1</td><td>1.9</td><td>3.0</td><td>14.0</td><td rowspan="3">±1.0</td><td>9.9</td></tr>
<tr><td>36</td><td>35.0</td><td>2.6</td><td>+1.0
−0.8</td><td>2.6</td><td>2.1</td><td>3.5</td><td>15.0</td><td>11.1</td></tr>
<tr><td>40</td><td>38.7</td><td>±0.7</td><td>2.9</td><td>±1.1</td><td>2.9</td><td>2.2</td><td>3.5</td><td>15.0</td><td>12.4</td></tr>
</table>

注：数据来自《钢筋混凝土用钢　第 2 部分：热轧带肋钢筋》(GB 1499.2—2007)。

表 5-8　热轧钢筋的力学性能和工艺性能

<table>
<tr><th rowspan="2">表面形状</th><th rowspan="2">牌号</th><th rowspan="2">公称直径 d(mm)</th><th>屈服强度（MPa）</th><th>抗拉强度（MPa）</th><th>断后伸长率 A</th><th>最大力伸长率</th><th rowspan="2">弯曲实验弯心直径（弯曲角度 180°）</th></tr>
<tr><th colspan="4">≥</th></tr>
<tr><td>光圆</td><td>HPB235
HPB300</td><td>6～22</td><td>235
300</td><td>370
420</td><td>25.0%</td><td>10.0%</td><td>d</td></tr>
<tr><td rowspan="3">热轧带肋钢筋</td><td>HRB335
HRBF335</td><td>6～25
28～40
40～50</td><td>335</td><td>455</td><td>17%</td><td rowspan="3">7.5%</td><td>$3d$
$4d$
$5d$</td></tr>
<tr><td>HRB400
HRBF400</td><td>6～25
28～40
40～50</td><td>400</td><td>540</td><td>16%</td><td>$4d$
$5d$
$6d$</td></tr>
<tr><td>HRB500
HRBF500</td><td>6～25
28～40
40～50</td><td>500</td><td>630</td><td>15%</td><td>$6d$
$7d$
$8d$</td></tr>
</table>

普通热轧带肋钢筋的牌号由 HRB 和牌号的屈服强度特征值构成，有 HRB335、HRB400、HRB500 三个牌号。H、R、B 分别为热轧（Hot rolled）、带肋（Ribbed）、钢筋（Bars）三个词的英文首位字母。HRB335 和 HRB400 用低合金镇静钢和半镇静钢轧制，以硅、锰作

为主要固溶强化元素，其强度较高，塑性和可焊性均较好，广泛应用于大、中型钢筋混凝土结构的主筋，经冷拉处理后也可作为预应力筋。HRB500 用中碳低合金镇静钢轧而成，除以硅、锰为主要合金元素外，还加入钒或钛作为固溶弥散强化元素，使之在提高强度的同时保证塑性和韧性，主要用于工程中的预应力钢筋。

（二）冷加工钢筋

1. 冷拉钢筋

为了提高强度以节约钢筋，建筑工程中常按施工规程对钢筋进行冷拉。冷拉 HPB235 级钢筋一般用于非预应力受拉钢筋，冷拉热轧带肋钢筋强度较高，可用作预应力混凝土结构的预应力筋。由于冷拉钢筋的塑性、韧性较差，易发生脆断，因此冷拉钢筋不宜用于负温、受冲击或交变荷载作用的结构。

2. 冷拔低碳钢丝

冷拔低碳钢丝是将直径为 6.5 mm 或 8 mm 的碳素结构钢热轧盘条，在常温下通过拔丝机进行多次强力拉拔而成。冷拔低碳钢丝分甲级和乙级，甲级钢丝主要用作预应力筋，乙级钢丝用于焊接网片、绑扎骨架、箍筋和构造钢筋等。

3. 冷轧带肋钢筋

冷轧带肋钢筋是由热轧圆盘条冷轧后，在其表面带有沿长度方向均匀分布的三面或两面横肋的钢筋。与冷拔低碳钢丝相比，冷轧带肋钢筋具有强度高、塑性好、与混凝土黏结牢固、节约钢材、质量稳定等优点，广泛应用于中、小型预应力混凝土结构构件和普通钢筋混凝土结构构件中。

根据《冷轧带肋钢筋》(GB 13788—2008)的规定，冷轧带肋钢筋的牌号由 CRB 和钢筋的抗拉强度最小值构成。C、R、B 分别为冷轧(Cold rolled)、带肋(Ribbed)、钢筋(Bars)三个词的英文首位字母。冷轧带肋钢筋分为 CRB550、CRB650、CRB800、CRB970 四个牌号。CRB550 为普通钢筋混凝土用钢筋，其他牌号为预应力混凝土钢筋。CRB550 钢筋的公称直径范围为 4 ~ 12 mm，CRB650 及以上牌号钢筋的公称直径为 4 mm、5 mm、6 mm。

（三）热处理钢筋

热处理钢筋是由热轧带肋钢筋经淬火和回火进行调质处理后而成的钢筋。它具有高强度、高韧性和高黏结力及塑性降低小等优点，特别适用于预应力混凝土构件的配筋。但其对应力腐蚀及缺陷敏感性强，使用时应防止锈蚀及刻痕等。

（四）预应力混凝土用钢丝和钢绞线

预应力混凝土用钢丝是用优质碳素结构钢制成，抗拉强度高达 1 470 ~ 1 770 MPa，分为消除应力光圆钢丝(代号 P)、消除应力刻痕钢丝(代号 I)、消除应力螺旋肋钢丝(代号 H)三种。刻痕钢丝和螺旋肋钢丝与混凝土的黏结力好，消除应力钢丝的塑性比冷拉钢丝好。

预应力混凝土用钢绞线是以数根优质碳素钢钢丝经绞捻后消除内应力制成的。根据钢丝的股数分为 3 种结构类型：1 × 2、1 × 3 和 1 × 7。1 × 7 钢绞线以一根钢丝为芯，6 根钢丝围绕其周围捻制而成。钢绞线与混凝土的黏结力较好。

预应力钢丝和钢绞线具有强度高、柔韧性好、无接头、质量稳定、施工简便等优点，使用时按要求的长度切割，主要用于大跨度、大荷载、曲线配筋的预应力钢筋混凝土结构。

三、钢结构用钢材

钢结构所用钢材主要是各种型钢和钢板，连接方式有铆接、螺栓连接和焊接。钢材所用

的母材主要是普通碳素结构钢及低合金高强度结构钢。

（一）型钢

1. 热轧型钢

钢结构常用的热轧型钢有：工字钢、槽钢、等边角钢、不等边角钢、H 形钢、T 形钢等。型钢由于截面形式合理，材料在截面上分布对受力最为有利，且构件间连接方便，因而是钢结构采用的主要钢材。常用热轧型钢的截面形式及部位名称如图 5-5 所示。

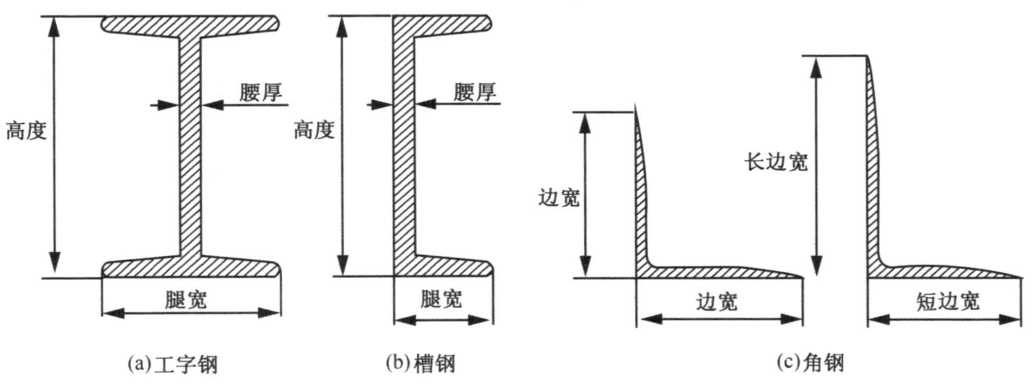

图 5-5　热轧型钢截面形式及部位名称

热轧型钢的规格表示方法如表 5-9。根据尺寸大小，型钢可分为大型、中型、小型三类，如表 5-10。

表 5-9　型钢规格表示方法

名称	工字钢	槽钢	等边角钢	不等边角钢
表示方法	高度×腿宽×腰厚	高度×腿宽×腰厚	边宽^2×边厚	长边宽度×短边宽度×边厚
表示方法举例	工 100×68×4.5	[100×48×5.3	∟ 75^2×10 或 ∟ 75×75×10	∟ 100×75×10

表 5-10　型钢大、中、小型划分方法

名称	工字钢槽钢高度（mm）	角钢		圆、方、六（八）角螺纹钢直径（mm）	扁钢宽（mm）
		等边边宽（mm）	不等边边宽（mm）		
大型型钢	≥180	≥150	≥100×150	≥81	≥101
中型型钢	<180	50～190	40×60～99×149	38～80	60～100
小型型钢		20～49	20×30～39×59	10～37	≤50

我国建筑用热轧型钢主要采用碳素结构钢 Q235-A（碳含量为 0.14%～0.22%），其强度适中，塑性和可焊性较好，成本低，适合土木工程使用。在钢结构设计规范中，推荐使用的低合金高强度结构钢主要有 Q345 和 Q390，用于大跨度、承受动荷载的钢结构中。采用低合金结构钢可减轻结构的重量，延长使用寿命，特别是大跨度、大柱网结构技术经济效果更

显著。

2. 冷弯薄壁型钢

冷弯薄壁型钢用2～6 mm的钢板经冷弯或模压而制成，有角钢、槽钢等开口薄壁型钢和方形、矩形等空心薄壁型钢。冷弯薄壁型钢的表示方法与热轧型钢相同。冷弯薄壁型钢主要用于轻型钢结构。

（二）钢板和压型钢板

钢板是用碳素结构钢和低合金钢轧制而成的扁平钢材，可热轧或冷轧生产。以平板状态供货的称钢板，以卷状供货称钢带。厚度大于4 mm的为厚板，厚度小于或等于4 mm的为薄板。热轧碳素结构钢厚板是钢结构的主要用材，低合金钢厚板用于重型结构、大跨度桥梁和高压容器等。薄板主要用于屋面、墙面或压型板的原料等。

压型钢板用薄板经冷压或冷轧成波形、双曲形、V形等，制成彩色、镀锌、防腐等薄板，其质量轻、强度高、抗震性能好、施工快、外形美观等特点，可以用于屋面、围护结构支撑等。在工程上广泛使用的钢板加工的钢板桩情况如表5-11。

表5-11　钢板桩分类、断面形式及用途

分类		断面型式	用途
薄板桩	U形和Z形薄板桩		防渗
	扁平形薄板桩		防渗
	轻型薄板桩		防渗
	内锁H形薄板桩		防渗
	箱形薄板桩	焊缝　焊缝	防渗
	管形薄板桩		防渗
组合支撑桩		焊缝　焊缝　焊缝　焊缝　焊缝	支撑
管状支撑桩		圆形（或矩形）无缝钢管，圆形（或矩形）焊接卷管	支撑

（三）钢管

在建筑结构中，钢管多用于制作桁架、桅杆等构件，也可用于制作钢管混凝土。钢管混凝土是钢管中浇筑混凝土而形成的构件，它可使构件的承载力大大提高，且具有良好的塑性和韧性，经济效果显著。钢管混凝土可用于高层建筑、塔柱、构架柱、厂房柱等。

钢管按生产工艺不同分为无缝钢管和焊接钢管两大类。焊接钢管由优质或普通碳素钢钢板卷焊而成；无缝钢管是以优质碳素钢和低合金高强度结构钢为原材料，采用热轧-冷拔联合工艺生产而成的。无缝钢管具有良好的力学性能和工艺性能，主要用于压力管道。焊接钢管成本低，易加工，但抗压性能较差，适用于各种结构、输送管道等。焊缝形式有直纹焊缝和螺纹焊缝。

四、钢材的锈蚀、防锈与防火

（一）钢材的锈蚀

钢材表面与周围介质发生化学反应遭到破坏的现象称为钢材的锈蚀。钢材锈蚀的现象普遍存在，特别是当周围环境有侵蚀性介质或湿度较大时，锈蚀情况就更为严重。锈蚀不仅会使钢材有效截面面积减小，浪费钢材，而且会形成程度不等的锈坑、锈斑，造成应力集中，加速结构破坏，还会显著降低钢材的强度、塑性、韧性等力学性能。

根据钢材表面与周围介质的作用原理，锈蚀可分为化学锈蚀和电化学锈蚀。

1. 化学锈蚀

化学锈蚀是指钢材表面直接与周围介质发生化学反应而产生的锈蚀。这种锈蚀多数是氧化作用，使钢材表面形成疏松的氧化物 FeO。FeO 钝化能力很弱，易破裂，有害介质可进一步进入而发生反应，造成锈蚀。在干燥环境下，化学锈蚀的速度缓慢。但在温度和湿度较高的环境条件下，化学锈蚀的速度大大加快。

2. 电化学锈蚀

电化学锈蚀是由于金属表面形成了原电池而产生的锈蚀。钢材本身含有铁、碳等多种成分，由于这些成分的电极电位不同，形成许多微电池。在潮湿空气中，钢材表面吸附一层极薄的水膜。在阳极区，铁被氧化成 Fe^{2+} 进入水膜，因为水中溶有氧，故在阴极区氧被还原成 OH^-，两者结合成不溶于水的 $Fe(OH)_2$，并进一步氧化成疏松易剥落的红棕色的铁锈。

钢材在大气中的锈蚀，是化学锈蚀和电化学锈蚀共同作用所致，但以电化学锈蚀为主。

（二）钢材的防锈

为了防止钢材生锈，确保钢材的良好性能和延长建筑物的使用寿命，工程中必须对钢材做防锈处理。建筑工程中常用的防锈措施有以下几种。

1. 在钢材表面施加保护层

在钢材表面施加保护层，使钢材与周围介质隔离，从而防止钢材锈蚀。保护层可分为金属保护层和非金属保护层。

金属保护层是用耐腐蚀性较好的金属，以电镀或喷镀的方法覆盖在钢材表面，从而提高钢材的耐锈蚀能力。常用的金属保护层有镀锌、镀锡、镀铬、镀铜等。

非金属保护层是用无机或有机物质做保护层。常用的是在钢材表面涂刷各种防锈涂料，也可采用塑料保护层、沥青保护层、搪瓷保护层等。

2. 制成耐候钢

耐候钢是在碳素钢和低合金钢中加入铬、铜、钛、镍等合金元素而制成的，如在低合金钢

中加入铬可制成不锈钢。耐候钢在大气作用下,能在表面形成致密的防腐保护层,从而起到耐腐蚀作用。

对于钢筋混凝土中钢筋的防锈,可采取保证混凝土的密实度及足够的混凝土保护层厚度、限制原材料中氯的含量等措施,也可掺入防锈剂。

(三)钢材的防火

钢材属于不燃性材料,但这并不表明钢材能够抵抗火灾。在高温时,钢材的性能会发生很大的变化。温度在200 ℃以内,可以认为钢材的性能基本不变;超过300 ℃以后,屈服强度和抗拉强度开始急剧下降,应变急剧增大;到达600 ℃时,钢材开始失去承载能力。耐火试验和火灾案例表明:以失去支持能力为标准,无保护层时钢屋架和钢柱的耐火极限只有0.25 h,而裸露钢梁的耐火极限仅为0.15 h。所以,没有防火保护层的钢结构是不耐火的。对于钢结构,尤其是可能经历高温环境的钢结构,应做必要的防火处理。

钢结构防火的基本原理是采用绝热或吸热材料,阻隔火焰和热量,推迟钢结构的升温速度。常用的防火方法以包覆法为主,主要有以下两个方面。

1. 在钢材表面涂覆防火涂料

防火涂料按受热时的变化分为膨胀型(薄型)和非膨胀型(厚型)两种。

膨胀型防火涂料的涂层厚度一般为2~7 mm,附着力较强,可同时起装饰作用。由于涂料内含膨胀组分,遇火后会膨胀增厚5~10倍,形成多孔结构,从而起到良好的隔热防火作用,构件的耐火极限可达0.5~1.5 h。

非膨胀型防火涂料的涂层厚度一般为8~50 mm,呈粒状面,强度较低,喷涂后需再用装饰面层保护,耐火极限可达0.5~3.0 h。为了保证防火涂料牢固包裹钢构件,可在涂层内埋设钢丝网,并使钢丝网与构件表面的净距离保持在6 mm左右。

防火涂料一般采用分层喷涂工艺制作涂层,局部修补时,可采用手工涂抹或刮涂。

2. 用不燃性板材、混凝土等包裹钢构件

常用的不燃性板材有石膏板、岩棉板、珍珠岩板、矿棉板等,可通过胶黏剂或钢钉、钢箍等固定在钢构件上。

项目三　铝合金

铝属于有色金属中的轻金属,呈银白色,质轻,密度为7.9 g/cm^3,只有钢密度的1/3,是各种轻结构的基本材料之一。纯铝强度低,为了提高其强度,常在铝中加入铜、镁等合金元素制成铝合金。

目前世界工业发达国家在建筑工程中,大量采用铝合金。铝合金的应用主要有以下三方面。

一、铝合金装饰板

1. 铝合金花纹板

铝合金花纹板采用防锈铝合金坯料,用特殊的花纹辊轧制成。铝合金花纹板花纹美观大方,价高适中,防滑、防腐蚀性能好,不易磨损,便于清洗。花纹板板材平整,裁剪尺寸精

确，广泛应用于现代建筑的墙面装饰以及楼梯踏板等处。

2. 铝合金波纹板

铝合金波纹板自重小，为钢的3/10，有银白色等多种颜色，既有一定的装饰效果，也有很强的反射阳光的功能。它能防火、防潮、耐腐蚀，在大气中可使用20年以上。搬迁拆卸下来的波纹板仍可重复使用。波纹板适用于旅馆、饭店、商场等建筑墙面和屋面的装饰。屋面装饰材料一般用强度高、耐腐蚀性能好的防锈铝制成；墙面板材可用防锈铝或纯铝制作。

3. 铝合金压型板

铝合金压型板质量轻，外形美观，耐腐蚀，耐久性好，施工简单，是目前广泛应用的一种新型建筑装饰材料，主要用于墙面和屋面。

4. 铝合金穿孔板

铝合金穿孔板是用各种铝合金平板经机械穿孔而成的。孔形根据需要做成圆孔、方孔、长圆孔、长方孔、三角孔、大小组合孔等。这是近年来开发的一种降低噪声并兼有装饰作用的新型产品。

铝合金穿孔板质轻，耐高温、高压，耐腐蚀，防火、防潮、防震，化学稳定性好，并且造型美观，色泽幽雅，立体感强，装饰效果好，组装简单。可用于宾馆、饭店、剧场等公共建筑和中、高级民用建筑中来改善音质条件，也可用于各类车间、厂房、机房等作为降噪措施。

二、铝合金门窗

铝合金门窗是将表面处理过的型材，经过下料、打孔、铣槽、攻丝、制作等加工工艺而制成门窗框料构件，再加上连接件、密封件、开闭五金件一起组合装配而成的。门窗框料之间连接采用直角榫头、不锈钢螺钉接合。按其结构与开启方式分为：推拉窗（门）、平开窗（门）、固定窗（门）、百叶窗、纱窗等。

铝合金门窗与普通木门窗、钢门窗相比，具有以下主要特点：

①重量轻；

②密封性能好；

③色泽美观；

④耐腐蚀，经久耐用；

⑤安装简单，维修方便。

现代建筑装饰工程中，尽管铝合金门窗造价较高，但因其性能好，长期维修费用低，所以得到了广泛使用。

三、铝合金龙骨

铝合金龙骨具有不锈、重量轻、耐腐蚀、防火等优点，适用于室内装饰要求较高的隔墙和吊顶。根据饰板安装方式的不同，分为明式龙骨和暗式龙骨。明式龙骨吊顶的龙骨外露，暗式龙骨吊顶的龙骨不外露。除了铝合金龙骨外，还有铝合金龙骨配件、铝合金板等。

项目四　铜及铜合金

一、铜及铜合金基本特性

铜具有较高的导电性、导热性、耐腐蚀性，以及良好的延展性、塑性和易加工性，是一种用途广泛的工程材料。

纯铜呈紫红色，一般叫紫铜，延展性好，伸长率大，制成板材后特别适合用于耐久性要求较高的水利工程，是水工接缝处止水材料的首选。

纯铜由于强度不高，且价格较贵，因此在水工建筑工程中常在纯铜中加入其他元素，制成铜合金，常见的有黄铜、青铜，如表 5-12 所示。

表 5-12　水工建筑常用铜及铜合金

<table>
<tr><th colspan="2">名称</th><th>特点</th><th>规格</th></tr>
<tr><td colspan="2">紫铜</td><td>纯铜呈紫红色，一般叫紫铜，比重为 8.9，熔点为 1 083 ℃。延展性能好，其伸长率可达 50%。紫铜材包括板、棒、管等。水工上多用铜板材作为止水带</td><td rowspan="2">GB/T 17793—1999 一般用途的加工铜及铜合金板带材外形尺寸及允许偏差，GB/T 2040—2002 铜及铜合金板材，GB/T 2059 — 2000 铜及铜合金带材，GB/T 1527 — 1997 铜及铜合金拉制管，GB/T 1528 — 1997 铜及铜合金挤制管</td></tr>
<tr><td colspan="2">黄铜</td><td>黄铜是钢和锌的合金，它的强度硬度都比紫铜好，其成分除铜、锌外，还可加入铅、硅、铝、锰、锡和铁等，用以改变铸造性能、耐蚀性，提高强度，如铅黄铜、锰黄铜和锡黄铜等</td></tr>
<tr><td rowspan="2">青铜</td><td>锡青铜</td><td>铜和锡的合金称锡青钢，它具有高的机械性能、铸造性能及良好的耐蚀性。一般用来制造耐磨零件，与酸碱蒸汽腐蚀性气体接触的铸件</td><td rowspan="2">GB/T 5189—1997 青铜箔，GB/T 8892—1988 压力表用锡青铜管，GB/T 14955—1994 青铜线</td></tr>
<tr><td>无锡青铜</td><td>铜基合金中不含锡而由铝、镍、锰、硅、铁、铍、铅等元素（二元或多元）组成的合金，称为无锡青铜或特殊青铜。它具有高的强度、耐磨性。耐蚀性，有的还具有高的导电性、导热性和热强性</td></tr>
</table>

二、铜合金板材的力学性能

以板材的横向室温拉伸试验结果评定，如表 5-13 所示。

表 5-13　铜板材的力学性能（节选）

牌号	状态	拉伸试验			硬度试验	
		厚度（mm）	抗拉强度（MPa）	伸长率	厚度（mm）	维氏硬度 HV
T2、T3 TP1、TP2 TU1、TU2	R	4～14	≥195	≥30%	—	—
	M Y_4 Y_2 Y	0.3～10	≥205 215～275 245～345 ≥295	≥30% ≥25% ≥8%	≥0.3	35～100 75～120 ≥80
H96	M Y	0.3～10	≥215 ≥320	≥30% ≥3%	—	—
H90	M Y_2 Y	0.3～10	≥245 330～440 ≥390	≥35% ≥5% ≥3%	—	—
B19	R	7～14	≥295	≥20%	—	—
	M Y	0.5～10	≥290 ≥390	≥25% ≥3%	—	—
BFe10-1-1	R	7～14	≥275	≥20%	—	—
	M Y	0.5～10	≥275 ≥370	≥20% ≥3%	—	—
BAL6-1.5 BAL 13-3	Y CS	0.5～12	≥535 ≥635	≥3% ≥5%	—	—

如有需要可进行铜板材的弯曲性能试验，如表 5-14 所示，弯曲处表面不能有肉眼可见的裂纹。

表 5-14　铜板材弯曲试验指标

牌号	状态	厚度（mm）	弯曲角度	内侧半径
TU1 TU2 TU3 T3 TP1 TP2	M	≥2.0 <2.0	180° 180°	紧密贴合 0.5 倍板厚
H96 H90 H80 H70 H68 H65 H62	M Y_2	1.0～10	180° 90°	1 倍板厚 1 倍板厚
QSn6.5-0.1 QSn4-3 QSn6.5-0.4 QSn4-0.3	Y T	≥1.0	90° 90°	1 倍板厚 2 倍板厚

三、铜及铜合金制品用作装饰材料

在现代土木建筑工程中，铜材仍是集古朴与华贵于一身的高级装饰材料，可用于高级宾馆、饭店、商厦等建筑中的柱面、楼梯扶手、栏杆、防滑条等，使建筑物显得光彩耀目、美观雅致、光亮耐久，铜材还可用于制作外墙板、把手、门锁、五金配件等。

装饰工程中应用较多的是在铜中掺入锌、锡等元素的铜合金。铜合金既保持了铜的良好塑性和高抗腐蚀性，又改善了纯铜的强度、硬度等力学性能。用铜合金制成的产品表面往往光亮如镜，气度非凡，有高雅华贵的感觉。在现代建筑装饰中，铜合金产品主要用于高档场所的装修，如宾馆、饭店、高档写字楼和银行等场所。

铜合金可制成型材、板材、线材等用于门窗和墙体，也可以作为骨架材料装配幕墙。以铜合金型材做骨架，以吸热玻璃、热反射玻璃、中空玻璃等为立面形成的玻璃幕墙，一改传统外墙的单一面貌，使建筑物乃至城市生辉。另外，铜合金还可制成五金配件、铜门、铜栏杆、铜嵌条、防滑条、雕花铜柱和铜雕壁画等。铜合金的另一个应用是铜粉，俗称“金粉”，是一种由铜合金磨成的金色颜料，主要成分为铜及少量的锌、铝、锡等金属。铜粉常用来调制装饰涂料，代替“贴金”。

项目五　钢材性能检测实训

1. 实训目的

通过实训学习金属材料的力学性能，并以混凝土用钢筋性能检测作为实训内容，进行实训。

2. 实训准备

(1)试验依据

《金属材料 拉伸试验 第1部分:室温试验方法》(GB/T 228.1—2010)，《钢筋混凝土用钢 第2部分:热轧带肋钢筋》(GB 1499.2—2007)。

(2)仪器设备

①万能试验机；

②钢板尺、游标卡尺；

③钢筋拉伸夹具。

3. 实训内容

根据实训准备的仪器及相关技术规范，准备用于拉伸的热轧带肋钢筋试件两根，长度约30 cm，完成热轧带肋钢筋的拉伸试验，并完成实训报告。

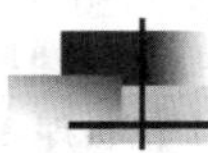

复习题

1. 冶炼方法不同对钢的质量有何影响？
2. 钢材常有哪几种分类方法？
3. 钢的主要技术性能有哪些？
4. 低碳钢受拉时的应力-应变曲线，分哪几个阶段？
5. 表示钢材抗拉性能的技术指标有哪些？
6. 在什么情况下应考虑钢材的冲击韧性？
7. 影响钢材冷弯性能、焊接性能的主要因素有哪些？
8. 钢材的化学成分对其性能有何影响？
9. 冷加工和时效对钢材性能有何影响？
10. 碳素结构钢的牌号如何表示？

11. 低合金高强度结构钢的牌号如何表示?
12. 热轧钢筋分为几级?
13. 预应力混凝土主要采用哪些钢筋?
14. 建筑钢结构主要采用哪些钢材制品?
15. 常对钢材采取哪些防锈措施?
16. 钢材的防火措施有哪些?

模块六 木材

木材是一种天然生长的有机材料，是人类最早使用的建筑材料之一，既可用作建筑承重结构材料，又可用作建筑装饰材料。我国古建筑史上，将结构材料和装饰材料融为一体的木材，其建筑技术和艺术运用让世人赞叹。如北京天坛祈年殿和紫禁城、山西应县木塔、山西佛光寺正殿等都集中反映了我国古代建筑工程中应用木材的较高水平。目前，由于混凝土、钢材在建筑结构领域的广泛使用，木材用于承重结构材料逐渐减少，但木材作为施工临时用材料、建筑装饰材料却备受青睐。

木材具有以下优良的性能，轻质高强，弹性、韧性较高，耐冲击和振动，木质较软，易于加工和连接，对热、声、电的传导性小，具有美丽的天然纹理，且易于着色和油漆，装饰性好，是建筑装修和制作家具的理想材料。但木材也存在如下缺点：内部构造不均匀，导致各向异性；易吸水、吸湿产生变形，并导致尺寸及强度变化；易腐蚀及虫蛀；易燃烧；生产周期长，天然疵病较多；尺寸受到限制等。但是经过一定的加工和处理，木材的这些缺点可以得到一定程度的弥补。

由于木材的使用范围广，各行各业对木材的需求量大，而树木是生长缓慢的植物，滥砍滥伐树木会导致水土流失和生态环境破坏。因此，应大力提倡节约木材和综合利用木材。

项目一　木材的分类、构造、主要性质

一、木材的分类

木材按树种通常分为针叶树材和阔叶树材两大类。

针叶树材多为常绿树，树叶细长呈针状，材质均匀轻软，纹理平顺，加工性较好，故又称软材。其强度较高，表观密度和干湿变形较小，耐腐蚀性较强，为建筑工程中主要用材，广泛用于承重结构构件、门窗、地面用材及装饰用材等。常用树种有冷杉、云杉、红松、马尾松、落叶松等。

阔叶树材大多为落叶树，树叶宽大呈片状，材质一般重而硬，较难加工，故又称硬材。其

通直部分一般较短，干湿变形大，易翘曲和干裂。建筑上常用作尺寸较小的构件，不宜作承重构件。有些树种纹理美观，适合用于室内装修、制作家具及胶合板等。常用树种有榆木、水曲柳、杨木、桦木、槐木等。

表 6-1　常用木材的特点和用途

树种	名称（又名）	特点	用途
针叶树	红松（果松、海松）	材质轻软，纹理直，干燥性能好，不易翘曲，开裂，耐久性好	可用于建筑物的主要结构，如屋架等
	臭松（白松、臭冷杉）	性质与红松相似，但耐腐力较差	可作一般建筑用材，如模板、枕木、地板等
	落叶松（黄花松）	纹理直，坚硬耐压，树脂多，耐腐力强，干燥过程中易开裂	可用作桩木、电杆及枕木或模板、屋顶板等
	鱼鳞松（鱼鳞云杉）	材质轻，结构细而均匀，易加工，不易弯曲	可用作门窗、模板，地板等
	马尾松（本松）	木质轻软，易加工，结构较粗易弯曲，含树脂多，耐腐蚀	可用作一般建筑材料，如地板、模板、桩木、枕木、胶合板
	杉木	纹理直，结构细密，易干燥，耐久性强	可用作屋架、脚手杆，也可用作电杆、桩木等
	柏木	材质致密，纹理直或斜，结构细，耐久，有柏木香气	主要用于模板及细木装修、水工闸门门板及水管等
阔叶树	水曲柳	材质光滑，花纹美观，不易干燥，易开裂，耐腐性较强	可用于制作胶合板、栏杆扶手及地板、桩木
	栗木（板栗）	材质坚硬，纹理直，结构粗，耐久性强	可用作地板及扶手栏杆
	橡树（麻栎）	材质坚硬，纹理直或斜，耐磨	可用作地板及扶手栏杆
	白桦（桦木）	纹理直，结构细，易干燥，不翘裂，不耐腐	主要用于胶合板及装修

二、木材的构造

由于树种的差异和树木生长环境的不同，木材构造差别很大。木材的构造是决定木材性能的重要因素。常从宏观和微观两个方面研究木材的构造。

（一）木材的宏观构造

木材的宏观构造系指用肉眼或借助低倍放大镜（通常为 10 倍）所能观察到的木材特征，亦称为木材的粗视特征。

根据木材的各向异性，可从树干的三个切面上来剖析其宏观构造，三个切面分别为横切面（垂直于树轴的切面）、径切面（通过树轴的纵切面）和弦切面（平行于树轴的纵切面），如图 6-1 所示。从横切面可以看到，树干是由树皮、木质部和髓心三部分组成。

1. 树皮

树皮是指木材外表面的整个组织，起保护树木的作用，建筑上一般用途不大。针叶树材树皮一般呈红褐色，阔叶树材多呈褐色。

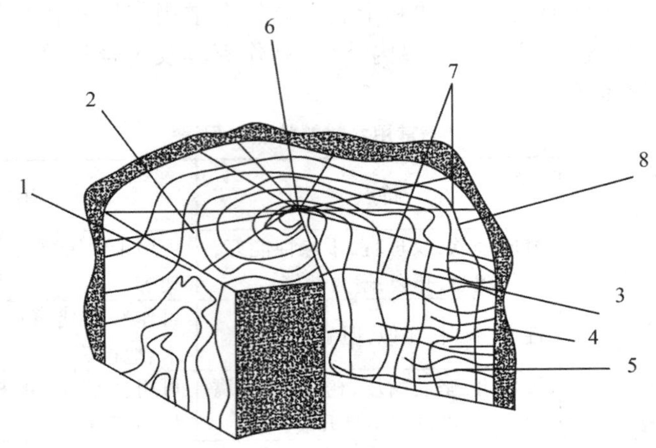

图 6-1　树木的宏观构造

1—旋切面;2—横切面;3—径切面;4—树皮;5—木质部;6—髓心;7—髓线;8—年轮

2. 木质部

木质部是木材作为建筑材料使用的主要部分,研究木材的构造主要是指木质部的构造。许多树种的木质部接近树干中心颜色较深的部分,称为心材,仅起支持树干的力学作用。心材含水量较少,湿胀干缩较小,抗腐蚀性也较强。靠近树皮部分颜色较浅的部分称为边材。它含水量较多,易翘曲变形,抗腐蚀性较心材差。一般而言,心材比边材的利用价值大些。

3. 髓心

在树干中心由第一轮年轮组成的初生木质部分称为髓心。其材质松软,强度低,易腐朽开裂。从髓心向外呈放射状穿过年轮分布的辐射线,称为髓线。木材弦切面上髓线呈长短不一的纵线,在径切面上则形成宽度不一的射线斑纹。髓线的细胞壁很薄,质软,与周围细胞结合力弱,是木材中较脆弱的部分,木材干燥时易沿髓线开裂。

在木质部的横切面上,有深浅相同的同心圆称为年轮,一般树木每年生长一圈。在同一年轮里,色浅而质软、强度低的部分是春季长成的,称为春材;色深而质硬、强度高的部分是夏秋两季长成的,称为夏材。对于同一树种,年轮越密,分布越均匀,材质越好;夏材所占的比例越高,木材强度越高。

(二)木材的微观结构

在显微镜下观察到的木材构造,称为微观结构,又称显微结构。

借助显微镜可以观察到,木材是由无数管状细胞紧密结合成的,每一细胞分作细胞壁和细胞腔两部分。细胞壁由若干层细纤维组成,其纵向连接较横向连接牢固。细纤维间存在极小空隙,能吸附和渗透水分。细胞本身的组织构造在很大程度上决定木材的性质,如细胞壁越厚,细胞腔越小,组织越均匀,则木材越密实,承受外力的能力越强,细胞壁吸附水分的能力也越强,表观密度和强度越大,湿胀干缩率也越大。

三、木材的性质

木材的物理和力学性质主要包括含水率、变形、强度等,其中对木材性质影响最大的是含水率。

(一)密度与表观密度

各种绝干木材的密度相差无几,平均约为 1.55 g/cm^3。

各种木材的表观密度，因树种及含水率不同而有很大差异，通常以含水率为12%（标准含水率）时的表观密度为准。木材的表观密度平均值为500 kg/m^3。

（二）木材的含水性

木材中所含水分，可分为自由水、吸附水和化合水三种。自由水是指呈游离状态存在于细胞腔、细胞间隙中的水分；吸附水是指呈吸附状态存在于细胞壁的纤维丝间的水分；化合水是指含量极少的构成细胞化学成分的水分。自由水与木材的表观密度、传导性、抗腐蚀性、燃烧性、干燥性等有关，而吸附水则是影响木材强度和胀缩的主要因素。

木材的含水量以含水率表示，即指木材中所含水的质量占干燥木材质量的百分比。

1. 纤维饱和点

木材含水率随所处环境的湿度不同而有很大变化。潮湿的木材在干燥空气中存放或人工干燥时，自由水先蒸发，然后吸附水才蒸发。反之，干燥的木材吸水时，则先吸收成为吸附水，而后才吸收成为自由水。木材细胞壁中吸附水达到饱和，但细胞腔和细胞间隙中尚无自由水时的含水率称为纤维饱和点。纤维饱和点随树种而异，通常为25%～35%，平均值约为30%。纤维饱和点是木材含水率是否影响其强度和湿胀干缩的临界值。

2. 平衡含水率

木材长时间处于一定温度和湿度的空气中，其水分的蒸发和吸收趋于平衡，称为“湿度平衡”，此时木材含水率相对稳定，称为平衡含水率。木材平衡含水率与大气的温度和相对湿度有关。新伐木材含水率一般大于其纤维饱和点，通常在35%以上。风干木材含水率介于15%～25%之间，室内干燥的木材含水率一般为8%～15%。

（三）湿胀干缩

木材具有显著的湿胀干缩性能。当木材从潮湿状态干燥至纤维饱和点时，蒸发的均为自由水，木材尺寸不变。继续干燥，当含水率降至纤维饱和点以下时，细胞壁中的吸附水开始蒸发，木材发生体积收缩。反之，当干燥的木材吸湿后，由于吸附水增加，产生体积膨胀。达到纤维饱和点时，其体积膨胀值最大。此后，即使含水率继续增加，木材体积也不再膨胀。木材的湿胀干缩大小因树种而异。一般而言，木材表观密度越大，纤维含量越多，胀缩就越大。

木材由于构造不均匀，致使各方向上胀缩也不一样，在同一木材中，这种变化沿弦向最大，径向次之，纵向（顺纤维方向）最小。含水率对木材膨胀变形的影响大致如图6-2所示。湿材干燥后，因其各向收缩不同，其截面形状和尺寸将会发生一定的改变。

为了避免木材在使用过程中含水率变化太大而引起变形或开裂，防止木构件接合松弛或凸起，最好在木材加工使用之前，将其干燥至与使用环境湿度相适应的平衡含水率。例如，预计某地木材使用环境的年平均温度为20 ℃，相对湿度为70%，那么其平衡含水率约为13%，则事先宜将木材气干至该含水率后方可加工使用。

（四）强度

木材的强度主要表现为抗压、抗拉、抗剪、抗弯曲强度。由于木材结构构造各向不同，因此其抗压强度、抗拉强度、抗弯强度还有顺纹、横纹之分。作用力方向和木材纤维方向平行时，称为顺纹；作用力方向垂直于纤维方向时，称为横纹。在顺纹方向，木材的抗拉强度和抗压强度都比横纹方向高得多，而就横纹方向而言，弦向又不同于径向。

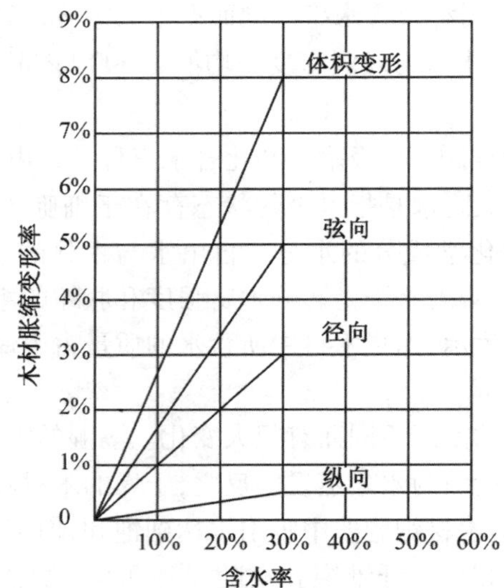

图 6-2　含水率与木材膨胀性的关系

1. 抗压强度

(1)顺纹抗压

顺纹抗压强度为作用力方向与木板纤维方向平行时的抗压强度。木材顺纹抗压强度受疵病影响较小,是木材各种力学性质中的基本指标。其强度仅次于顺纹抗拉强度和抗弯强度,该强度在土建工程中利用最广,常用于柱、桩、斜撑及桁架等承重构件。

(2)横纹抗压

木材的横纹受压,使木材受到强烈的压紧作用,产生大量变形。起初变形与外力成正比,当超过比例极限后,细胞壁丧失稳定,此时虽然压力增加较小,但变形增加较大,直至细胞腔和细胞间隙逐渐被压紧后,变形的增加又放慢,而受压能力继续上升。所以,木材的横纹抗压强度以使用中所限制的变形量来确定。一般取其比例极限作为横纹抗压强度极限指标。

横纹抗压强度又分为弦向与径向两种。当作用力方向与年轮相切时,为弦向横纹抗压。作用力与年轮垂直时,则为径向横纹抗压。木材横纹抗压强度一般只有其顺纹抗压强度的10% ~30% 。

2. 抗拉强度

(1)顺纹抗拉

顺纹抗拉强度指拉力方向与木材纤维方向一致时的抗拉强度。顺纹抗拉强度在木材诸强度中最大,一般为顺纹抗压强度的 2 ~3 倍,其值为 49 ~196 MPa,波动较大。

(2)横纹抗拉

横纹拉力的破坏主要为木材纤维细胞连结的破坏。横纹抗拉强度很小,因此使用时应尽量避免木材受横纹拉力作用。

木材顺纹抗拉强度虽高,但往往并不能得到充分利用。因为受拉杆件连接处应力复杂,木材可能在顺纹受拉的同时,还存在着横纹受压或横纹受剪,而它们的强度远低于顺纹抗拉,在顺纹抗拉强度尚未达到极限之前,其他应力已导致木材受到破坏。另外,木材抗拉强

度受木材疵病如木节、斜纹影响极为显著，而木材又多少都有一些缺陷，导致其实际顺纹抗拉强度反较顺纹抗压强度为低。

3. 抗弯强度

木材弯曲时产生较复杂的应力，在梁的上部受到顺纹抗压，在下部则为顺纹抗拉，而在水平面中则有剪切力，两个端部又承受横纹挤压。木材受弯破坏时，通常在受弯区首先达到强度极限，形成微小的不明显的裂纹，但并不立即破坏，随外力增大裂纹逐渐扩展，产生大量塑性变形。随之当受拉区域内许多纤维达到强度极限时，因纤维本身及纤维间连接断裂而导致木材最后破坏。

木材具有良好的抗弯性能，抗弯强度为顺纹抗压强度的1.5～2倍。因此在建筑工程中应用很广，如用作木梁、桁架、脚手架、桥梁、地板等。木材中木节、斜纹对抗弯强度影响较大，特别是当它们分布于受拉区时。

4. 抗剪强度

木材的剪切分顺纹剪切、横纹剪切与横纹切断三种。

(1)顺纹剪切

顺纹剪切系指剪切力方向平行于纤维方向。在剪切力作用下，沿纤维方向木材的两部分彼此分开。此时因纤维间产生纵向位移和受横向拉力作用，剪切面中纤维的联结遭到破坏，而绝大部分纤维本身并不破坏，所以木材顺纹抗剪强度很小。

(2)横纹剪切

横纹剪切系指剪切力方向垂直于纤维方向，而剪切面则和纤维方向平行。这种受剪作用完全是破坏剪切面中纤维横向连接，故木材横纹抗剪强度比顺纹抗剪强度低。实际工程中一般不出现横纹剪切破坏。

(3)横纹切断

横纹切断系指剪切力方向和剪切面均垂直于木材纤维方向。该破坏导致木材纤维横向切断，因此木材横纹切断强度较大。

当木材的顺纹抗压强度为1时，理论上各种强度之间的关系如表6-2所示。

表6-2　木材各强度值大小关系

抗压		抗弯	抗剪		抗拉	
顺纹	横纹		顺纹	横纹	顺纹	横纹
1	1/10～1/3	1.5～2	1/7～1/3	1/2～1	2～3	1/20～1/3

当需要检查木材的强度时，应采用无瑕疵木材标注小试件做顺纹受压强度试验，并按其强度的最低值来确定该批木材的应力等级。常见木材的强度指标如表6-3所示。

表 6-3　常用木材的强度和弹性模量 E(MPa)

木材种类	名称	顺纹受压及承压	顺纹受拉	顺纹受剪强度	横纹承压强度			弹性模量 E (10^3)
					全面	局部表面和齿面	拉力螺栓整板下面	
针叶树	东北落叶松	12	7.5	1.3	1.9	2.9	3.8	11
	鱼鳞云杉、铁杉、红杉	11	7	1.2	1.7	2.4	3.4	10
	红松、马尾松、油松、红皮云杉	10	6.5	1.1	1.5	2.2	3	10
	杉木、华落叶松、秦岭落叶松	9	6	1	1.5	2.2	3	9
	冷杉、云南云杉、山西云杉、山西油松	8	5.5	1	1.4	2.1	2.8	8.5
阔叶树	栎木、柚木	16	10	2.2	3.4	5.1	6.8	12
	水曲柳	14	9	1.9	3.1	4.6	6.2	11
	桦木	12	8	1.6	2.5	3.7	5	10

注:当采用湿材时,木材横纹承压容许应力和弹性模量宜降低 10% 。

5. 影响木材强度的因素

(1)含水率

木材的强度受含水率影响很大,木材含水率在纤维饱和点以下时,其强度随含水率的增加而降低,在纤维饱和点以上时,含水率的增减对木材强度没有影响。为了正确判断木材强度和比较试验结果,我国规定,测定木材强度以含水率为 12%(称木材的标准含水率)时的强度测定值作为标准,其他含水率时的强度测定值,可按式(6-1)换算成标准含水率时的强度值。

$$\sigma_{12} = \sigma_{w}[1 + \alpha(w - 12)] \tag{6-1}$$

式中:σ_{12}——含水率为 12% 时的木材强度,MPa;

σ_{W}——含水率为 w(%)时的木材强度,MPa;

w——试验时的木材含水率,%;

α——含水率校正系数。当木材含水率在 9% ~15% 范围内时,按表 6-4 取用。

表 6-4　α 取值

强度类型	抗压强度		顺纹抗拉强度		抗弯强度	顺纹抗剪强度
	顺纹	横纹	阔叶树材	针叶树材		
α 值	0.05	0.045	0.015	0	0.04	0.03

(2)环境温度,温度升高时,木材强度逐渐降低

木材含水率越大,其强度受温度的影响也较大。当温度由 25 ℃升至 50 ℃时,针叶树材抗拉强度降低 12% ~20%,抗压强度降低 20% ~40%。当木材长期处于 60 ~100 ℃时,会引起水分和所含挥发物蒸发,而使木材呈暗褐色,强度下降,变形增大。所以环境温度长期

在 50 ℃以上的部位不宜采用木质结构。

(3)负荷时间,木材对长期荷载的抵抗能力与对暂时荷载的抵抗能力不同

木材在外力长期作用下,只有当其应力远低于强度极限的一定范围以内时,才可避免木材因长期荷载而破坏。木材在长期荷载下不致引起破坏的最大强度,称为持久强度。持久强度比极限强度小得多,一般为极限强度的 50% ~60% 。所以,在设计木结构时,应以持久强度作为极限值。

(4)疵病

木材在生长、采伐、保存过程中,所产生的内部和外部的缺陷,统称为疵病。木材的疵病主要有木节、裂纹、腐朽和虫害等。木材的疵病破坏了木材的构造,造成材质的不连续性和不均匀性,从而使木材的强度降低。疵病对强度的影响与受力情况有关,对抗拉强度和抗弯强度影响较大,甚至能使木材失去使用价值。

项目二　木材的防腐与防火

一、木材的防腐

木材受到真菌或昆虫侵害后,会使木材改变颜色,结构渐渐变得松软、脆弱,强度降低,这种现象称为木材的腐朽。木材的腐朽主要是由于真菌引起的,常见的真菌有霉菌、变色菌、腐朽菌等。其中,霉菌、变色菌,使木材变色,影响外观,而不影响木材的强度;腐朽菌对木材危害严重,通过分泌酶来分解木材细胞组织作为其养料,使细胞壁遭到完全破坏,使木材先变色或着色,最后软腐或粉化,强度降低,甚至失去全部承载能力。

无论是真菌还是昆虫,其生存和繁殖均需适宜的条件。真菌在木材中生存必须同时具备 3 个条件:木材含水率 30% ~50% ;环境温度在 20 ~35 ℃;有氧气供应。若能破坏 3 个条件中的任何一个条件,即可抑制真菌生长,防止木材腐朽。因此,木材防腐的基本原理就在于破坏真菌和昆虫的生存条件。为了延长木材的使用年限,对木材可采用以下 3 种防腐处理方法。

1. 干燥

将木材干燥(风干或烘干)至含水率在 20% 以下,并对木结构构件采取通风、防潮等措施,以保证木材处于干燥状态,使真菌不能生存和繁殖。干燥法分为自然干燥与人工干燥两种。自然干燥,主要是堆垛,利用太阳辐射热和空气对流作用,达到平衡含水量,需 1 ~2 年以上。人工干燥,主要是窑干法,在窑内以热空气、炉气或过热蒸气穿过堆叠的木材表面进行热交换,使木材内水分逐渐扩散。注意不能激烈地改变干燥介质温度、湿度以求加速干燥,如果超过了木材内部水分扩散速度,则会导致木材开裂、变形。

2. 注入防腐剂

将防腐剂注入木材内,使木材含有有毒物质,不能作为真菌的养料。防腐剂注入方法主要有表面涂刷、常温浸渍、冷热槽浸透和压力渗透法等。常用的防腐剂有水溶性(氯化钠、氯化锌、硫酸铜、硼氟酚合剂等)、油溶性(煤焦油、蒽油等)和膏浆类(氟化钠沥青膏浆),还可以采用硫黄熏蒸的方法,达到表面防腐。

3. 涂覆防腐涂料

在木材表面涂刷耐水性好的涂料,以起到防腐作用。涂料在木材表面能形成完整而坚韧的保护膜,既能隔绝空气和水分,阻止真菌和昆虫的侵入,又能使木制品美观,增加装饰性能。

二、木材的防火

木材是具有火灾危险性的易燃材料,燃烧时的温度可高达 800 ~ 1 300 ℃。由于木材作为一种理想的装饰材料被广泛用于各种建筑装饰之中,因此,木材的防火问题就显得尤为重要。

所谓木材的防火,就是对木材进行阻燃处理,使之成为难燃材料,以达到遇小火能自行熄灭、遇大火能延缓火势或阻滞火焰蔓延的效果,从而赢得扑救时间。木材的防火处理主要有以下两种方法。

1. 加入或浸注阻燃剂

常用的阻燃剂有磷氮系列阻燃剂、硼化物系列阻燃剂、卤素系列阻燃剂、金属氧化物或氢氧化物阻燃剂等。阻燃剂的机理在于:一是抑制木材在高温下的热分解,如磷化合物可以降低木材的稳定性,使其在较低温度即发生分解,从而减少可燃气体的生成;二是阻滞热传递,如含水的硼化物、含水的氧化铝,遇热则吸收热量放出水蒸气,从而减少了热传递。

阻燃剂的施加方法有加入法和浸注法。加入法主要指纤维板、胶合板、刨花板等木质人造板在生产的过程中,添加适量阻燃剂,使板材不易燃烧。浸注法是将阻燃剂溶液浸注到木材内部达到阻燃效果,按工艺可分为常压浸注和加压浸注。加压浸注吸入阻燃剂的量和深度都大于常压浸注,因此对木材防火要求较高的情况下,应采用加压浸注。浸注阻燃剂前,应使木材达到充分干燥,并初步加工成型。否则防火处理后再进行锯、刨等加工,会使木料中浸注的阻燃剂部分失去。

2. 表面涂覆防火涂料

其作用原理是阻滞热传递或抑制木材在高温下分解助燃,从而起到防火作用。一般防火涂料除具有阻燃性能外,还同时具有防水、防腐、装饰等作用。

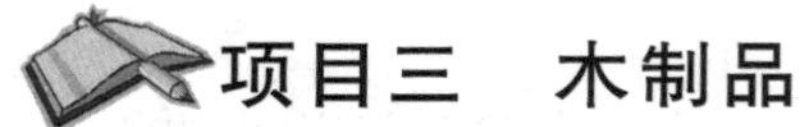

项目三　木制品

常用的木制品有木质人造板材、木龙骨、木装饰线条等。

一、木质人造板材

凡以木材或木质碎料等为原料,进行各种加工处理而制成的板材,通称为木质人造板材。人造板材可科学合理地利用木材,提高木材的利用率,是使木材进行综合利用的主要途径。木质人造板材与天然木板材相比,具有幅面大、质地均匀、变形小、强度高等优点,在现代建筑装饰装修、家具制造等方面被广泛应用。值得注意的是,木质人造板材所采用的胶黏剂中含有一定量的甲醛,污染环境并对人体有害。木质人造板材的甲醛释放量应符合《室内装饰装修材料人造板及其制品中甲醛释放限量》(GB/T 18580—2001)的规定。

建筑装饰工程中常用的木质人造板材有胶合板、纤维板、刨花板、细木工板等。

（一）胶合板

胶合板是将原木软化处理后旋切成薄板，经干燥处理后，再用胶黏剂按奇数层数、并使相邻单板的纤维方向相互垂直，黏合热压而成的人造板材。胶合板的层数有 3 层、5 层、7 层、9 层和 11 层，常用的为 3 层和 5 层，俗称三合板和五合板。通常胶合板的面层选用光滑平整且纹理美观的单板，也可用各类装饰板等材料制成贴面胶合板，提高胶合板的装饰性能。

胶合板的最大优点是各层单板按纤维方向纵横交错胶合，在很大程度上克服了木材各向异性的缺点，使胶合板材质均匀，强度高。同时，胶合板还具有幅面大、吸湿变形小、不易翘曲开裂、使用方便、纹理美观及装饰性好等优点，是建筑装饰装修工程及制造家具用量最大的人造板材之一。胶合板的主要缺点是要使用大径级的优等原木作为单板的原料，随着森林资源，尤其是珍贵的天然森林资源的缺乏，胶合板的应用发展将受到约束。

（二）纤维板

纤维板是以植物纤维为主要原料，经破碎浸泡、纤维分离、板坯成型和热压作用而制成的一种人造板材。纤维板的原料非常丰富，如木材采伐加工剩余物（树皮、刨花、树枝等）、稻草、麦秸、玉米秆、竹材等。

纤维板按表观密度可分为 3 类：硬质纤维板（表观密度 $>800\ kg/m^3$）、半硬质纤维板（表观密度为 $400\sim800\ kg/m^3$）和软质纤维板（表观密度 $<400\ kg/m^3$）。硬质纤维板的强度高、结构均匀、耐磨、易弯曲和打孔，可代替薄木板用于室内墙面、天花板、地面和家具制造等；半硬质纤维板表面光滑、材质细密、结构均匀、加工性能好，且与其他材料的黏结力强，是制作家具的良好材料，主要用于家具、隔断、隔墙、地面等；软质纤维板的结构松软，故强度低，但吸声性和保温性好，是一种良好的保温隔热材料，主要用于吊顶等。

（三）刨花板

刨花板是将木材加工剩余物、采伐剩余物、小径木或非木材植物纤维原料加工成刨花，再与胶黏剂混合经过热压制成的一种人造板材。

刨花板具有质量轻、幅面大、板面严整挺实、加工性能好等优点，缺点是握钉力差、强度较低，主要用作绝热和吸声材料。对刨花板进行二次加工，进行贴面处理可制成装饰板，这样既增强了板材的表面硬度和强度，又使板材具有装饰性，可用作吊顶、隔墙、家具等材料。

（四）细木工板

细木工板又称大芯板、木芯板，它是由木条或木块组成板芯，两面粘贴单板或胶合板而成的一种人造板材。细木工板质量轻、板幅宽、耐久、吸声、隔热、易加工、胀缩小，有一定的强度和硬度，是木装修做基底的主要材料之一，主要用于建筑装饰和家具制造等行业。

细木工板按照板芯结构分为实心细木工板和空心细木工板，实心细木工板用于面积大、承载力相对较大的装饰装修，空心细木工板用于面积大而承载力小的装饰装修；按胶黏剂的性能分为室外用细木工板和室内用细木工板；按面板的材质和加工工艺质量不同，分为优等品、一等品和合格品三个等级。

人造板材用于建筑物室内装饰时，其表面一般要做装饰面层，饰面层不仅增加了装饰效果，而且有利于改善人造板材的物理力学性能。人造板材表面装饰的方法很多，常用的饰面方法有贴面、涂料、表面加工等。人造板不同的装饰面层，产生不同的装饰效果，设计时应根据建筑物整体的风格、室内要求的气氛、环境的协调等因素来综合考虑，且忌盲目随意选择。

二、木方

木方，主要由松木、椴木、杉木等木材，进行烘干刨光加工成截面长方形或正方形的木条，是装修中常用的一种材料，有多种型号，用于撑起外面的装饰板，起支架作用。天花吊顶的木方一般松木方较多。一般规格是 2 m 或 4 m 长，截面尺寸有 2 cm×3 cm 的、3 cm×4 cm的、4 cm×4 cm 的等。

土建中模板工程中，也常用木方作为受力材料。一般木方规格是 4 m 长，市面常见的有截面尺寸为 5 cm×10 cm 的、4 cm×9 cm 的、3.5 cm×8.5 cm 的、4 cm×8 cm 的等。

根据《建筑施工模板安全技术规范》（JGJ 162—2008）的规定，模板用木方的强度设计值和弹性模量如表 6-5 所示。

表 6-5　材的强度设计值和弹性模量（MPa）

强度等级	组别	抗弯	顺纹受压及承压	顺纹受拉	顺纹受剪强度	横纹承压强度			弹性模量 E（10^3）
						全面	局部表面和齿面	拉力螺栓整板下面	
TC17	A	17	16	10	1.7	2.3	3.5	4.6	10
	B		15	9.5	1.6				
TC15	A	15	13	9.0	1.6	2.1	3.1	4.2	10
	B		12	9.0	1.5				
TC13	A	13	12	8.5	1.5	1.9	2.9	3.8	10
	B		10	8.0	1.4				9
TC11	A	11	10	7.5	1.4	1.8	2.7	3.6	9
	B		10	7.0	1.2				
TB20	—	20	18	12	2.8	4.2	6.3	8.4	12
TB17	—	17	16	11	2.4	3.8	5.7	7.6	11
TB15	—	15	14	10	2.0	3.1	4.7	6.2	10
TB13	—	13	12	9.0	1.4	2.4	3.6	4.8	8
TB11	—	11	10	8.0	1.3	2.1	3.2	4.1	7

三、木装饰线材

木装饰线材是选用硬质、纹理细腻、木质较好的木材，经干燥处理后，用机械或手工加工而成。木质装饰线材在室内装饰中起到固定、连接、加强饰面装饰效果的作用，可作为装饰工程中各平面相接处、相交处、分界面、层次面、对接面的衔接口、交接条等的收边封口材料。

木线材涂饰性好，可油漆成各种色彩或木纹本色，又可进行对接、拼接，还可弯曲成各种弧线。木线材主要用作建筑物室内墙面的墙腰饰线、墙面洞口装饰线、护壁板和勒脚的压条装饰线、门框装饰线、顶棚装饰角线、门窗及家具的镶边线等。

复习题

1. 针叶树材与阔叶树材在强度指标上整体上看有何差别?
2. 木材含水率变化对其强度性能有什么影响?
3. 木材的主要技术性质有哪些?
4. 什么是木材的纤维饱和点和平衡含水率?
5. 简述影响木材强度的因素。
6. 木材防腐的措施有哪些?
7. 木材用于模板有哪些好处?

模块七

墙体材料

墙体是建筑物的重要组成部分,在建筑物中主要起承重、围护和分隔空间的作用。常用的墙体形式有砌体结构墙体和墙板结构墙体,其中构成砌体结构墙体所用的块状材料有砖和砌块,构成墙板结构墙体的主要是各类板材。

我国传统的墙体材料是烧结普通黏土砖,但生产烧结普通黏土砖要破坏大量农田,不利于生态环境的保护;并且普通黏土砖自重大,生产能耗高,尺寸小,砌筑速度慢,施工效率低。因此,我国已严格限制烧结普通黏土砖的生产和使用。当前,墙体材料的发展趋势是利用工农业废料和地方资源,生产出轻质、高强、低能耗、大体积、多功能、有利于保护环境的墙体材料。

项目一　砌墙砖

砌筑墙体所用砖的类型很多,按生产工艺不同分为烧结砖和非烧结砖:烧结砖是经焙烧工艺制得的,非烧结砖通常是通过蒸汽养护或蒸压养护制得的。砖按孔洞率和孔洞特征不同分为有普通砖、多孔砖、空心砖等。普通砖是指无孔洞或孔洞率小于15%的砖;多孔砖一般指孔洞率不小于25%、孔的尺寸小而数量多的砖;空心砖一般指孔洞率不小于35%、孔的尺寸大而数量少的砖。

一、烧结普通砖

以黏土、页岩、粉煤灰、煤矸石等为原料,经成型、焙烧制得的无孔洞或孔洞率小于15%的砖,称为烧结普通砖。烧结普通砖,按主要制作原料分为黏土砖(N)、砖页岩砖(Y)、粉煤灰砖(F)、煤矸石砖(M)等。

(一)生产工艺简介

各种烧结砖的生产工艺基本相同,均为:原料配制→制坯→干燥→焙烧→成品。其中焙烧是生产全过程中最重要的环节,砖坯在焙烧过程中,应严格控制窑内的温度及温度分布的均匀性。若焙烧温度过低,会烧出欠火砖;焙烧温度过高,会烧出过火砖。欠火砖孔隙率大,

色浅、声哑、强度低、耐久性差；过火砖色深、声脆、强度高，但有弯曲变形、尺寸不规整。欠火砖和过火砖均不符合国家标准对砖的质量要求。

在生产黏土砖时，当焙烧窑中为氧化气氛，会生成红色的高价氧化铁（Fe_2O_3），制得红砖；当焙烧窑中为还原气氛，高价氧化铁还原为青灰色的低价氧化铁（FeO），制得青砖。青砖比红砖的强度高，耐久性好，但价格较贵。

（二）烧结普通砖的技术性能指标

国家标准《烧结普通砖》（GB 5101—2003）对烧结普通砖的形状尺寸、强度等级、抗风化性能、泛霜、石灰爆裂等技术性能做了具体规定，并规定产品中不允许有欠火砖、酥砖和螺旋纹砖。

1. 形状尺寸

烧结普通砖的形状为直角六面体，标准尺寸为 240 mm × 115 mm × 53 mm。通常将 240 mm × 115 mm 面称为大面，将 240 mm × 53 mm 面称为条面，将 115 mm × 53 mm 面称为顶面。4 块砖长、8 块砖宽、16 块砖厚加上砂浆缝的厚度（10 mm）均为 1 m，因此 1 m^3 砖砌体理论用砖 512 块。烧结普通砖的尺寸允许偏差应符合表 7-1 的规定（样本数为 20 块）。

表 7-1　烧结普通砖尺寸允许偏差（GB 5101—2003）（mm）

公称尺寸	优等品		一等品		合格品	
	样本平均偏差	样本极差≤	样本平均偏差	样本极差≤	样本平均偏差	样本极差≤
240	±2.0	6	±2.5	7	±3.0	8
115	±1.5	5	±2.0	6	±2.5	7
53	±1.5	4	±1.6	5	±2.0	6

2. 外观质量

烧结普通砖的外观质量应符合表 7-2 的规定。

表 7-2　烧结普通砖外观质量要求

<table>
<tr><th colspan="2">项　目</th><th>优等品</th><th>一等品</th><th>合格品</th></tr>
<tr><td colspan="2">两条面高度差（mm）　≤</td><td>2</td><td>3</td><td>4</td></tr>
<tr><td colspan="2">弯曲（mm）　≤</td><td>2</td><td>3</td><td>4</td></tr>
<tr><td colspan="2">杂质凸出高度（mm）　≤</td><td>2</td><td>3</td><td>4</td></tr>
<tr><td colspan="2">缺棱掉角的三个破坏尺寸不得同时大于（mm）</td><td>5</td><td>20</td><td>30</td></tr>
<tr><td rowspan="2">裂纹长度（mm）≤</td><td>a. 大面上宽度方向及延伸到条面的长度</td><td>30</td><td>60</td><td>80</td></tr>
<tr><td>b. 大面上长度方向及其延伸到顶面的长度或条顶面上水平裂纹的长度</td><td>50</td><td>80</td><td>100</td></tr>
<tr><td colspan="2">完整面（不得少于）</td><td>两条面和两顶面</td><td>一条面和一顶面</td><td>—</td></tr>
<tr><td colspan="2">颜色</td><td>基本一致</td><td>—</td><td>—</td></tr>
</table>

3. 强度等级

取 10 块砖测定其抗压强度，用 MU（mortar unit）来表示。烧结普通砖根据抗压强度分为 MU30、MU25、MU20、MU15、MU10 五个强度等级，如表 7-3 所示。若强度变异系数 $\zeta \leqslant 0.21$ 时，按抗压强度平均值 f、强度标准值 f_k 评定砖的强度等级；若强度变异系数 $\zeta > 0.21$ 时，按抗压强度平均值 f、单块最小抗压强度值 f_{min} 评定砖的强度等级。

表 7-3　烧结普通砖的强度等级（GB 5101—2003）

强度等级	抗压强度平均值 f（MPa）≥	变异系数 $\zeta \leqslant 0.21$	变异系数 $\zeta > 0.21$
		强度标准值 f_k（MPa）≥	单块最小抗压强度值 f_{min}（MPa）≥
MU30	30.0	22.0	25.0
MU25	25.0	18.0	22.0
MU20	20.0	14.0	16.0
MU15	15.0	10.0	12.0
MU10	10.0	6.5	7.5

4. 抗风化性能

抗风化性能是指在温度变化、干湿变化、冻融变化等物理因素作用下，材料不破坏并长期保持原有性质的能力。砖的抗风化能力越强，耐久性越好。烧结普通砖的抗风化性通常用吸水率、饱和系数、抗冻性等指标判定。

烧结普通砖的抗风化性指标应满足表 7-4 的要求；国家标准《烧结普通砖》（GB 5101—2003）中规定，严重风化区中的东北三省以及内蒙古、新疆等地区用砖必须进行冻融试验，其他地区用砖的抗风化性能符合表 7-4 规定时可不做冻融试验；否则，必须进行冻融试验。冻融试验后，每块砖样不允许出现裂纹、分层、掉皮、掉角等冻坏现象；质量损失不得大于 2%。

表 7-4　烧结普通砖抗风化性指标

<table>
<tr><th rowspan="3">砖种类</th><th colspan="4">严重风化区</th><th colspan="4">非严重风化区</th></tr>
<tr><th colspan="2">5 h 沸煮吸水率≤</th><th colspan="2">饱和系数≤</th><th colspan="2">5 h 沸煮吸水率≤</th><th colspan="2">饱和系数≤</th></tr>
<tr><th>平均值</th><th>单块最大值</th><th>平均值</th><th>单块最大值</th><th>平均值</th><th>单块最大值</th><th>平均值</th><th>单块最大值</th></tr>
<tr><td>黏土砖</td><td>18%</td><td>20%</td><td rowspan="2">0.85</td><td rowspan="2">0.87</td><td>19%</td><td>20%</td><td rowspan="2">0.88</td><td rowspan="2">0.90</td></tr>
<tr><td>粉煤灰砖</td><td>21%</td><td>23%</td><td>23%</td><td>25%</td></tr>
<tr><td>页岩砖</td><td rowspan="2">16%</td><td rowspan="2">18%</td><td rowspan="2">0.74</td><td rowspan="2">0.77</td><td rowspan="2">18%</td><td rowspan="2">20%</td><td rowspan="2">0.78</td><td rowspan="2">0.88</td></tr>
<tr><td>煤矸石砖</td></tr>
</table>

5. 泛霜和石灰爆裂

泛霜是指可溶性盐类，如硫酸钠等，在砖的使用过程中，随着砖内水分蒸发在砖表面逐渐析出的一层白霜。泛霜不仅影响建筑物外观，还会造成砖表面粉化与脱落，破坏砖与砂浆

的黏结,使建筑物墙体抹灰层剥落,严重的还可能降低墙体的承载力。

当生产黏土砖的原料含有石灰石时,焙烧砖时石灰石会煅烧成生石灰留在砖内,这些生石灰会吸收外界水分进行熟化并产生体积膨胀,导致砖发生膨胀性破坏,这种现象称为石灰爆裂。石灰爆裂对墙体的危害很大,轻者影响外观,缩短使用寿命;重者会使砖砌体强度下降,危及建筑物的安全。

烧结普通砖对泛霜和石灰爆裂的要求应符合表 7-5 的规定。

表 7-5　烧结普通砖对泛霜和石灰爆裂的要求

项目	优等品	一等品	合格品
泛霜	无泛霜	不允许出现中等泛霜	不允许出现严重泛霜
石灰爆裂	不允许出现最大破坏尺寸大于2 mm 的爆裂区域	①最大破坏尺寸大于2 mm 且小于等于 10 mm 的爆裂区域,每组样砖不得多于 15 处 ②不允许出现最大破坏尺寸大于 10 mm 的爆裂区域	①最大破坏尺寸大于 2 mm 且小于等于 15 mm 的爆裂区域,每组样砖不得多于 15 处,其中大于 10 mm 的不得多于 7 处 ②允许出现最大破坏尺寸大于15 mm 的爆裂区域

(三)烧结普通砖的应用

烧结普通砖具有一定的强度和保温隔热性,耐久性好,生产工艺简单,价格低廉,在建筑工程中主要用作墙体材料,其中优等品的砖可用于砌筑清水墙,也可用于砌筑柱、拱、烟囱、基础等。在砌体中配制适当的钢筋或钢筋网成为配筋砌体,可代替钢筋混凝土过梁或柱。

需要再次强调的是生产烧结普通黏土砖需要大量黏土,要破坏大量农田,不利于生态环境的保护;并且普通黏土砖自重大,生产能耗高,尺寸小,砌筑速度慢,施工效率低。因此,我国已严格限制烧结普通黏土砖的生产和使用。

烧结砖由于含有一定的孔隙,在砌筑墙体时会吸收砂浆中的水分,影响砂浆中水泥的正常凝结硬化,使墙体的强度下降。因此,在砌筑烧结普通砖时,必须预先使砖充分吸水润湿,才能使用。

二、烧结多孔砖和空心砖

在建筑工程中用烧结多孔砖和空心砖代替普通砖,可使建筑物自重降低 30% 左右,节省黏土 20% ~30%,节省燃料 10% ~20%,施工工效提高 40%,并能改善墙体的保温、隔声性能。因此,推广使用多孔砖和空心砖是加快我国墙体材料改革的重要措施。

烧结多孔砖和空心砖的主要原材料、生产工艺与烧结普通砖相同,但由于坯体有孔洞,增加了成型的难度,因此对原材料的可塑性要求较高。

(一)烧结多孔砖

烧结多孔砖一般指含有较多小孔,孔洞率大于等于 25% 的烧结砖。烧结多孔砖的形状为直角六面体,主要规格尺寸有 190 mm × 190 mm × 90 mm(M 型)和 240 mm × 115 mm × 90 mm(P 型)两种,其孔洞尺寸为:圆孔直径小于等于 22 mm,非圆孔直径小于等于 15 mm。烧结多孔砖形状如图 7-1 所示。

烧结多孔砖的孔洞多与承压面垂直,单孔尺寸小,孔洞分布均匀,具有较高的强度。按

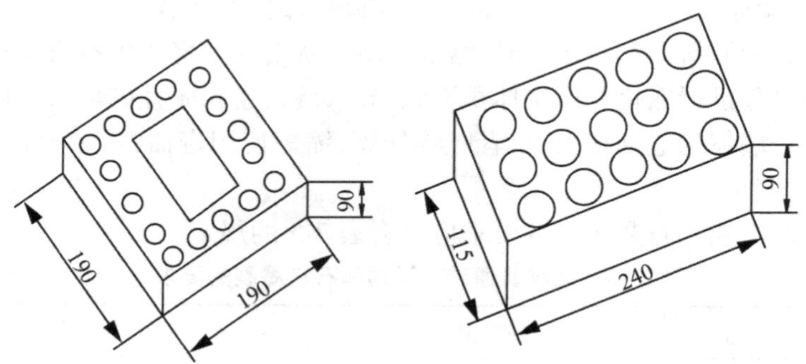

图 7-1 烧结多孔砖形状

国家标准《烧结多孔砖》(GB 13544—2011)的规定,根据 10 块砖的抗压强度,烧结多孔砖分为 MU30、MU25、MU20、MU15、MU10 五个强度等级,如表 7-6 所示。烧结多孔砖按照尺寸偏差、外观质量、耐久性、强度等级等分为优等品(A)、一等品(B)、合格品(C)三个等级。

表 7-6 烧结多孔砖的强度等级(GB 13544—2011)

强度等级	抗压强度平均值 f(MPa)≥	强度标准值 f_k(MPa)≥
MU30	30.0	22.0
MU25	25.0	18.0
MU20	20.0	14.0
MU15	15.0	10.0
MU10	10.0	6.5

烧结多孔砖由于强度较高,在建筑工程中可代替普通砖,主要用于六层以下的承重墙体。

(二)烧结空心砖

烧结空心砖是以黏土、页岩、煤矸石、粉煤灰等为主要原料,经焙烧而成。烧结空心砖为顶面有孔洞的直角六面体,孔大而少,孔洞为矩形条孔或其他孔形、平行大面和条面,如图 7-2 所示。

根据国家标准《烧结空心砖和空心砌块》(GB 13545—2014)规定,砖的长、宽、高尺寸应符合下列要求:390 mm、290 mm、240 mm、190 mm、180 mm、175 mm、140 mm、115 mm、90 mm(也可由供需双方商定)。按砖的表观密度分成 800、900、1 000、1 100 四个密度等级(如表 7-7 所示);根据抗压强度分为 MU10.0、MU7.5、MU5.0、MU3.5 四个强度等级(如表 7-8 所示)。

空心砖和空心砌块的产品标记按产品名称、类别、规格(长宽高)、密度级别、强度等级和标准编号顺利编写。

如:290 mm×190 mm×90 mm、密度等级 800、强度等级 MU7.5 的页岩空心砖,其标记为:烧结空心砖 Y(290×190×90)800 MU7.5 GB13545—2014。

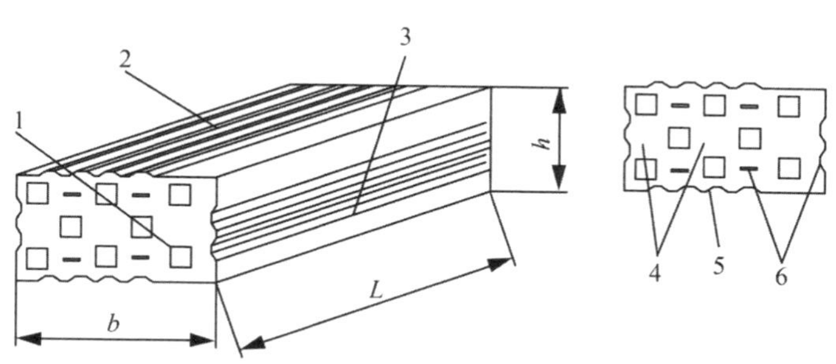

图 7-2　烧结空心砖形状

1—顶面;2—大面;3—条面;4—肋;5—凹线槽;6—外壁;L—长度;b—宽度;h—高度

表 7-7　烧结空心砖和空心砌块的密度等级(GB 13545—2014)

密度等级	5 块密度平均值(kg/m³)	密度等级	5 块密度平均值(kg/m³)
800	≤800	1 000	901～1 000
900	801～900	1 100	1 001～1 100

表 7-8　烧结空心砖和空心砌块的强度等级(GB 13545—2014)

强度等级	抗压强度(MPa)		
	抗压强度平均值 f≥	变异系数 ζ≤0.21	变异系数 ζ>0.21
		抗压强度标准值 f_k≥	单块最小抗压强度值 f_{min}≥
MU10.0	10.0	7.0	8.0
MU7.5	7.5	5.0	5.8
MU5.0	5.0	3.5	4.0
MU3.5	3.5	2.5	2.8

烧结空心砖孔洞尺寸大,孔洞率高,具有良好的保温隔热性能,但强度较低,在建筑工程中主要用于砌筑框架结构的填充墙或非承重墙。

三、非烧结砖

不经过焙烧而制成的砖称为非烧结砖,如蒸养蒸压砖、免烧免蒸砖、碳化砖等。目前在建筑工程中应用较多的是蒸压砖,主要品种有灰砂砖、粉煤灰砖、炉渣砖等。

(一)蒸压灰砂砖

蒸压灰砂砖是以石灰、砂子为主要原料,经配料、成型、蒸压养护而成的砖。灰砂砖可制成实心砖和多孔砖,实心砖的外形尺寸与烧结普通砖相同,多孔砖的各项性应能符合《蒸压灰砂多孔砖》(JC/T 637—2009)的规定。

根据《蒸压灰砂砖》(GB 11945—1999)的规定,蒸压灰砂砖按抗压强度和抗折强度分为MU25、MU20、MU15、MU10 四个强度等级,如表 7-9 所示。蒸压灰砂砖的抗冻性,是经过 15 次冻融循环后,要求抗压强度损失小于等于 20%,干质量损失小于等于 2%。

表 7-9　蒸压灰砂砖的强度等级(GB 11945—1999)

强度等级	抗压强度(MPa)		抗折强度(MPa)	
	平均值≥	单块值≥	平均值≥	单块值≥
MU25	25.0	20.0	5.0	4.0
MU20	20.0	16.0	4.0	3.2
MU15	15.0	12.0	3.3	2.6
MU10	10.0	8.0	2.5	2.0

蒸压灰砂砖主要用于建筑物的墙体、基础等承重部位。由于灰砂砖中的一些水化产物(氢氧化钙、碳酸钙)不耐酸、不耐热、溶于水,因此,灰砂砖不能用于长期受热高于 200 ℃、受急冷急热作用的部位和有酸性介质侵蚀的建筑部位,也不得用于受流水冲刷的部位。

(二)蒸压粉煤灰砖

蒸压粉煤灰砖是以粉煤灰、石灰为主要原料,加入适量石膏和炉渣经制坯、成型、高压或常压蒸汽养护而成的实心砖。蒸压粉煤灰砖颜色为灰色或深灰色,外形尺寸与烧结普通砖完全相同,表观密度约为 1 500 kg/m^3。

根据蒸压粉煤灰砖(JC/T 239—2014)的规定,蒸压粉煤灰砖的抗压强度和抗折强度分为 MU30、MU25、MU20、MU15、MU10 五个强度等级,如表 7-10 所示。蒸压粉煤灰砖的抗冻性要求同蒸压灰砂砖。蒸压粉煤灰砖又根据尺寸偏差、外观质量、强度等级、干缩率分为优等品(A)、一等品(B)、合格品(C)三个产品等级,优等品的强度等级应不低于 MU15。由于粉煤灰砖的收缩较大,因此,建材部标准规定蒸压粉煤灰砖的干燥收缩率为:优等品小于和一等品不大于 0.65 mm/m,合格品不大于 0.75 mm/m。

表 7-10　粉煤灰砖的强度等级(JC/T 239—2014)

强度等级	抗压强度(MPa)		抗折强度(MPa)	
	10 块平均值≥	单块值≥	10 块平均值	单块值≥
MU30	30.0	24.0	4.8	3.8
MU25	25.0	20.0	4.5	3.6
MU20	20.0	16.0	4.0	3.2
MU15	15.0	12.0	3.7	3.0
MU10	10.0	8.0	2.5	2.0

蒸压粉煤灰砖主要用于建筑物的墙体和基础,但用于基础或易受冻融和干湿交替作用的建筑部位时,必须采用 MU15 及以上强度等级的砖。蒸压粉煤灰砖不能用于长期受热高于 200 ℃、受急冷急热交替作用和有酸性介质侵蚀的建筑部位。用蒸压粉煤灰砖砌筑的建筑物,为了减少收缩裂缝,应适当增设圈梁和伸缩缝。

项目二　墙用砌块

砌块是指比砖尺寸大的块材，在建筑工程中多采用高度为 180 ~ 350 mm 的小型砌块。生产砌块多采用地方材料和工农业废料，材料来源广，可节约黏土资源，并且制作使用方便。由于砌块的尺寸比砖大，故用砌块来砌筑墙体还可提高施工速度，改善墙体的功能。本节主要介绍几种常用的砌块。

一、蒸压加气混凝土砌块

蒸压加气混凝土砌块是以钙质材料（水泥、石灰等）、硅质材料（砂、粉煤灰、粒化高炉矿渣等）和水按一定比例配合，加入少量发气剂（铝粉）和外加剂，经搅拌、浇筑、切割、蒸压养护等工序制成的一种轻质、多孔墙体材料。

按《蒸压加气混凝土砌块》（GB 11968—2006）的规定，砌块的规格尺寸如表 7-11 所示。砌块按外观质量、尺寸偏差、干密度、抗压强度和抗冻性分为优等品（A）和合格品（B）两个产品等级，按干密度分 B03、B04、B05、B06、B07、B08 六个级别，如表 7-12 所示。按砌块抗压强度分 A1.0、A2.0、A2.5、A3.5、A5.0、A7.5、A10.0 七个强度等级，如表 7-13 所示。

表 7-11　蒸压加气混凝土砌块规格（mm）

长度 L	宽度 B	高度 H
600	100　120　125 150　180　200 240　250　300	200　240　250　300

表 7-12　蒸压加气混凝土砌块的干密度（kg/m^3）

干密度等级		B03	B04	B05	B06	B07	B08
干密度	优等品（A）≤	300	400	500	600	700	800
	合格品（B）≤	325	425	525	625	725	825

表 7-13　蒸压加气混凝土砌块的抗压强度（MPa）

强度等级	立方体抗压强度	
	平均值≥	单组最小值≥
A1.0	1.0	0.8
A2.0	2.0	1.6
A2.5	2.5	2.0
A3.5	3.5	2.8
A5.0	5.0	4.0
A7.5	7.5	6.0
A10.0	10.0	8.0

蒸压加气混凝土砌块具有质量轻(约为普通黏土砖的1/3),保温隔热性好,易加工,施工方便等优点,在建筑物中主要用于低层建筑的承重墙、钢筋混凝土框架结构的填充墙以及其他非承重墙。在无可靠的防护措施时,加气混凝土砌块不得用于水中或高湿度环境、有侵蚀作用的环境和长期处于高温环境中的建筑物。

二、混凝土砌块

(一)普通混凝土小型空心砌块

普通混凝土小型空心砌块是以水泥、砂子、石子、水为原料,经搅拌、成型、养护而成的空心砌块。砌块的空心率不小于25%,主规格为390 mm×190 mm×190 mm,配以3~4种辅助规格,即可组成墙用砌块基本系列。常用普通混凝土小型空心砌块的形状如图7-3所示。

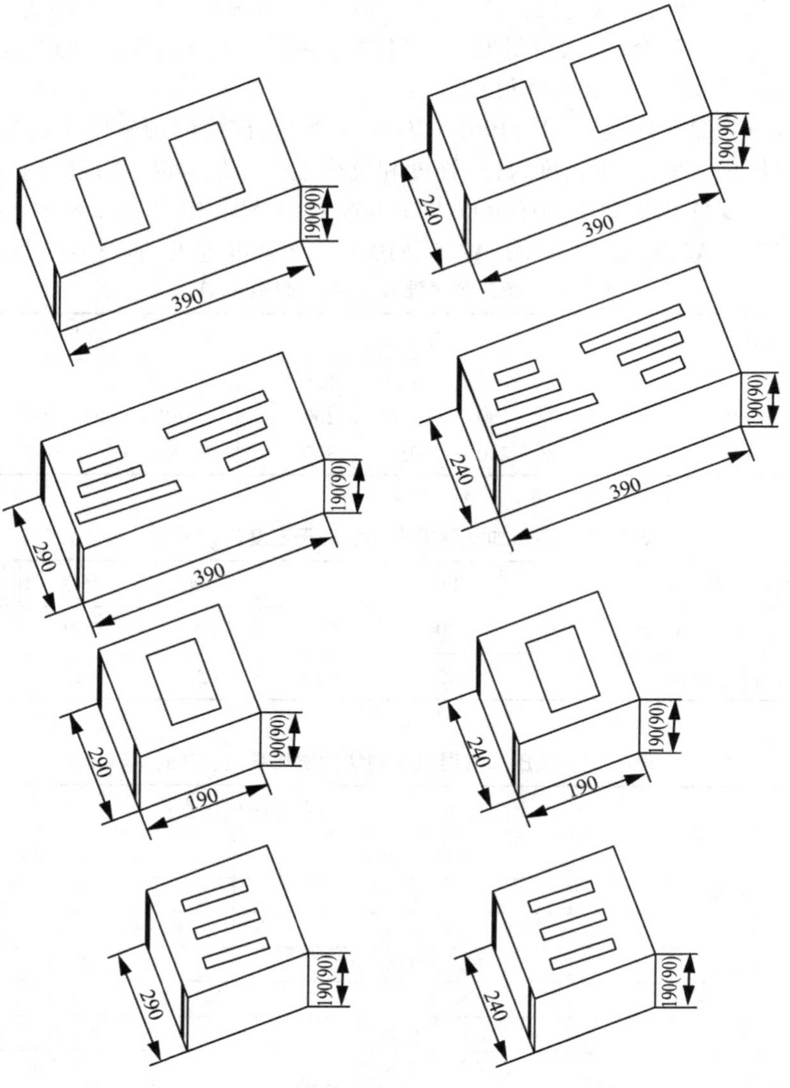

图7-3　普通混凝土小型空心砌块形状

根据《普通混凝土小型空心砌块》(GB/T 8239—2014)的规定,普通混凝土小型空心砌块按照抗压强度分为 MU40、MU35、MU30、MU25、MU20、MU15、MU10、MU7.5、MU5.0 九个强度等级,砌块按使用时砌筑墙体的结构和受力情况,分为承重结构用砌块(代号:L,简称承重砌块)、非承重结构用砌块(代号:N,简称非承重砌块)。砌块按空心率分为实心砌块(代号 S,空心率小于 25%)和空心砌块(代号 H,空心率不小于 25%)。常用的辅助砌块代号为:半块—50,七分头块—70,圈梁块—U,清扫孔块—W。

混凝土小型空心砌块一般用于地震设计烈度较低的建筑物墙体。在砌块的空洞内可浇注配筋芯柱,能提高建筑物的延性。

(二)轻集(骨)料混凝土小型空心砌块

轻集料混凝土小型空心砌块是由水泥、普通砂或轻砂、轻粗集料加水搅拌,经装模、振动(或加压振动或冲压)成型,并经养护而成。轻集料有陶粒、煤渣、煤矸石、火山渣、浮石等。

根据《轻集料混凝土小型空心砌块》(GB/T 15229—2011)的规定,轻集料混凝土小型空心砌块主规格尺寸为 390 mm×190 mm×190 mm,按砌块孔的排数分类为:单排孔、双排孔、三排孔、四排孔等。按干表观密度将砌块分为 700、800、700、900、1 000、1 200、1 300、1 400 八个密度等级级别。按砌块强度等级分为 MU2.5、MU3.5、MU5.0、MU7.5、MU10.0 六个等级。砌块按照代号、孔的排数、密度等级、强度等级和标准编号来标记:如 LB 2 800 MU3.5 GB/T15229－2011 表示,轻集料混凝土小型空心砌块双排孔密度等级为 800 强度等级为 3.5 标准为 2011 年版。轻集料混凝土小型空心砌块的强度等级、密度等级和抗压强度应满足表 7-14 的规定。

表 7-14　轻集料混凝土小型空心砌块的强度等级

强度等级	砌块抗压强度(MPa)		密度等级范围≤
	平均值≥	最小值≥	
MU2.5	2.5	2.0	800
MU3.5	3.5	2.8	1 000
MU5.0	5.0	4.0	1 200
MU7.5	7.5	6.0	1 200a 1 300b
MU10.0	10.0	8.0	1 200a 1 400b
a. 除自然煤矸石掺量不小于砌块质量 35% 以外的其他砌块; b. 自然煤矸石掺量不小于砌块质量 35% 的砌块			

轻集料混凝土小型空心砌块用于建筑物的承重墙体和非承重墙体。

三、粉煤灰砌块

粉煤灰砌块是以粉煤灰、石灰、石膏和骨料等为原料,加水搅拌、振动成型、蒸汽养护而成的。粉煤灰砌块的形状为直角六面体,主要规格尺寸 880 mm×380 mm×240 mm 和 880 mm×430 mm×240 mm。

粉煤灰砌块按抗压强度分为 10 级和 13 级两个等级;根据外观质量、尺寸偏差及干缩值分为一等品(B)、合格品(C)两个质量等级,其中一等品要求干缩值不大于0.75 mm,合格品要求干缩值不大于0.90 mm。粉煤灰砌块的抗压强度、抗冻性、密度应满足表7-15的规定。

表7-15　粉煤灰砌块抗压强度、抗冻性和密度要求

<table>
<tr><th rowspan="2">项目</th><th colspan="2">强度等级</th></tr>
<tr><th>10级</th><th>13级</th></tr>
<tr><td>抗压强度(MPa)</td><td>3块平均值不小于10.0,单块最小值不小于8.0</td><td>3块平均值不小于13.0,单块最小值不小于7.5</td></tr>
<tr><td>人工碳化后强度(MPa)</td><td>不小于6.0</td><td>不小于7.5</td></tr>
<tr><td>抗冻性(-20 ℃)</td><td colspan="2">冻融循环15次后,外观无明显疏松、剥落或裂缝,强度损失不大于20%</td></tr>
<tr><td>密度(kg/m^3)</td><td colspan="2">不超过设计密度10%</td></tr>
</table>

粉煤灰砌块适用于一般建筑物的墙体和基础。但由于粉煤灰砌块的干缩值较大,变形大于同标号的水泥混凝土制品,因此不宜用于长期受高温影响的承重墙,也不宜用于有酸性介质侵蚀的部位。粉煤灰砌块的墙体内外表面宜作粉刷或其他饰面,以改善隔热、隔声性,并能防止外墙渗漏,提高耐久性。

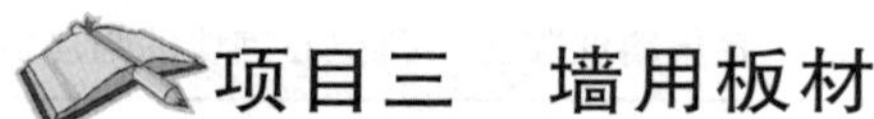

项目三　墙用板材

随着建筑工业化和建筑结构体系的发展,各种轻质墙板、复合墙用板材也迅速兴起。以板材作为围护墙体的建筑体系具有节能、质轻、开间布置灵活、使用面积大、施工方便快捷等特点,具有很广泛的发展前景。

墙用板材分为内墙用板材和外墙用板材。内墙用板材大多为各类石膏板、石棉水泥板、加气混凝土板等,这些板材具有质量轻、保温效果好、隔声、防火、装饰效果好等优点。外墙用板材大多采用加气混凝土板、各类复合板材、玻璃钢板等。本节主要介绍几种常用的、具有代表性的板材。

一、石膏类墙用板材

石膏类板材具有质量轻、保温、隔热、吸声、防火、调湿、尺寸稳定、可加工性好、成本低等优良性能,是一种很有发展前途的新型板材,也是良好的室内装饰材料。石膏板在内墙板中占有较大的比例,常用的石膏板有纸面石膏板、纤维石膏板、石膏空心板、石膏刨花板等。

(一)纸面石膏板

纸面石膏板是以建筑石膏为主要原料,加入适量纤维和外加剂构成芯板,再与两面特制的护面纸牢固结合在一起的建筑板材。护面纸主要起提高板材抗弯、抗冲击的作用。纸面石膏板根据加入外加剂的不同分为普通纸面石膏板、耐水纸面石膏板、耐火纸面石膏板等。

纸面石膏板常用规格如下。

长度:1 800 mm、2 100 mm、2 400 mm、2 700 mm、3 000 mm、3 300 mm、3 600 mm。

宽度:900 mm、1 200 mm。

厚度:普通纸面石膏板为 9 mm、12 mm、15 mm、18 mm;耐火纸面石膏板为 9 mm、12 mm、15 mm;耐水纸面石膏板为 9 mm、12 mm、15 mm、18 mm、21 mm、25 mm。

纸面石膏板的表观密度为 800 ~ 1 000 kg/m^3,热导率为 0.19 ~ 0.21 W/(m·K),隔声指数为 35 ~ 45 dB,抗折荷载为 400 ~ 850 N。纸面石膏板表面平整、尺寸稳定、质量轻、隔热、隔声、防火、调湿、易加工,并且施工简便,劳动强度低。但纸面石膏板由于用纸量大,因此成本较高。

普通纸面石膏板主要适用于干燥环境中的室内隔墙、天花板、复合外墙板的内壁板等,不宜用于厨房、卫生间以及空气相对湿度经常大于 70% 的场所。耐水纸面石膏板主要用于厨房、卫生间等空气相对湿度较大的环境,耐火纸面石膏板主要用于对防火要求较高的建筑工程中。

(二)纤维石膏板

纤维石膏板是以建筑石膏为主要原料,以玻璃纤维或纸筋等为增强材料,经铺浆、脱水、成型、烘干等工序加工而成。纤维石膏板的规格尺寸为:长度为 2 700 ~ 3 000 mm,宽度为 800 mm,厚度为 12 mm。纤维石膏板的表观密度为 1 100 ~ 1 230 kg/m^3,热导率为 0.18 ~ 0.19 W/(m·K),隔声指数为 36 ~ 40 dB。

纤维石膏板的抗弯强度和弹性模量均高于纸面石膏板,主要用于非承重内隔墙、天花板、内墙贴面等。

(三)石膏空心板

石膏空心板是以石膏为胶凝材料,加入适量轻质材料(如膨胀珍珠岩等)和改性材料(如水泥、石灰、粉煤灰、外加剂等),经搅拌、成型、抽芯、干燥等工序制成的。石膏空心板的尺寸规格为:长度 2 500 ~ 3 000 mm,宽度 500 ~ 600 mm,厚度 60 ~ 90 mm。石膏空心板的表观密度为 600 ~ 900 kg/m^3,热导率为 0.22 W/(m·K),隔声指数大于 30 dB,抗折强度为 2 ~ 30 MPa,耐火极限为 1 ~ 2.5 h。

石膏空心板加工性好,质量轻,颜色洁白,表面平整光滑,可在板面喷刷或粘贴各种饰面材料,空心部位可预埋电线和管件,施工安装时不用龙骨,施工简单。石膏空心板主要适用于非承重内隔墙,但用于较潮湿环境中,表面须做防水处理。

二、水泥类墙用板材

水泥类墙用板材具有较好的力学性能和耐久性,主要用于承重墙、外墙和复合外墙的外层面,但其表观密度大,抗拉强度低,体型较大的板材在施工中易受损。根据使用功能要求,生产时可制成空心板材以减轻自重和改善隔热隔声性能,也可加入一些纤维材料制成增强型板材,还可在水泥板材上制作具有装饰效果的表面层。

(一)预应力混凝土空心墙板

预应力混凝土空心墙板是以高强度的预应力钢绞线用先张法制成的混凝土墙板。该墙板可根据需要增设保温层、防水层、外饰面层等,取消了湿作业。预应力混凝土空心墙板可用于承重或非承重的内外墙板、楼面板、屋面板、阳台板、雨篷等。

(二)GRC 空心轻质墙板

GRC 空心轻质墙板是以低碱性水泥为胶结材料,膨胀珍珠岩、炉渣等为骨料,抗碱玻璃

纤维为增强材料，再加入适量发泡剂和防水剂，经搅拌、成型、脱水、养护制成的一种轻质墙板。GRC 空心轻质墙板具有质量轻、强度高、隔热、隔声、不燃、加工方便等优点，可用于一般建筑物的内隔墙和复合墙体的外墙面。

（三）蒸压加气混凝土板

蒸压加气混凝土板是以钙质材料（水泥、石灰等）、硅质材料（砂、粉煤灰、粒化高炉矿渣等）和水按一定比例配合，加入少量发气剂（铝粉）和外加剂，经搅拌、浇筑、成型、蒸压养护等工序制成的一种轻质板材。蒸压加气混凝土板可用于一般建筑物的内外墙和屋面。

（四）水泥刨花板

水泥刨花板是以水泥和刨花作为主要原料，再加入填料和外加剂经拌合、压实和养护等工艺生产的板材。水泥刨花板的规格尺寸为：长度 1 000 ~ 2 000 mm，宽度 500 ~ 700 mm，厚度 30 ~ 100 mm。

水泥刨花板自重小，表观密度为 400 ~ 1 300 kg/m^3，仅为水泥混凝土的一半；具有良好的保温性能和较高的抗压、抗折强度；加工性好，便于施工。水泥刨花板可用于建筑物的外墙板和内墙板，也可与其他材料的板材复合制成各种复合板材。

（五）纤维水泥板

纤维水泥板是以温石棉、短切中碱玻璃纤维或抗碱玻璃纤维为增强材料，低碱度硫铝酸盐水泥为胶结料，经制浆、成坯制坯、蒸汽养护等工序制成的。其中掺石棉纤维的称为 TK 板，不掺石棉纤维的称为 NTK 板。常见规格：长度 1 200 ~ 2 800 mm，宽度 800 ~ 1 200 mm，厚度 4 mm、5 mm、6 mm。

纤维水泥板具有强度高、防火（6 mm 板双面复合墙耐火极限为 47 min）、防潮、不易变形、可锯、可钻、可钉、可表面装饰等优点。

纤维水泥板适用于各类建筑物，特别是高层建筑有防火、防潮要求的隔墙，也可用作吊顶板和墙裙板。表观密度不低于 1 700 kg/m^3，吸水率不大于 20% 且表面经涂覆处理的纤维水泥加压板可用作建筑物非承重外墙外侧与内侧的面板。

三、复合墙板

复合墙板是由两种以上不同材料结合在一起的墙板。复合墙板可以根据功能要求组合各个层次，如结构层、保温层、饰面层等，能使各类材料的功能都得到合理利用。目前，建筑工程中已大量使用各种复合板材，并取得了良好效果。

（一）混凝土夹芯板

混凝土夹芯板的内外表面用 20 ~ 30 mm 厚的钢筋混凝土，中间填以矿渣棉、岩棉、泡沫混凝土等保温材料，内外两层面板用钢筋连接，如图 7-4 所示。混凝土夹芯板可用于建筑物的内外墙，其夹层厚度应根据热工计算确定。

（二）钢丝网水泥夹芯复合板材

钢丝网水泥夹芯复合板材是将泡沫塑料、岩棉、玻璃棉等轻质芯材夹在中间，两片钢丝网之间用“之”字形钢丝相互连接，形成稳定的三维网架结构，然后用水泥砂浆在两侧抹面，或进行其他饰面装饰。

常用的钢丝网夹芯板材品种有多种，其结构示意如图 7-5 所示。

钢丝网水泥夹芯复合板材自重轻，约为 90 kg/m^2；其热阻约为 240 mm，厚普通砖墙的两倍，具有良好的隔热性；另外还具有隔声性好、抗冻性能好、抗震能力强等优点，适当加钢筋

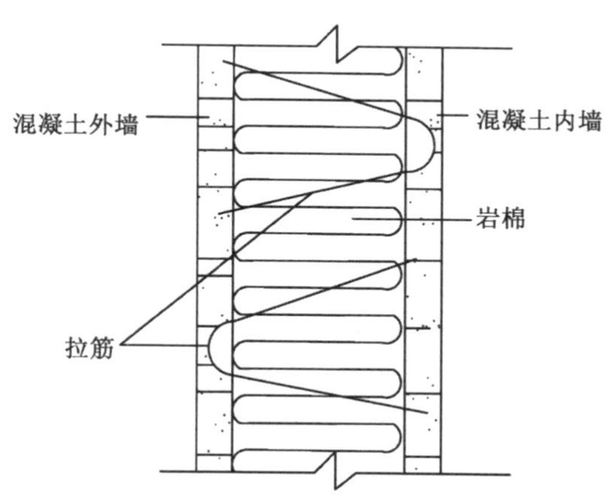

图 7-4 混凝土夹芯板

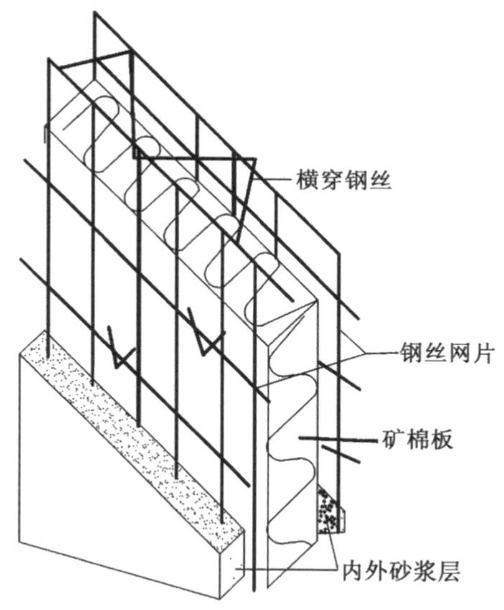

图 7-5 钢丝网夹芯板材大样

后具有一定的承载能力,在建筑物中可用作墙板、屋面板和各种保温板。

(三)彩钢夹芯板材

彩钢夹芯板材是以硬质泡沫塑料或结构岩棉为芯材,在两侧粘上彩色压型(或平面)镀锌钢板。外露的彩色钢板表面一般涂以高级彩色塑料涂层,使其具有良好的抗腐蚀能力和耐候性。彩钢夹芯板材的结构如图 7-6 所示。

彩钢夹芯板材重量轻,为 15 ~25 kg/m^2;热导率低,为 0.01 ~0.30 W/(m · K);使用温度范围为 -50 ~120 ℃;具有良好的密封性能和隔声效果,还具有良好的防水、防潮、防结露和装饰效果,并且安装、移动容易。彩钢夹芯板材适用于各类建筑物的墙体和屋面。

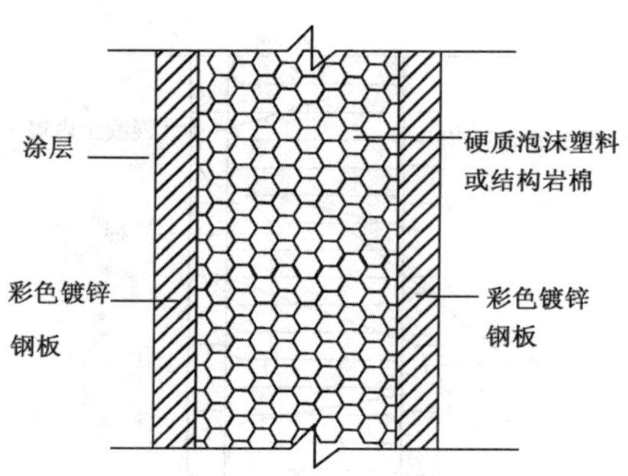

图 7-6　彩钢夹芯板材的结构

复习题

1. 砌墙砖有哪几种类型？

2. 烧结普通砖的标准尺寸是多少？

3. 如何判别欠火砖和过火砖？

4. 烧结普通砖有哪些优点和缺点？

5. 烧结空心砖和多孔砖有什么区别？

6. 建筑工程中常用的非烧结砖有哪几种类型？

7. 砌块与烧结普通黏土砖相比，有哪些优点？

8. 墙用板材有哪几种？

9. 一块烧结普通黏土砖，烘干后质量为 2 480 g，吸水饱和质量为 2 950 g，再将该砖磨细，过筛后烘干取 50 g，用密度瓶测定其体积为 18.5 cm^3。试求该砖的吸水率、密度、表观密度及孔隙率。

10. 现有烧结普通黏土砖一批，经抽样测定其结果如下，问该砖的强度等级是多少（砖的受压面积为 120 mm × 120 mm）？

砖编号	1	2	3	4	5	6	7	8	9	10
破坏荷载(kN)	255	267	225	199	242	256	189	263	228	244

模块八　防水、止水材料

防水、止水材料是指能防止雨水、地下水和其他水分渗透作用的材料，是工程中重要的建筑材料之一，广泛应用于建筑物的屋面、地下室、卫生间、墙面、地面以及水利、桥梁、道路、隧道等工程。

防水工程按所用材料不同分为刚性防水和柔性防水。

刚性防水常采用涂抹防水砂浆、浇筑掺外加剂的混凝土等做法，柔性防水常采用铺设防水卷材、涂覆防水涂料等做法。防水工程按构造做法可分为构件自防水和采用不同材料的防水层防水。

防水材料具有品种多、发展快的特点，有沥青基防水材料、树脂基防水材料、高聚物改性沥青防水材料、合成高分子防水材料、金属防止水材料等。防水卷材的胎体由纸胎、玻璃纤维胎向化纤胎、铝箔胎方向发展；密封材料和防水涂料由低塑性的产品向高弹性、高耐久性的产品方向发展；施工方法由热熔法向冷粘法发展，防水设计也由多层向单层防水发展，由单一材料向复合型多功能材料发展。沥青基防水材料由于来源广泛、成本低廉且技术稳定，是目前防水、止水材料的主体，在国内外得到广泛应用。沥青基防水材料因石油工业的发展使用范围最广，是最主要的防水、止水材料，目前以石油化工副产品为代表的高分子聚合物防水材料亦被越来越多地使用。

项目一　沥青

沥青是一种憎水性的有机胶凝体材料，在常温下呈褐色或黑褐色的固体-半固体或黏稠体状液体。沥青具有良好的不透水性、黏结性、塑性、抗冲击性、耐化学腐蚀性、电绝缘性等，广泛应用于土木工程的防水、防潮和防渗，可用来制造防水卷材、防水涂料、防腐涂料、嵌缝油膏等。另外，沥青作为胶凝材料，与砂、石等矿物混合具有非常好的黏结能力，所制得的沥青混合料是现代道路工程重要的路面材料。

一、石油沥青

石油沥青是石油原油经蒸馏等工艺提炼出各种轻质油（如汽油、煤油、柴油等）和润滑油后的残留物,或是将残留物进一步加工得到的产品。

(一)石油沥青的组成

石油沥青的主要成分是碳和氢。由于其化学成分比较复杂,常将石油沥青中化学特性及物理、力学性质相近的物质划分为若干组,称为“组分”。石油沥青的性质随各组分含量的变化而改变。

1. 油分

油分是石油沥青中最轻的组分,密度为0.7~1 g/cm^3,常温下为淡黄色液体,能溶于有机溶剂(如丙酮、苯、三氯甲烷等),但不溶于酒精。油分在石油沥青中的含量为40%~60%,赋予石油沥青流动性。

2. 树脂

树脂为密度大于1 g/cm^3 的黄色至黑褐色黏稠状半固体,能溶于汽油。

3. 地沥青质

地沥青质是石油沥青中最重的组分,密度大于1 g/cm^3,常温下为深褐色至黑色的固体粉末,能溶于二硫化碳和三氯甲烷,但不溶于汽油和酒精。地沥青质在石油沥青中的含量为10%~30%,其含量越多,石油沥青的温度敏感性越小,黏性越大,也越脆硬。

此外石油沥青中还含有一定量的固体石蜡,它会降低沥青的黏性、塑性、温度敏感性和耐热性。

石油沥青中各组分是不稳定的。在阳光、热、氧气、水等外界因素作用下,密度小的组分会逐渐转化密度大的组分,油分、树脂的含量会逐渐减少,地沥青质的含量逐渐增多这一过程称为沥青的老化。沥青老化后流动性、塑性降低,脆性增加,易发生脆裂甚至松散,使沥青失去防腐作用。

(二)石油沥青的技术性质

1. 黏性

黏性是指石油沥青在外力作用下抵抗变形的能力。黏性大小与温度及石油沥青各组分含量有关。在一定的温度范围内,温度升高,黏性降低;反之,则黏性提高。石油沥青中的沥青质含量较多,同时有适量的树脂,而油分含量较少时,其黏性较大。

液态石油沥青的黏性用黏滞度表示。以液态石油沥青在一定的温度条件下,经过规定直径的孔,漏下50 mL所需的时间(s)表示。黏滞度越大表示石油沥青的黏性越大。固态或半固态石油沥青的黏性用针入度表示。针入度是指在温度25 ℃的条件下,以质量为100 g的标准针,经5 s的时间沉入沥青中的深度,每深入0.1 mm定为1度。针入度越大,沥青流动性越大,黏性越差。

2. 塑性

塑性是指石油沥青在外力的作用下产生变形而不破坏,外力去掉后仍能保持变形后的形状的性质。石油沥青塑性大小与温度及各组分含量有关。温度升高,塑性增大;反之,塑性降低。当石油沥青中树脂含量较多,同时有适量的油分和地沥青质存在时,塑性越大。塑性反映了石油沥青开裂后的自愈能力及受机械作用产生变形而不被破坏的能力。石油沥青之所以能被制造成性能良好的柔性防水材料,在很大程度上取决于它的塑性。

石油沥青的塑性用延伸度表示,也称延度。延伸度是指石油沥青被拉断时拉伸的长度,以厘米为单位,延伸度越大,石油沥青的塑性越好。

3. 温度敏感性

温度敏感性是指石油沥青的黏性和塑性随温度的升降而变化的性能。变化程度越小，表示沥青的温度敏感性越小；反之，温度敏感性越大。用于防水工程的石油沥青，要求具有较小的温度敏感性，以免出现低温时脆裂、高温时流淌的现象。

石油沥青的温度敏感性用软化点表示。软化点是指石油沥青材料由固体状态转变为具有一定流动性的黏稠液体状态时的温度。软化点越高，沥青的温度敏感性越小。

4. 大气稳定性

大气稳定性是指沥青在热、阳光、氧气和潮湿等因素的长期综合作用下抵抗老化的性能，也称为石油沥青材料的耐久性。

石油沥青的大气稳定性以加热蒸发质量损失的百分率作为指标，通常用沥青材料在163 ℃保温5 h损失的质量百分率表示。质量损失小，表示性质变化小，大气稳定性好，耐久性高。在石油沥青材料的主要性质中，针入度、延伸度和软化点是评价石油沥青质量的主要指标。此外，石油沥青材料加热后会产生易燃气体，与空气混合遇火即发生闪火现象。当开始出现闪火时的温度，称为闪点。它是加热沥青时，以防火要求提出的指标。施工时熬制沥青的温度不得超过闪点温度。

（三）石油沥青的标准和选用

根据我国现行标准，石油沥青按用途不同分为道路石油沥青、建筑石油沥青和普通石油沥青等；按技术性质划分多种牌号，各牌号石油沥青的技术标准如表8-1所示。从表8-1可看出，石油沥青是按针入度来划分牌号的，同时保证相应的延伸度和软化点。沥青的牌号越大，黏性越小（即针入度越大），塑性越好（即延伸度越大），温度敏感性越大（即软化点越低）。

选用沥青材料时，应根据工程性质及当地气候条件，所处的工作环境（屋面或地下）来选用不同牌号的沥青（或选用两种牌号沥青混合使用）。在满足使用要求的前提下，尽量选用牌号较大的石油沥青，以保证有较长的使用年限。

道路石油沥青主要用于道路路面及厂房地面，用于拌制成沥青砂浆和沥青混凝土，也用作密封材料以及沥青涂料等。一般选用黏性较大和软化点较高的沥青品种。

建筑石油沥青主要用于建筑工程的防水和防腐，用于制作卷材、防水涂料、沥青嵌缝膏等。用于屋面防水的沥青材料不但要求黏性大，以便与基层黏结牢固，而且要求温度敏感性小（即软化点高），以防夏季高温流淌，冬季低温脆裂。一般屋面沥青材料的软化点要高于当地历年来最高气温20 ℃以上。对夏季气温高、坡度较大的屋面，常选用10号或10号和30号掺配的混合沥青。

普通石油沥青含蜡量高，性能较差，在建筑工程中一般不使用，但可用于次要的路面工程，也可与其他沥青掺配使用。

（四）石油沥青的掺配

当单独使用一种沥青不能满足工程要求时，可用同产源的两种不同牌号的沥青进行掺配。掺配量可按下式计算：

$$\text{较软沥青掺配量} = \frac{\text{较硬沥青软化点} - \text{要求的软化点}}{\text{较硬沥青软化点} - \text{较软沥青软化点}} \times 100\%$$

$$\text{软硬沥青掺配量} = 100\% - \text{较软沥青掺量}$$

表 8-1　道路石油沥青、建筑石油沥青技术标准

质量指标		道路石油沥青(SH/T 0522—2010)					建筑石油沥青(GB/T 494—2010)		
		200 号	180 号	140 号	100 号	60 号	40 号	30 号	10 号
针入度(25 ℃，100 g，5 s)		200～300	150～200	110～150	80～110	50～80	36～50	26～35	10～25
延度(25 ℃，5 cm/min)(cm)	≥	20	100	100	90	70	3.5	2.5	1.5
软化点(环球法)	≥	30%～48%	30%～48%	38%～51%	42%～55%	45%～58%	60%	75%	95%
溶解度(三氯乙烯或苯)	≥	99.0%					99.0%		
蒸发损失(163 ℃，5 h)	≤	1.3%	1.3%	1.3%	1.2%	1.0%	1.0%		
蒸发后针入度比	≥	报告					65%		
闪点(开口)	≥	180%	200%	230%			260%		

【例】某工程需用软化点为70 ℃的石油沥青，现有10号（软化点为95 ℃）和60号（软化点为45 ℃）两种石油沥青。计算这两种石油沥青的掺配量。

解：60号石油沥青的掺配量 $= \frac{95-70}{95-45} \times 100\% = 50\%$

0号石油沥青的掺配量 $= 100\% - 50\% = 50\%$

不同牌号石油沥青掺配后要进行试配调整，按照计算的掺配比例和其邻近的（5%～10%）进行试配（混合熬制均匀），测定掺配后沥青的软化点，然后绘制“掺配比-软化点”曲线，即可根据曲线变化来初步确定所要求的掺配比例。

二、改性沥青

改性沥青是传统沥青中掺加橡胶、树脂、高分子聚合物、磨细的橡胶粉或其他填料外掺剂（改性剂），或采取对沥青轻度氧化加工等措施，从而改善沥青的多种性能。对沥青改性的目的在于提高沥青材料的强度、流变性、弹性和塑性，延长沥青的耐久性，增强沥青与结构表面的黏结力等。目前，改性沥青可用来制作防水卷材、防水涂料、改性道路沥青等，广泛应用于建筑物的防水工程和路面铺装等，取得了良好的使用效果。用改性沥青铺设的路面有良好的耐久性、抗磨性，实现高温不软化，低温不开裂。

（一）橡胶改性沥青

橡胶是沥青的重要改性材料，常用的橡胶改性材料有氯丁橡胶、再生橡胶、热塑性丁苯橡胶（SBS）等。橡胶和沥青有很好的共混性，并能使石油沥青兼具橡胶的很多优点，如高温变形小、低温柔韧性好等。橡胶改性沥青克服了传统沥青材料热淌冷脆的缺点，提高了沥青材料的强度和耐老化性。

（二）树脂改性沥青

在沥青中掺入适量的树脂改性材料后，可以改善沥青的耐寒性、耐热性、黏结性和抗老化性。但树脂和石油沥青的相容性较差，而且可利用的树脂品种也较少，常用的树脂改性材料有古马隆树脂、聚乙烯、聚丙烯等。

（三）橡胶和树脂共混改性沥青

沥青材料中同时掺入橡胶和树脂，可使沥青同时具有橡胶和树脂的特性。树脂比橡胶便宜，橡胶和树脂又有较好的混溶性，故改性效果较好，常用的有氯化聚乙烯橡胶共混改性沥青、聚氯乙烯-橡胶共混改性沥青等。

配制时，采用的原材料品种、配比及制作工艺不同，可以得到许多性能各异的产品，主要有卷材、密封材料、防水涂料等。

（四）矿物填料改性沥青

在沥青中加入一定数量的矿物填料，可提高沥青的耐热性、黏滞性和大气稳定性，减小沥青的温度敏感性，同时可节省沥青用量。一般矿物填料的掺量为20%～40%。

常用的矿物填料有粉状和纤维状两大类。粉状的有滑石粉、白云石粉、石灰石粉、粉煤灰、磨细砂等，纤维状的有石棉粉等。粉状矿物填料加入沥青中，可提高沥青的大气稳定性，降低温度敏感性；纤维状的石棉粉加入沥青中，可提高沥青的抗拉强度和耐热性。

项目二　防水卷材

一、沥青防水卷材

凡用厚纸和玻璃纤维布、石棉布等胎料浸渍石油沥青制成的卷材，称为浸渍卷材（有胎卷材）；将石棉、橡胶粉等掺入石油沥青材料中，经碾压制成的卷材称为辊压卷材（无胎卷材）。这两种卷材统称为沥青防水卷材，是建筑工程中常用的柔性防水材料。

（一）石油沥青纸胎油毡

石油沥青纸胎油毡是用低软化点的石油沥青浸渍原纸，然后用高软化点的石油沥青涂盖油纸两面，再撒或涂隔离材料所制成的一种纸胎防水卷材。石油沥青纸胎油毡具有良好的防水性能和抗老化性能，施工简便，无污染，使用寿命长，但易腐烂，抗拉强度低，优质纸源消耗量大。油毡按卷重和物理性能分为Ⅰ型、Ⅱ型和Ⅲ型，其物理性能如表8-2所示。Ⅰ型、Ⅱ型油毡适用于辅助防水、保护隔离层、临时性建筑防水、防潮及包装等；Ⅲ型油毡用于屋面工程的多层防水施工。

表8-2　石油沥青纸胎油毡物理性能（GB 326—2007）

项目			指标		
			Ⅰ型	Ⅱ型	Ⅲ型
单位面积浸涂材料总量（g/m^2）		≥	600	750	1000
不透水性	压力（MPa）	≥	0.02	0.02	0.1
	保持时间	≥	20	30	30
吸水率		≤	3.0%	2.0%	1.0%
耐热度			(85±2)℃，2 h涂盖层无滑动、流淌和集中性气泡		
拉力（纵向）（N/50 mm）		≥	240	270	340
柔度			(18±2)℃，绕φ20 mm棒或弯板无裂纹		

石油沥青纸胎油毡各型号幅宽标准1 000 mm，产品型号按名称、类型和标准号顺序标注。例如，Ⅲ型石油沥青纸胎油毡标记为：油毡Ⅲ型 GB 326—2007。

（二）石油沥青玻璃布胎油毡

石油沥青玻璃布油毡是以玻璃纤维布为胎基涂盖石油沥青，并在两面撒布粉状隔离材料所制成的。油毡幅宽1 000 mm，其抗拉强度和耐热性好，耐磨性和耐腐蚀性强，其技术指标应符合《石油沥青玻璃布胎油毡》（JC/T 84—1996）的规定。

（三）石油沥青玻璃纤维胎油毡

石油沥青玻璃纤维胎油毡采用玻璃纤维薄毡为胎基，浸涂石油沥青，在其表面涂撒以矿物材料或覆盖聚乙烯膜等隔离材料所制成的一种防水卷材。按上表面材料分为PE膜、砂面，也可按设计要求采用其他材料；产品按单位面积质量分为15、20号，按力学性能分为Ⅰ、Ⅱ型；卷材公称宽度为1 m，公称面积为10 m^2、20 m^2。其物理性能指标应符合《石油沥青玻

璃纤维胎防水卷材》(GB/T 14686—2008)的规定。

(四)铝箔面石油沥青油毡

该油毡采用玻璃纤维毡为胎基,浸涂氧化沥青,在其表面用压纹铝箔贴面,底面撒以细颗粒矿物材料或覆盖聚乙烯(PE)膜所制成的一种具有热反射和装饰功能的防水卷材。油毡幅面宽为 1 000 mm,根据油毡每卷标称质量(kg)分为 30 号、40 号油毡两个标号,30 号油毡厚度不小于 2.4 mm,40 号厚度不小于 3.2 mm,其质量要求应符合《铝箔面石油沥青防水卷材》(JC/T 504—2007)的规定,目前绝大部分地下室、屋顶防水都使用铝箔面石油沥青油毡。

常用的沥青防水卷材的特点和适用范围如表 8-3 所示。

表 8-3　沥青防水卷材的特点和适用范围

卷材名称	特点	适用范围
石油沥青纸胎油毡	低温柔性差,防水耐用年限较短,价格较低	三毡四油、二毡三油铺设的屋面工程
石油沥青玻璃布胎油毡	柔韧性较好,抗拉强度较高,胎体不易腐烂,耐久性比纸胎油毡提高 1 倍以上	地下水管及金属管道(热管道除外)的反腐保护层、防水层、屋面防水层
石油沥青玻璃纤维胎油毡	耐水性、耐久性、耐腐蚀性较好,柔韧性优于纸胎油毡	屋面或地下防水工程、包扎管道(热水管道除外)作防腐保护层,其中 35 号可采用热熔法施工用于多层或单层防水
铝箔面石油沥青油毡	防水功能好,有一定的抗拉强度,阻隔蒸汽渗透能力高	可以单独使用或与玻璃纤维毡配合用于隔气层,30 号油毡多用于多层防水工程的面层,40 号油毡适用于单层或多层防水工程的面层

二、高聚物改性沥青防水卷材

高聚物改性沥青防水卷材是以聚合物改性沥青为涂盖层,纤维织物或纤维毡为胎体,粉状、粒状、片状或薄膜材料为覆面材料制成的防水卷材。与传统沥青防水卷材相比,改性沥青防水卷材具有良好的不透水性和低温柔韧性,同时还具有高温不流淌、低温不脆裂、拉伸强度高、延伸率大、耐腐蚀性及耐热性好等优点,当前已经在很大程度上取代了传统的石油沥青纸胎油毡。

(一)弹性体改性沥青防水卷材

弹性体改性沥青防水卷材,是用热塑性弹性体改性沥青(简称弹性体沥青)涂盖在经沥青浸渍后的胎基两面而成的防水卷材。目前主要生产以苯乙烯-丁二烯苯乙烯(SBS)热塑性弹性体作石油沥青改性剂的弹性体沥青防水卷材。

1. 分类

弹性体改性沥青防水卷材按胎基材料不同分为聚酯毡(PY)、玻璃纤维毡(G)、玻璃纤维增强聚酯毡(PYG)三类;按上表面隔离材料分为聚乙烯膜(PE)、细砂(S)、矿物粒料(M),下表面隔离材料为细砂(S)、聚乙烯膜(PE);按材料性能又分为Ⅰ型和Ⅱ型。目前国内生产的弹性体沥青防水卷材主要是 SBS 改性沥青防水卷材。

2. 规格

弹性体改性沥青防水卷材公称宽度为 1 000 mm；聚酯毡卷材公称厚度为 3 mm、4 mm、5 mm；玻璃纤维毡卷材公称厚度为 3 mm、4 mm；玻璃纤维增强聚酯毡卷材公称厚度为 5 mm；每卷卷材公称面积为 7.5 m^2、10 m^2、15 m^2。

弹性体改性沥青防水卷材的单位面积质量、面积及厚度应符合表 8-4 的规定。

表 8-4 单位面积质量、面积及厚度

规格(公称厚度)(mm)		3			4			5		
	上表面材料	PE	S	M	PE	S	M	PE	S	M
	下表面材料	PE	PE、S		PE	PE、S		PE	PE、S	
面积(m^2/卷)	公称面积	10、15			10、7.5			7.5		
	偏差	±0.10			±0.10			±0.10		
单位面积质量(kg/m^2)	≥	3.3	3.5	4.0	4.3	4.5	5.0	5.3	5.5	6.0
厚度(mm)	平均值≥	3.0			4.0			5.0		
	最小单值	2.7			3.7			4.7		

3. 主要技术性质

弹性体改性沥青防水卷材，具有良好的不透水性和低温柔性，在 -15 ~ -20 ℃下仍能保持其韧性；同时还具有抗拉强度高、延伸率大、耐腐蚀性及耐热性好等优点。其物理力学性质应满足表 8-5 的规定。

表 8-5 弹性体改性沥青防水卷材的主要技术性质(GB 18242—2008)(节选)

项目		指标				
		I		II		
		PY	G	PY	G	PYG
耐热性	℃	90		105		
	≤mm	2				
	试验现象	无流淌、滴落				
低温柔性(℃)		-20		-25		
		无裂缝				
不透水性(30 min)(MPa)		0.3		0.2		0.3
拉力	最大峰拉力(N/50 mm) ≥	500	350	800	500	900
	次高峰拉力(N/50 mm) ≥	—	—	—	—	800
	试验现象	拉伸过程中，试件中部无沥青涂盖层开裂或与胎基分裂现象				
延伸率	最大峰时延伸率 ≥	30%	—	40%	—	—
	第二峰时延伸率 ≥	—		—		15%
接缝剥离强度(N/mm)		1.5				
人工气候加速老化	外观	无滑动、流淌、滴落				
	拉里保持率	80%				

4. 型号标记

弹性体改性沥青防水卷材按名称、型号、胎基、上表面材料、下表面材料、厚度、面积和所执行的标准序号的顺序标记。

如:10 m^2,3 mm 厚,上表面为矿物粒料,下表面为聚乙烯膜聚酯毡Ⅰ型弹性体改性沥青防水卷材标记为:SBS Ⅰ PY M PE 3 10 GB 18242—2008。

5. 用途

弹性体沥青防水卷材,适用于工业与民用建筑的屋面、地下及卫生间等的防水、防潮,以及游泳池、隧道、蓄水池等的防水工程,尤其适用于寒冷地区建筑物防水,并可用于Ⅰ级防水工程。玻璃纤维增强聚酯毡卷材可用于机械固定单层防水(需通过抗风荷载试验);玻璃纤维毡卷材适用于多层防水中的底层防水;屋面等外露部位采用上表面隔离材料为不透明的矿物粒料的防水卷材;地下防水工程则多采用表面隔离材料为细砂的防水卷材。

弹性体沥青防水卷材施工时可用热熔法施工,也可用胶黏剂进行冷粘贴施工,包装、储运基本与石油沥青油毡相似。

(二)塑性体改性沥青防水卷材

塑性体改性沥青防水卷材,是热塑性树脂改性沥青(简称塑性体沥青)涂盖在经沥青浸渍后的胎基两面,在上表面撒以细砂(S)、矿物粒料(M)或覆盖聚乙烯膜(PE),下表面撒以细砂(S)或覆盖聚乙烯膜(PE)研制成的一种沥青防水卷材。目前主要生产以无规聚丙烯(APP)或聚烯烃类聚合物(APAO、APO 等)作石油沥青改性剂的塑性体沥青防水卷材。

1. 分类

塑性体沥青防水卷材按胎基材料不同分为玻璃纤维毡(G)、聚酯毡(PY)及玻璃纤维增强聚酯毡(PYG)三类,按材料性能不同,塑性体沥青防水卷材也分为Ⅰ型和Ⅱ型两种。

2. 规格

塑性体沥青防水卷材公称宽度为1 000 mm;聚酯毡卷材公称厚度为3 mm、4 mm、5 mm;玻璃纤维毡卷材公称厚度为3 mm、4 mm;玻璃纤维增强聚酯毡卷材公称厚度为5 mm;每卷卷材公称面积为7.5 m^2、10 m^2、5 m^2。

塑性体改性沥青防水卷材的单位面积质量、面积及厚度要求同弹性体改性沥青。

3. 主要技术性质

与弹性体沥青防水卷材相比,塑性体防水卷材具有更高的耐热性,但低温柔韧性较差。其主要技术性质如表8-6所示。

4. 型号标记

弹性体改性沥青防水卷材按名称、型号、胎基、上表面材料、下表面材料、厚度、面积和所执行的标准序号的顺序标记。

如:10 m^2,3 mm 厚,上表面为矿物粒料,下表面为聚乙烯膜聚酯毡Ⅰ型塑性体改性沥青防水卷材标记为:APP Ⅰ PY M PE 3 10 GB 18243—2008。

5. 用途

塑性体沥青防水卷材,适用于工业与民用建筑的屋面和地下防水工程;玻璃纤维增强聚酯毡卷材可用于机械固定单层防水(需通过抗风荷载试验);玻璃纤维毡卷材适用于多层防水中的底层防水;屋面等外露部位采用上表面隔离材料为不透明的矿物粒料的防水卷材;地下工程防水应采用表面隔离材料为细砂的防水卷材。

表 8-6　塑性体改性沥青防水卷材的主要技术性质(GB 18243—2008)(节选)

项目		指标				
		I		II		
		PY	G	PY	G	PYG
耐热性	℃	110		130		
	≤mm	2				
	试验现象	无流淌、滴落				
低温柔性(℃)		-7		-15		
		无裂缝				
不透水性(30 min)(MPa)		0.3		0.2		0.3
拉力	最大峰拉力(N/50 mm)　≥	500	350	800	500	900
	次高峰拉力(N/50 mm)　≥	—	—	—	—	800
	试验现象	拉伸过程中,试件中部无沥青涂盖层开裂或与胎基分裂现象				
延伸率	最大峰时延伸率　≥	25%	—	40%	—	—
	第二峰时延伸率　≥	—		—		15%
接缝剥离强度(N/mm)		1.0				
人工气候加速老化	外观	无滑动、流淌、滴落				
	拉里保持率	80%				

(三)其他改性沥青防水卷材

高聚物改性沥青防水卷材除上述两类主要的防水卷材外,还有许多其他品种,它们因高聚物品种和胎体品种的不同而性能各异,在建筑防水工程中的使用范围也各不相同。常见的几种高聚物改性沥青防水卷材的特点和适用范围如表 8-7 所示,在防水设计时可参考选用。

表 8-7　常用高聚物改性沥青防水卷材的特点及适用范围

卷材名称	特点	适用范围	施工工艺
SBS 改性沥青防水材料	耐高、低温性能有明显提高,弹性和耐疲劳性明显改善	单层铺设或复合使用,适用于寒冷地区和结构变形频繁的建筑	冷施工或热熔铺贴
APP 改性沥青防水材料	具有良好的强度、延伸性、耐热性、耐紫外线照射及耐老化性能	单层铺设,适用于紫外线辐射强烈及炎热地区屋面使用	冷施工或热熔铺贴
再生胶改性沥青防水卷材	有一定的延伸性和防腐蚀能力,低温柔韧性较好,价格低廉	变性较大或档次较低的防水工程	热沥青粘贴
聚氯乙烯改性焦油防水卷材	有良好的耐热及耐低温性能,最低开卷温度 -18 ℃	有利于在冬季负温度下施工	可热作业,也可冷施工
废橡胶粉改性沥青防水卷材	比普通石油沥青纸胎油毡的抗拉强度、低温柔韧性均有明显改善	叠层使用于屋面防水工程,宜在寒冷地区使用	热沥青粘贴

三、合成高分子防水卷材

合成高分子防水卷材是以合成橡胶、合成树脂或两者的共混体为基料,加入适量的化学助剂和填充剂料等,经不同工序(混炼、压延或挤出等)加工而成的可弯曲的片状防水材料。目前的品种主要有橡胶系列(聚氨酯、三元乙丙橡胶、丁基橡胶等)防水卷材、塑料系列(聚乙烯、聚氯乙烯等)和橡胶塑料共混系列防水卷材三大类,其中又可分为加筋增强型与非加筋增强型两种。

合成高分子防水卷材具有拉伸强度和抗撕裂强度高、断裂伸长率大、耐热性和低温柔性好、耐腐蚀,耐老化等一系列优良的性能,是新型的高档防水卷材。该类卷材一般为单层铺设,可采用冷粘法或自粘法施工。

(一)塑性树脂基防水卷材

1. 聚氯乙烯(PVC)防水卷材

聚氯乙烯防水卷材是由聚氯乙烯、软化剂或增塑剂、填料、抗氧化剂和紫外线吸收剂等经过混炼、压延等工序加工而成的弹塑性卷材。软化剂的掺入增大了聚氯乙烯分子间距,提高了卷材的变形能力,同时也起到了稀释作用,有利于卷材的生产。常用的软化剂为煤焦油。适量的增塑剂能降低聚氯乙烯分子间力,使分子链的柔顺性提高。由于软化剂和增塑剂的掺入,使聚氯乙烯防水卷材的变形能力和低温柔性大大提高。

PVC 卷材按组成分为均质卷材(代号 H)、带纤维背衬卷材(代号 L)、织物内增强卷材(代号 P)、玻璃纤维内增强卷材(代号 G)、玻璃纤维内增强带纤维背衬卷材(代号 GL)。

聚氯乙烯(PVC)防水卷材的主要技术性能应符合表 8-8、表 8-9 中的要求,详见《聚氯乙烯防水卷材》(GB12952—2011)。

表 8-8　PVC 卷材厚度允许偏差

厚度(mm)	允许偏差(%)	最小单值(mm)
1.20	-5,+10	1.05
1.50		1.35
1.80		1.65
2.00		1.85

表 8-9　PVC 卷材理化性能(节选)

项目			指标				
			H	L	P	G	GL
拉伸性能	最大拉力(N/cm)	≥	—		0.40		
	拉伸强度(MPa)	≥	—	120	250	—	120
	最大拉力时伸长率	≥	10.0%	—	—	10.0%	—
	断裂伸长率	≥	200%	150%	—	200%	100%
热老化(80 ℃)	时间(h)		672				
	外观		无起泡、裂纹、分层、黏结空洞				
热处理尺寸变化率		≤	2.0%	1.0%	0.5%	0.1%	0.1%
低温弯折性			-25 ℃无裂纹				
不透水			0.3 MPa,2 h 不透水				

聚氯乙烯防水卷材产品型号标记按产品名称(代号 PVC 卷材)、外露或非外露使用、类型、厚度、长度、宽度和标准顺序标记。如长度 20 m、宽度 2.00 m、厚度 1.5 mm、L 类外露使用聚氯乙烯防水卷材标记为:PVC 卷材外露 L 1.5 mm/20 m×2.00 mm GB 12952—2011。

聚氯乙烯防水卷材的性能大大优于沥青防水卷材,其抗拉强度、断裂伸长率、撕裂强度高,低温柔性好,吸水率小,卷材的尺寸稳定,耐腐蚀性能好,使用寿命为 10~15 年以上,属于中档防水卷材。聚氯乙烯防水卷材主要用于屋面防水要求高的工程。

2. 氯化聚乙烯(CPE)防水卷材

氯化聚乙烯防水卷材是以氯化聚乙烯为主加入适量的填料和其他的化学添加剂后经混炼、压延等工序加工而成。含氯量为 30%~40% 的氯化聚乙烯除具有热塑性树脂的性质之外,还具有橡胶的弹性。

氯化聚乙烯防水卷材按有无复合层分类,无复合层的为 N 类,用纤维单面复合的为 L 类,织物内增强的为 W 类。每类产品按理化性能又分为Ⅰ型和Ⅱ型。氯化聚乙烯防水卷材物理化学性能 N 类无复合层的卷材应满足表 8-10 的要求,L 类纤维单面复合及 W 类织物内增强的卷材物理化学性应能符合表 8-11 的要求,详见《氯化聚乙烯防水卷材》(GB 12953—2003)。

氯化聚乙烯防水卷材的技术要求主要有不透水性、断裂伸长率、低温弯折性、拉伸强度等,卷材具有拉伸强度高、不透水性好、耐老化、耐酸碱、断裂伸长率高、低温柔性好等特点,使用寿命为 15 年以上,属于中高档防水卷材。

表 8-10 N 类卷材理化性能(GB 12953—2003)

项目		Ⅰ型	Ⅱ型
拉伸强度(MPa) ≥		5.0	8.0
断裂伸长率 ≥		200%	300%
热处理尺寸变化率 ≤		3.0%	纵向 2.5%,横向 1.5%
低温弯折性		-20 ℃无裂痕	-25 ℃无裂痕
抗穿孔性		不渗水	
不透水性		不透水	
剪切状态下的黏合性(N/mm) ≥		3.0 或卷材破坏	
热老化处理	外观	无起泡、裂纹、黏结和孔洞	
	拉伸强度变化率	+50% -20%	±20%
	断裂伸长率变化率	+50% -30%	±20%
	低温弯折性	无裂痕	无裂痕

表 8-11　L 类及 W 类卷材理化性能(GB 12953—2003)

<table>
<tr><th colspan="3">项目</th><th>Ⅰ型</th><th>Ⅱ型</th></tr>
<tr><td colspan="3">拉力(N/cm)　≥</td><td>70</td><td>120</td></tr>
<tr><td colspan="3">断裂伸长率　≥</td><td>125%</td><td>250%</td></tr>
<tr><td colspan="3">热处理尺寸变化率　≤</td><td colspan="2">1.0%</td></tr>
<tr><td colspan="3">低温弯折性</td><td>-20 ℃无裂纹</td><td>-25 ℃无裂纹</td></tr>
<tr><td colspan="3">抗穿孔性</td><td colspan="2">不渗水</td></tr>
<tr><td colspan="3">不透水性</td><td colspan="2">不透水</td></tr>
<tr><td colspan="2" rowspan="2">剪切状态下的黏合力(N/mm)　≥</td><td>L 类</td><td colspan="2">3.0 或卷材破坏</td></tr>
<tr><td>W 类</td><td colspan="2">6.0 或卷材破坏</td></tr>
<tr><td rowspan="4">热老化处理</td><td colspan="2">外观</td><td colspan="2">无起泡、裂纹、黏结和孔洞</td></tr>
<tr><td colspan="2">拉力(N/mm)　≥</td><td>55</td><td>100</td></tr>
<tr><td colspan="2">断裂伸长率变化率　≥</td><td>100%</td><td>200%</td></tr>
<tr><td colspan="2">低温弯折性</td><td>-15 ℃无裂痕</td><td>-20 ℃无裂痕</td></tr>
</table>

3. 聚乙烯丙纶防水卷材

聚乙烯丙纶防水卷材又称丙纶无纺布双覆面聚乙烯防水卷材，是由聚乙烯树脂、填料、增塑剂、抗氧化剂等经混炼、压延，并双面热覆丙纶无纺布而成。

聚乙烯防水卷材抗拉强度和不透水性好，耐老化，断裂伸长率高(40% ~150%)，低温柔性好，与基层的黏结力强，尤其与水泥材料在凝固过程中直接黏合，其综合性能良好，是一种无毒、无污染的绿色环保产品。丙纶纤维无纺布表面粗糙，纤维呈无规则交叉结构，形成立体网孔，适合与多种材料黏合，使用寿命为 15 年以上，属于中高档防水卷材，可用于屋面、地下等防水工程，特别适合于寒冷地区的防水工程。

(二)橡胶基防水卷材

1. 三元乙丙橡胶防水卷材

三元乙丙橡胶防水卷材是以三元乙丙橡胶为主，加入交联剂、软化剂、填料等，经密炼、压延或挤出、硫化等工序而成的一种高弹性防水卷材。三元乙丙橡胶防水卷材的主要技术要求应符合表 8-12 的规定。此外，其他技术性质也必须满足标准的要求。

三元乙丙橡胶防水卷材的拉伸强度高，耐高、低温性能很好，断裂伸长率很高，能适应防水基层伸缩与开裂变形的需要，耐老化性能好，使用寿命为 20 年以上，属于高档防水材料。三元乙丙橡胶防水卷材最适合于屋面防水工程的单层外露防水、严寒地区及有较大变形的部位，也可用于其他防水工程。

表 8-12　三元乙丙橡胶防水卷材的主要技术要求

<table>
<tr><th colspan="2">项目</th><th>一等品</th><th>合格品</th></tr>
<tr><td colspan="2">拉伸强度(MPa)　≥</td><td>8</td><td>7</td></tr>
<tr><td colspan="2">扯断伸长率　≥</td><td>450%</td><td></td></tr>
<tr><td rowspan="3">直角形撕裂强度
(N/cm)</td><td>常温　≥</td><td>280</td><td>245</td></tr>
<tr><td>-20 ℃　≤</td><td colspan="2">490</td></tr>
<tr><td>60 ℃　≥</td><td colspan="2">74</td></tr>
<tr><td colspan="2">脆性温度(℃)　≤</td><td>-45</td><td>-40</td></tr>
<tr><td colspan="2">热老化(80 ℃×168 h),伸长率 100%</td><td colspan="2">无裂痕</td></tr>
<tr><td rowspan="2">不透水性,
保持 30 min</td><td>0.3 MPa</td><td>合格</td><td>—</td></tr>
<tr><td>0.1 MPa</td><td>—</td><td>合格</td></tr>
<tr><td rowspan="2">加热伸缩量(mm)</td><td>延伸　<</td><td colspan="2">2</td></tr>
<tr><td>收缩　<</td><td colspan="2">4</td></tr>
</table>

2. 氯丁橡胶防水卷材

氯丁橡胶防水卷材是以氯丁橡胶为主,加入适量的交联剂、填料等,经混炼、压延或挤出、硫化等工序加工而成的弹性防水卷材。

氯丁橡胶防水卷材具有拉伸强度高,断裂伸长率高,耐油、耐臭氧及耐候性好等特点。与三元乙丙防水卷材相比,氯丁橡胶防水卷材除耐低温性能稍差外,其他性能两者基本相同,使用寿命为 15 年以上的属于中档防水卷材。

此外,还有氯磺化聚乙烯橡胶防水卷材、丁基橡胶防水卷材和聚异丁烯橡胶防水卷材等,均属中档防水卷材。

(三)树脂-橡胶共混防水卷材

为进一步改善防水卷材的性能,生产时将热塑性树脂与橡胶共混作为主要原料,由此生产出的卷材称为树脂-橡胶共混型防水卷材。此类防水卷材既具有热塑性树脂的高强度和耐候性,又具有橡胶的良好的低温弹性、低温柔性和伸长率,属于中高档防水卷材,主要有以下两种。

1. 氯化聚乙烯-橡胶共混防水卷材

其以含氯量为 30% ~40% 的热塑性弹性体氯化聚乙烯和合成橡胶为主体,加入适量的交联剂、稳定剂、填充料等,经混炼、压延或挤出、硫化等工序制成的高弹性防水卷材。氯化聚乙烯-橡胶共混防水卷材的主要技术要求有拉伸强度、断裂伸长率、冷脆温度等。

氯化聚乙烯-橡胶共混防水卷材具有断裂伸长率高、耐候性及低温柔性好的特点,使用寿命可达 20 年以上。其特别适合用作屋面单层外露防水及严寒地区或有较大变形的部位,也适合用于有保护层的屋面或地下室、储水池等防水工程。

2. 聚乙烯-三元乙丙橡胶共混防水卷材

其以聚乙烯(或聚丙烯)和三元乙丙橡胶为主,加入适量的稳定剂、填充料等,经混炼、压延或挤出、硫化而成的热塑性弹性防水卷材,具有优异的综合性能,而且价格适中。聚乙

烯-三元乙丙橡胶共混防水卷材适用于屋面作单层外露防水，也适用于有保护层的屋面、地下室、储水池等防水工程。

项目三　防水涂料和密封材料

防水涂料（胶黏剂）是以高分子合成材料、沥青等为主体，在常温下呈无定型流态或半流态，经涂布能在结构物表面结成坚韧防水膜的物料的总称。密封材料是嵌入建筑物缝隙中，能承受位移且能达到气密、水密目的的材料，又称嵌缝材料。

一、防水涂料

防水涂料按液态类型可分为溶剂型、水乳型和反应型三种；按成膜物质的主要成分分为沥青类、高聚物改性沥青类和合成高分子类。

（一）沥青防水涂料

1. 冷底子油

冷底子油是用建筑石油沥青加入汽油、煤油、苯等溶剂（稀释剂）融合，或用软化点为50～70 ℃的煤沥青加入苯融合而配成的沥青涂料。由于它一般在常温下用于防水工程的底层，故名冷底子油。冷底子油流动性能好，便于喷涂。施工时将冷底子油涂刷在混凝土砂浆或木材等基面后，能很快渗透进基面表面的毛细孔隙中，待溶剂挥发后，便与基面牢固结合，并使基面具有憎水性，为黏结同类防水材料创造了有利条件。若在这种冷底子油层上面铺热沥青胶粘贴卷材时，可使防水层与基层粘贴牢固。

冷底子油常用30%～40%的石油沥青和60%～70%的溶剂（汽油或煤油）混合而成，施工时随用随配，首先将沥青加热至180～200 ℃，脱水后冷却至130～140 ℃，并加入溶剂量10%的煤油，待温度降至约70 ℃时，再加入余下的溶剂搅拌均匀为止。储存时应采用密闭容器，以防溶剂挥发。

2. 沥青胶

沥青胶是用沥青材料加入粉状或纤维的矿质填充料均匀混合制成。填充料主要有粉状的，如滑石粉、石灰石粉、白云石粉等；还有纤维状的，如石棉粉、木屑粉等，或用两者的混合物。填充料加入量一般为10%～300%，由试验确定。其可以提高沥青胶的黏结性、耐热性和大气稳定性，增加韧性，降低低温脆性，节省沥青用量。沥青胶主要用于粘贴各层石油沥青油毡、涂刷面层油、铺设绿豆砂、油毡面层补漏以及做防水层的底层等，它与水泥砂浆或混凝土都具有良好的黏结性。

沥青胶的技术性能，要符合耐热度、柔韧度和黏结力三项要求，在屋面工程质量验收规范（GB 50207—2012）中有详细要求，如表8-13所示。

沥青胶的配置和使用方法分为热用和冷用两种。热用沥青胶（热沥青玛蹄酯），是将70%～90%的沥青加热至180～200 ℃，使其脱水后，与10%～30%干燥填料加热混合均匀后，热用施工；冷用沥青胶（冷沥青玛蹄酯）是将40%～50%的沥青熔化脱水后，缓慢加入25%～30%的溶剂，再掺入10%～30%的填料，混合均匀制成，在常温下施工。冷用沥青胶比热用沥青胶施工方便，涂层薄，节省沥青，但耗费溶剂。

表 8-13　沥青胶的质量要求

标号	S-60	S-65	S-70	S-75	S-80	S-85
耐热度	用 2 mm 厚的沥青玛蹄脂粘贴两张沥青油纸，在不低于下列温度（℃）中，在 1∶1 坡度上停放 5 h 的玛蹄脂不应流淌，油纸不应滑动					
	60	65	70	75	80	85
柔韧度	涂在沥青油纸上的 2 mm 厚的沥青玛蹄脂层，在 18 ± 2 ℃时，围绕下列直径（mm）的圆棒，用 2 s 的时间以均衡的速度弯成半周，沥青玛蹄脂不应有裂纹					
	10	15	15	20	25	30
黏结力	将两张沥青胶粘贴在一起的油纸慢慢地一次撕开，油纸和沥青玛蹄脂的黏结面的任何一面的撕开部分，应不大于粘贴面积的 1/2					

3. 水乳型沥青防水涂料

水乳型沥青防水涂料即水性沥青防水涂料，系以乳化沥青为基料的防水涂料。其借助于乳化剂作用，在机械强力搅拌下，将熔化的沥青微粒（小于 10 μm）均匀地分散于溶剂中，使其形成稳定的悬浮体。沥青基本未改性或改性作用不大。

与其他类型的防水涂料相比，乳化沥青的主要特点是可以在潮湿的基础上使用，而且还具有相当大的黏结力。乳化沥青最主要的优点是可以冷施工，不需要加热，避免了采用热沥青施工可能造成的烫伤、中毒事故等，可以减轻施工人员的劳动强度，提高工作效率。而且，这一类材料价格便宜，施工机具容易清洗，因此在沥青基涂料中占有 60% 以上的市场。乳化沥青的另一优点是与一般的橡胶乳液、树脂乳液具有良好的互溶性，而且混溶以后的性能比较稳定，能显著地改善乳化沥青的耐高温性能和低温柔性。

乳化沥青的储存期不宜过长（一般不超过 3 个月），否则容易引起凝聚分层而变质。储存温度不得低于 0 ℃，不宜在 0 ℃以下施工，以免水分结冰而破坏防水层；也不宜在夏季烈日下施工，因水分蒸发过快，乳化沥青结膜快，会导致膜内水分蒸发不出而产生气泡。

（二）高聚物改性沥青防水涂料

高聚物改性沥青类防水涂料是以沥青为基料，用合成高分子聚合物进行改性，制成的水乳型或者溶剂型防水涂料。这类涂料在柔韧性、抗裂性、拉伸强度、耐高低温性能、使用寿命等方面比沥青防水涂料有很大的改善。

1. 再生橡胶改性沥青防水涂料

溶剂性再生橡胶改性沥青防水涂料是以再生橡胶为改性剂，汽油为溶剂，再添加其他填料（滑石粉、碳酸钙等）经加热搅拌而成。该产品改善了沥青防水涂料的柔韧性和耐久性，原材料来源广泛，生产工艺简单，成本低。但由于以汽油为溶剂，虽然固化速度快，但生产、储存和运输时都要特别注意防火、通风及环境保护，而且需多次涂刷才能形成较厚的涂膜。溶剂性再生橡胶改性沥青防水涂料在常温和低温下都能施工，适用于建筑物的屋面、地下室、水池、冷库、涵洞、桥梁的防水和防潮。

如果用水代替汽油，就形成了水乳型再生橡胶改性沥青防水涂料。它具有水乳型防水涂料的优点，而无溶剂性防水涂料的缺点（易燃、污染环境），但固化速度稍慢，储存稳定性差一些。水乳型再生橡胶改性沥青防水涂料可在潮湿但无积水的基层上施工，适用于建筑混凝土基层屋面及地下混凝土防潮、防水。

2. 氯丁橡胶改性沥青防水涂料

氯丁橡胶改性沥青防水涂料是把小片的丁基橡胶加到溶剂中搅拌成浓溶液，同时将沥青加热脱水熔化成液体状沥青，再把两种液体按比例混合搅拌均匀而成。氯丁橡胶改性沥青防水涂料具有优异的耐分解性，并具有良好的低温抗裂性和耐热性。若溶剂采用汽油（或甲苯），可制成溶剂性氯丁橡胶改性沥青防水涂料；若以水代替汽油（或甲苯），则可制成水乳型氯丁橡胶改性沥青防水涂料，成本相应降低，且不燃、不爆、无毒、操作安全。氯丁橡胶改性沥青防水涂料适用于各类建筑物的屋面、室内地面、地下室、水箱、涵洞等的防水和防潮，也可在渗漏的卷材或刚性防水层上进行防水修补施工。

3. SBS 改性沥青防水涂料

SBS 改性沥青防水涂料是以 SBS（苯乙烯-丁二烯-苯乙烯）树脂改性沥青，再加表面活性剂及少量其他树脂等制成水乳型的弹性防水涂料。SBS 改性沥青防水涂料具有良好的低温柔性、抗裂性、黏结性、耐老化性和防水性，可采用冷施工，操作方便，具有良好的适应防水基层的变形能力。其适用于工业及民用建筑屋面防水、防腐蚀地坪的隔离层及水池、地下室、冷库等的抗渗防潮施工。

（三）合成高分子防水涂料

合成高分子防水涂料是以合成橡胶或合成树脂为主要成膜物质，加入其他辅料配制成的单组分或多组分防水涂料，属于高档防水涂料。它与沥青及改性沥青防水涂料相比，具有更好的弹性和塑性、更高的耐久性、优良的耐高低温性能，更能适应防水基层的变形，从而能进一步提高建筑防水效果，延长防水涂料的使用寿命。

1. 聚氨酯防水涂料

聚氨酯防水涂料是现代建筑工程中广泛使用的一种防水材料，按组分分为单组分（S）和多组分（M）两种，按产品拉伸性能又分为Ⅰ、Ⅱ两类。传统的多组分聚氨酯防水涂料中 A 组分为预聚体，B 组分为交联剂及填充料，使用是按比例混合均匀涂刷在基层的表面上，经交联成为整体弹性涂膜。新型的单组分聚氨酯防水涂料则大大简化了施工工艺，使用时可以直接涂刷，提高施工效率。聚氨酯防水涂料的主要技术要求有拉伸强度、断裂伸长率、低温弯折性、不透水性等，两种组分聚氨酯防水涂料的技术性应能分别满足《聚氨酯防水涂料》（GB/T 19250—2013）的要求。

聚氨酯防水涂料的弹性高、延伸率大（可达 350% ~ 500%）、耐高低温性能好、耐油及耐腐蚀性强，涂膜没有接缝，能适应任何复杂形状的基层，使用寿命为 10 ~ 15 年，主要用于屋面、地下建筑、卫生间、水池、游泳池、地下管道等的防水。

2. 丙烯酸酯防水涂料

丙烯酸酯防水涂料是以丙烯酸树脂乳液为主，加入适量的填充料、颜料等配制而成的水乳型防水涂料。其具有耐高低温性能好、不透水性强、无毒、操作简单等优点，可在各种复杂的基层表面上施工，并具有白色、多种浅色、黑色等，使用寿命为 10 ~ 15 年，广泛用于外墙防水装饰及各种彩色防水层，丙烯酸酯涂料的缺点是延伸率较小。

3. 有机硅憎水剂

有机硅憎水剂是由甲基硅醇钠或乙基硅醇钠等为主要原料而制成的防水涂料，在固化后形成一层肉眼觉察不到的透明薄膜层，该薄膜层具有优良的憎水性和透气性，并对建筑材料的表面起到防污染、防风化等作用。有机硅憎水剂主要用于外墙防水处理、外墙装饰材料

的罩面涂层,使用寿命一般为3~7年。

在生产或配制建筑防水材料时也可将有机硅憎水剂作为一种组成材料掺入,如在配制防水砂浆或防水石膏时即可掺入有机硅憎水剂,从而使砂浆或石膏具有憎水性。

二、密封材料

(一)沥青嵌缝油膏

沥青嵌缝油膏是以石油沥青为基料,加入改性材料,稀释剂及填充剂混合制成的冷用膏状材料。改性材料有废橡胶粉和硫化鱼油,稀释剂有重松节油和机油,填充料有石棉绒和滑石粉等。

沥青嵌缝油膏黏结性好、耐热、耐寒、耐酸碱、造价低、施工方便,但耐溶性差,主要用于预制屋面板的接缝及各种大型墙板拼缝处的防水处理。

使用油膏嵌缝时,要保证板缝洁净干燥,先刷冷底子油一道,待干燥后嵌填油膏。油膏表面可加石油沥青油毡砂浆等为覆盖层。

(二)氯丁橡胶油膏

氯丁橡胶油膏是以氯丁橡胶和丙烯系塑料为主体材料,掺入少量增塑剂、硫化剂、增韧剂、防老化剂、溶剂填料配制成的一种黏稠膏状体。氯丁橡胶油膏具有良好的黏结力,优良的延伸和回弹性能,抗老化、耐热和低温性能良好,能适应由于工业厂房振动、沉降、冲击及温度升降所引起的各种变化。氯丁橡胶油膏适用于屋面及墙板的嵌缝,也可用于垂直面纵向缝、水平缝和各种异型变形缝等。

(三)聚氯乙烯膏

聚氯乙烯膏是以煤焦油和聚氯乙烯(PVC)树脂粉为基料,按一定比例加入增塑剂、稳定剂及填充料等,在140 ℃温度下塑化而成的膏状密封材料,简称PVC油膏。PVC油膏具有良好的黏结性、防水性、弹塑性、耐热、耐寒、耐腐蚀和抗老化性能,适用于各种屋面嵌缝、大型墙板嵌缝和表面涂布作为防水层,也可用于水渠管道等接缝部位。

(四)聚氨酯密封膏

聚氨酯密封膏是以聚氨酯为主要组分,加入固化剂、助剂等其他组分而成的高弹性建筑密封膏。聚氨酯密封膏分单组分和双组分两种规格,一般多采用双组分配制。甲组分为含有氰酸剂的预聚体,乙组分为固化剂、稀释剂及填充料等,使用时按比例将甲、乙两组分混合,经固化反应形成弹性体。

聚氨酯密封膏的弹性、黏结性和耐老化性能特别好,并且延伸率大、耐酸碱、低温柔性好,使用年限长。聚氨酯密封膏适用于屋面板、墙板、门窗框、阳台、卫生间等部位的接缝及施工密封,还可用于混凝土裂缝的修补,游泳池、引水渠、公路、机场跑道的补缝和接缝,玻璃和金属材料的嵌缝等。聚氨酯密封膏施工时不需要打底,但要求接缝干净和干燥。

(五)硅酮密封膏

硅酮密封膏是以聚硅氧烷为主要成分的单组分或双组分室温固化密封材料,目前多为单组分型。硅酮密封膏为高档密封膏,具有优异的耐热耐寒性、耐水性和耐候性,与各种材料均有良好的黏结性能,能适应基层较大的变形,外观装饰效果好。

硅酮密封膏分为F类和G类两种类别。F类为建筑接缝用密封膏,适用于预制混凝土墙板、水泥板、大理石板的外墙接缝,混凝土和金属框架的黏结,卫生间和公路接缝的防水密封等;G类为镶装玻璃用密封膏,主要用于镶嵌玻璃和建筑门、窗的密封。

项目四　止水材料

止水材料用于水工建筑物的永久性接缝，如变形缝、施工缝、接缝等。相关的规范有《水工建筑物止水带技术规范》(DL/T 5215—2005)；普通建筑物用止水带规程见《高分子防水材料 第二部分：止水带》(GB 18173.2—2014)。

常用于水工和普通建筑物的止水材料有橡胶和 PVC 止水带、铜和不锈钢止水带。当运行期环境温度较低时，不宜选用 PVC 止水带。当止水带在运行期暴露于大气、阳光下时，应选用抗老化性能强的合成橡胶止水带、铜或不锈钢止水带。采用多道止水带止水并有抗震要求时，宜选用不同材质的止水带，如表 8-14 所示。

表 8-14　常用的止水材料及其适用范围

材料名称	适用范围
橡胶水封	水工闸门周边、建筑物地下室后浇带
塑性止水带	混凝土面板堆石坝、低混凝土坝和闸的永久缝
金属止水	混凝土坝、混凝土面板堆石坝的永久缝，地下水位变动区混凝土结构施工缝
复合材料止水	混凝土面板堆石坝、隧洞的永久缝、结构缝
表面涂料	碾压混凝土坝、混凝土面板堆石坝的迎水面
无黏性反滤止水材料	混凝土面板堆石坝上游面

一、橡胶和 PVC 塑料止水带

橡胶止水带又称止水橡皮。橡胶止水带是以天然橡胶与各种合成橡胶为主要原料，掺加各种助剂及填充料，经塑炼、混炼、压制成型。

橡胶止水材料具有良好的弹性，耐磨性、耐老化性和抗撕裂性能，适应变形能力强、防水性能好，温度使用范围广。橡胶止水带主要用于混凝土现浇时设在施工缝及变形缝内与混凝土结构成为一体的基础工程，如地下设施、隧道涵洞、输水渡槽、拦水坝、贮液构筑物等。

PVC 塑料止水带是由聚乙烯树脂加入增塑剂、稳定剂等辅料加工而成。

橡胶和 PVC 止水带的厚度宜为 6 ~ 12 mm，当水压力和接缝位移较大时，应在止水带下设置支撑体。

1. 橡胶和 PVC 止水带止水带的分类

(1)按用途分：变形缝用止水带，用 B 表示；施工缝用止水带，用 S 表示；有特殊耐老化要求的接缝、沉管隧道接缝用止水带，用 J 表示；可卸式止水带，用 JX 表示；压缩式止水带，用 JY 表示。

(2)按结构形式分：普通止水带，用 P 表示；复合止水带，用 F 表示；与钢边复合的止水带 FG 表示；与遇水膨胀橡胶复合的止水带，用 FP 表示；与帘布复合的止水带，用 FL 表示。

2. 橡胶和 PVC 塑料止水带的基本性能要求

橡胶止水带的物理力学性应能满足表 8-15 要求，PVC 止水带的物理力学性应能满足表

8-16 要求。橡胶或 PVC 止水带嵌入混凝土中的宽度一般为 120 ~ 260 mm。中心变形型止水带一侧应有不少于 2 个止水带肋，肋高、肋宽不宜小于止水带的厚度，当作用水头高于 100 m 时宜采用复合型止水带、复合用密封材料及复合性应能满足表 8-17 要求。

当橡胶与金属黏合时，应黏合于具有钢边的止水带。对于有止水带防霉性能要求的，应考虑做霉菌试验，且其防毒性应能等于或高于 2 级，相关检测方法见《高分子防水材料 第二部分：止水带》(GB 18173.2—2014)。

表 8-15 橡胶止水带物理力学性能

序号	项目			单位	指标		
					B	S	J
1	硬度(邵氏 A)			度	60 ± 5	60 ± 5	60 ± 5
2	拉伸强度			MPa	≥15	≥12	≥10
3	扯断伸长率				≥380%	≥380%	≥300%
4	压缩永久变形	70 ℃ × 24 h			≤35%	≤35%	≤35%
		23 ℃ × 168 h			≤20%	≤20%	≤20%
5	撕裂强度			kN/m	≥30	≥25	≥20
6	脆性温度			℃	≤ −45	≤ −40	≤ −40
7	热空气老化	70 ℃ × 168 h	硬度变化(邵氏 A)	度	≤ +8	≤ +8	–
			拉伸强度	MPa	≥12	≥10	
			扯断伸长率		≥300%	≥300%	
		100 ℃ × 168 h	硬度变化(邵氏 A)	度	–	–	≤ +8
			拉伸强度	MPa			≥9
			扯断伸长率				≥250%
8	臭氧老化 50pphm:20%,48 h			–	2 级	2 级	0 级
9	橡胶与金属黏合			–	断面在弹性体内		

表 8-16 PVC 塑料止水带物理力学性能

项目		单位	指标
拉伸强度		MPa	≥14
扯断伸长率			≥300%
硬度(邵氏 A)		度	≥65
低温弯折		℃	≤ −20
热空气老化 70 ℃ × 168 h	拉伸强度	MPa	≥12
	扯断伸长率		≥280%
耐碱性 10% $Ca(OH)_2$ 高温，(23 ± 2) ℃ × 168 h	拉伸强度保持率		≥80%
	扯断伸长率保持率		≥80%

表 8-17　复合密封止水材料物理力学性能及复合性能

<table>
<tr><th>序号</th><th colspan="3">项目</th><th>单位</th><th>指标</th></tr>
<tr><td rowspan="3">1</td><td colspan="2" rowspan="3">浸泡质量损失率常温×3 600 h</td><td>水</td><td></td><td></td></tr>
<tr><td>饱和 $Ca(OH)_2$ 溶液</td><td></td><td></td></tr>
<tr><td>10% NaCl 溶液</td><td></td><td></td></tr>
<tr><td rowspan="8">2</td><td rowspan="8">拉伸
黏结性能</td><td rowspan="2">常温，干燥</td><td>断裂伸长率</td><td></td><td>≥300%</td></tr>
<tr><td>黏结性能</td><td>—</td><td>不破坏</td></tr>
<tr><td rowspan="2">常温、浸泡</td><td>断裂伸长率</td><td></td><td>≥300%</td></tr>
<tr><td>黏结性能</td><td>—</td><td>不破坏</td></tr>
<tr><td rowspan="2">低温，干燥</td><td>断裂伸长率</td><td></td><td>≥200%</td></tr>
<tr><td>黏结性能</td><td>—</td><td>不破坏</td></tr>
<tr><td rowspan="2">300 次冻融循环</td><td>断裂伸长率</td><td></td><td>≥300%</td></tr>
<tr><td>黏结性能</td><td>—</td><td>不破坏</td></tr>
<tr><td>3</td><td colspan="3">流淌值（下垂度）</td><td>mm</td><td>≤2</td></tr>
<tr><td>4</td><td colspan="3">施工度（针入度）</td><td>1/10 mm</td><td>≥70</td></tr>
<tr><td>5</td><td colspan="3">密度</td><td>g/cm^3</td><td>≥1.15</td></tr>
<tr><td>6</td><td colspan="3">复合剥离强度（常温）</td><td>N/cm</td><td>>10</td></tr>
</table>

注：常温指（23 ± 2 ℃），低温指（ −20 ± 2 ℃）。

3. 橡胶止水带的基本造型

止水带主要包括：

（1）平板型止水带（图 8-1），包括平板型普通止水带、平板型复合普通止水带；

（2）中心孔型止水带（图 8-2），包括中心孔型普通止水带、中心孔型复合止水带；

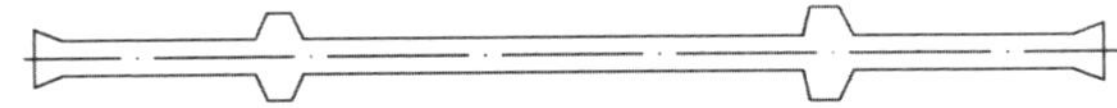

图 8-1　平板型普通止水带

图 8-2　中心孔型普通止水带

（3）Ω 形止水带（图 8-3），包括 654 型止水带、831 型止水带；

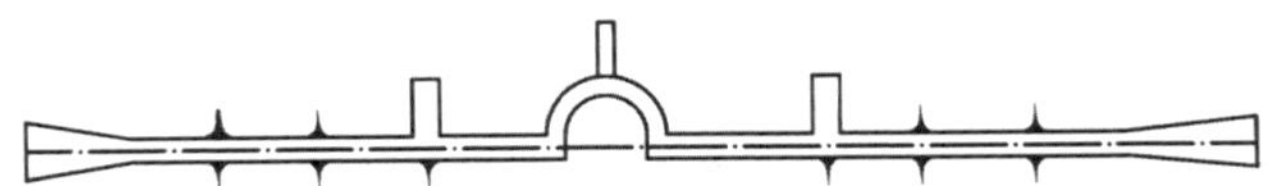

图 8-3　Ω 形止水带（831 型止水带）

（4）中心开敞型止水带，包括中心开敞型普通止水带（图 8-4）、中心开敞型复合止水带

（图 8-5）；

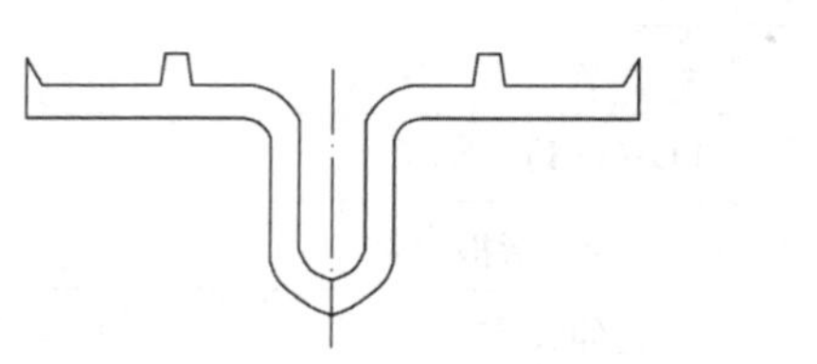

图 8-4　中心开敞型普通止水带

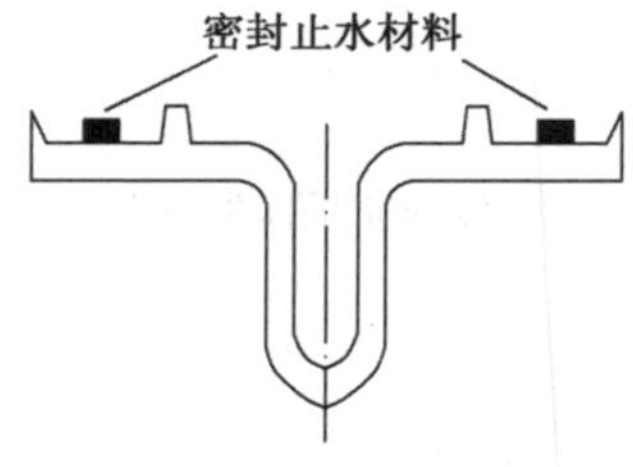

图 8-5　中心开敞型复合止水带

（5）波形止水带（图 8-6），包括波形普通止水带、波形复合止水带；

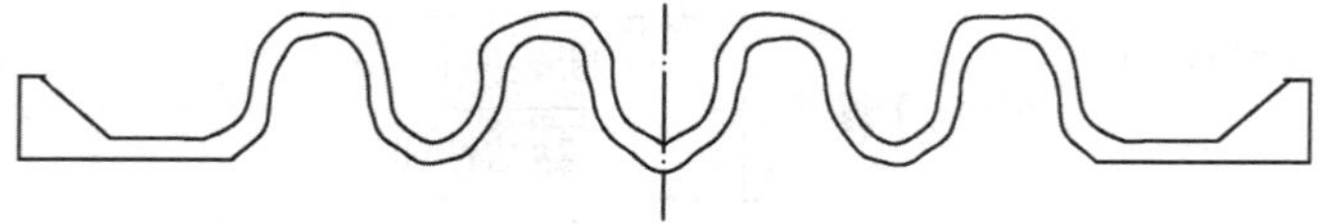

图 8-6　波形止水带

（6）W 形金属止水带（图 8-7），包括 W 形普通金属止水带、W 形复合金属止水带；

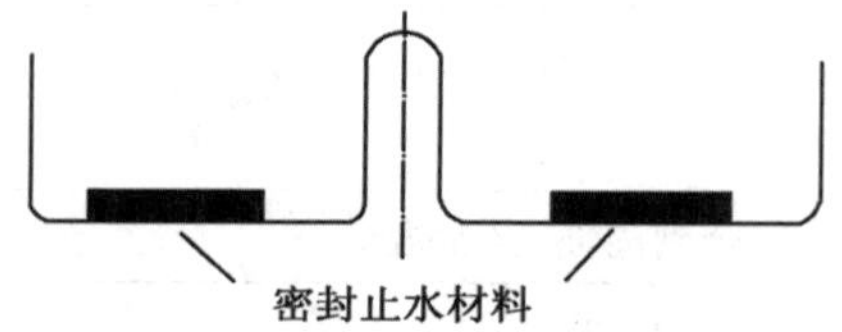

图 8-7　W 形复合金属止水带

（7）F 形金属止水带（图 8-8），包括 F 形普通金属止水带、F 形复合金属止水带。

复合止水带多指在原止水带上附加密封止水材料，从而增强止水带的防水能力。

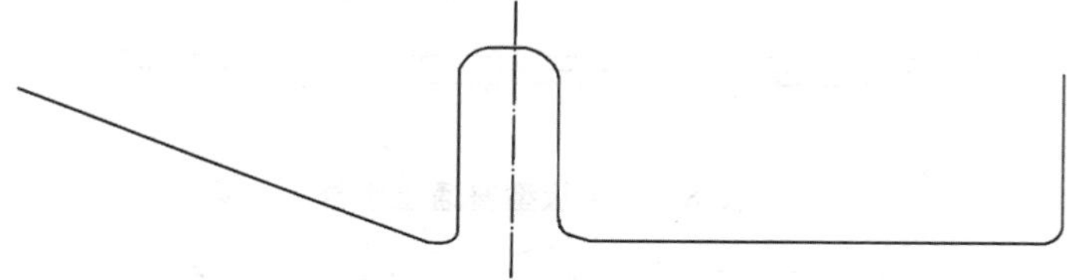

图 8-8　F 形普通金属止水带

二、铜和不锈钢止水带

1. 铜和不锈钢止水带基本要求

止水铜片是用紫铜做成，一般厚为 1.0～1.6 mm，宽为 45～55 mm，采用的厚度视水头大小而定。

铜止水带的厚度宜为 0.8～1.2 mm，作用水头高于 140 m 时宜采用复合型铜止水带，其复合用材料以及复合性应能满足要求。使用铜带材加工止水带时，抗拉强度应不小于 205 MPa，伸长率应不小于 20%，铜止水带的化学成分和物理力学性应能满足《铜及铜合金带材》（GB/T 2059—2008）的规定。不锈钢止水带的拉伸强度应不小于 205 MPa，伸长率应

不小于35%，其化学成分和物理力学性能须满足GB 3280—2015的要求。不锈钢止水带的厚度、断面尺寸、复合型式可参照铜止水带的规定。

2. 铜和不锈钢止水带的基本造型

金属止水带材料基本造型如图8-7、图8-8所示，金属复合止水带多指在原止水带上附加密封止水材料，从而增强止水带的防水能力。

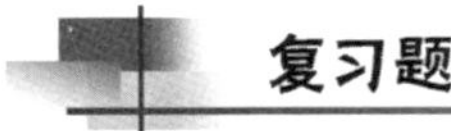

复习题

1. 工程防水按所用材料不同分为哪两种类型？
2. 石油沥青的组分有哪些？
3. 石油沥青有哪些主要技术指标？
4. 什么是沥青的老化？
5. 如何选用石油沥青材料的牌号？
6. 建筑石油沥青主要应用于哪些方面？
7. 常用的改性沥青有哪些种类？
8. 目前建筑工程所用的防水卷材有哪三大类型？
9. 沥青防水卷材按胎基材料不同有哪些种类？
10. 与传统的沥青防水卷材相比较，改性沥青防水卷材和合成高分子防水卷材有哪些优点？
11. 高聚物改性沥青防水卷材常用的主要品种有哪些？
12. 合成高分子防水卷材常用的主要品种有哪些？各有何特点？
13. 防水涂料按成膜物质的主要成分有哪三大类型？
14. 什么是冷底子油？
15. 常用的止水材料有哪些？
16. 水利和海洋工程中复合止水是什么意思？
17. 橡胶止水带中普通止水带和复合止水带的差别是什么？以中心开敞型止水带加以说明。

模块九 土工合成材料

土工织物及其相关材料是使用在与土壤有关的方面的具有渗透性的片状或条状的材料。它们通常由合成聚合物经过各种各样的制造工艺形成以另外一种形式或类型出现的土工织物型产品。土工织物形成了一个最大的土工合成材料团体。

1. 早期应用

土工合成材料概念的早期应用可以追溯到公元前3000年,即土壤的增强化应用——中国长城采用芦苇和稻草同黏土混合制砖。修建道路时在沼泽中和多沼地用树干、小矮树等增强路的稳定性,例如,用木头铺排成的路、桥。

早期的一些天然材料的单独使用可以追溯到1926年。南卡罗林拉高速公路局(South Carolina Highway Department)使用中棉织物作为过滤器来改善和稳定道路性能。

大部分土工织物的使用是出于防腐蚀的目的,用来取代粒状土壤过滤器。所使用的材料充当过滤器或排水材料。

土工织物使用(作为过滤器)的一个范例是,1956年Dutch Delta Works Scheme工程中的海岸保护工作。这个工程有助于模拟土工织物的形成,并且在土工织物的使用历史中具有特别明显的意义(工程中使用了1 000万平方米的土工织物)。

2. 20世纪60年代

20世纪60年代早期已经出现了编织的土工织物,一般用作过滤器,取代了天然的颗粒过滤器,如:美国工程师军团(US Army Corps of Engineers)1962年在Memphis的河岸保护行动。

整个20世纪60年代,在引进新的土工织物产品和拓展它们的应用方面取得了许多进展。如英国开发的土工织物网与土工织物格栅特别适应于土壤增强化应用。1968年,法国一家公司生产出了第一个非编织的、用针开孔的土工织物,商业名为Bidim。接头ICI织物公司生产出了非编织的热结性的土工织物产品系列。澳大利亚的Chemie Linz公司在土工织物技术方面也是早期的领导者之一,生产出了非编织的用针开孔的土工织物,商业名为Polyfelt。土工合成材料明显的进展在美国也有发生。

3. 20世纪70年代

从1972年到1980年,北美土工材料市场估计从200万平方米增长到9 000万平方米。西欧的市场稍大。随着产品范围的拓展,市场增长率估计稳定在每年15%(体积)左右。十

年期间，土工织物作为解决问题的材料应用于许多土工技术领域中。对土工材料应用的评价多次成为焦点，但对土工材料应用较多地体现在纯经验式设计上。

1977 年在巴黎召开第一次关于土工织物的国际会议，是土工材料应用具有里程碑意义的事件。

4.20 世纪 80 年代

十年期间大量关于使用土工织物作为替代物取代传统方法应用与工程的情况出现，形成以理论为基础的实际方法。

生产厂家从事于土工织物的生产、销售和分配。大学和研究所开始从事土工织物的研究有杂志发行和论文发表，如土工技术织物报道、土工技术新闻、土工织物和土工膜等。

西欧市场增长了 1.2 亿平方米，法国市场增长了 3 000 万平方米，英国市场增长了1 500 万平方米。持续的增长导致在全世界超过 100 000 个不同的项目中使用了大约 3 亿平方米的土工材料。

5.20 世纪 90 年代及至今

亚洲、欧洲、美国和加拿大等组织了多次国际会议，形成了国际土工材料协会 IGS、土工织物标准化组织，如关于土工合成材料的 ASTMD35，关于土工织物和其他土工合成材料的 CEN 委员会（欧洲），美国土工合成材料研究所（GRI），关于土工材料的 LSSMFETC9，关于土工材料的 ISO，等等。企业生产土工合成材料的规模不断壮大，新型土工合成材料不断涌现，应用范围更加广阔。

项目一　土工合成材料的基本特性

土工合成材料包括土工纤维、土工薄膜、土工布等，是指用合成纤维纺织或经胶结、热压、针刺等工艺制成的工程用卷材，其中生成最多的是土工布。土工布是土工合成材料中的一种，成品为布状，一般宽度为 4 ~6 m，长度为 50 ~100 m。土工布具有优秀的过滤、排水、隔离、加筋、防护作用，具有重量轻、抗拉强度高、渗透性好、耐高温、抗冷冻、耐老化、耐腐蚀的特性。土工合成材料的应用起源于 20 世纪 50 年代，国内的土工布是国家的“八五”计划之一，1998 年颁布了土工合成材料相关规范 GB/T 17638、GB/T 17639、GB/T 17640、GB/T 17641、GB/T 17642 标准，目前土工布已经在多个领域得到了广泛应用，其中包括土木工程、岩土工程、海港工程。土工布的主要产品包括机织土工布、针织土工布、非织造土工布、土工格栅、土工网、土工复合物等。

项目二　土工合成材料的分类与应用

一、土工合成材料的分类

按照《土工合成材料应用技术规范》（GB/T 50290—2014）规定，土工合成材料分为四大类，即土工织物、土工膜、土工复合材料和土工特种材料，如表 9-1 所示。

表 9-1　土工合成材料的分类

土工织物	织造(有纺)	机织(含编织)、针刺
	非织造(无纺)	针刺(机械黏结)、热黏结
土工膜	沥青、聚合物	
土工复合材料	复合土工布、复合土工膜、复合土工织物、复合防排水材料(排水带、排水管、排水防水材料)	
土工特种材料	土工格栅、土工带、土工网、土工格室、土工模袋、土工网垫、膨胀土防水毯(GCL)、聚苯乙烯板块(EPS)等	

在工程上使用较多的土工织物包括有纺土工布和无纺土工布。

有纺土工布是有至少两组平行的纱线或扁丝组成,一组沿织机的纵向布置称经纱,另一组横向布置称为纬纱,用不同的编织设备和工艺将经纱与纬纱交织在一起织成布状。有纺土工布可根据不同的使用范围编织成不同的厚度与密实度。一般有纺土工布较薄,纵横向都具有相当强的抗拉强度(经度大于纬度),具有很好的稳定性能。有纺土工布根据编织工艺和使用经纬的不同,分为加筋土工布和不加筋土工布两大类,加筋土工布的经向抗拉强度远远大于普通土工布。有纺土工布一般实际应用与土工工程项目的加筋增强,主要功能是加固增强,具有平面隔离与保护的功能,不具备平面排水功能,可根据具体的使用目的选用。

无纺土工布是由长丝或短纤维经过不同的设备和工艺铺排成网状,再经过针刺等工艺让不同的纤维相互交织在一起,相互缠结固着使织物规格化,让织物柔软、丰满、厚实、硬挺,以达到不同的厚度满足使用要求。无纺土工布具有很好的织物间隙,有很好的附着力。由于纤维柔软具有一定的抗撕裂能力,同时具有很好的变形适应能力和保护能力,另外还具有的平面排水能力,表面柔软多间歇,有很好的摩擦系数,能够增加土粒等附着能力,可以防止细小颗粒通过,阻止了颗粒物的流失,排除了多余水分。根据用丝的长短,无纺土工布分为长丝无纺土工布和短丝无纺土工布,它们能起到很好的过滤、隔离、加筋、防护等功效,是一种应用广泛的土工合成材料。

二、土工合成材料的主要原料

用于织造土工布的主要原材料有涤纶 PET、丙纶 PP、尼龙 PA、维纶 PV、乙纶 PE。

三、土工合成材料的特点

土工合成材料重量轻、成本低、耐腐蚀,具有反滤、排水、隔离、增强等优良性能。

四、土工合成材料的用途

土工合成材料广泛用于水利、电力、矿井、公路和铁路等土工工程,主要表现为如下几个方面:

(1)用于易发生管涌地方,土和水的分离过滤可防止土颗粒的流失,又不影响水通过的材料。在海港工程施工时,土工布可以用于制作模袋混凝土,制成布袋,在袋子中装入冲填土,可以用作围堰的核心填筑物。

(2)用于水库、矿山选矿的排水材料,高层建筑地基的排水材料。

(3)江河堤坝、护坡、深基坑边坡等的防水冲刷材料。

(4)铁路、公路、机场跑道路基的补强材料,沼泽地带修路的加固材料。

(5)防霜、防冻的保温材料。

(6)沥青路面的防裂材料。

(7)船闸施工倒角模板内侧吸收气泡并保持混凝土表面平整的材料。

(8)工程上土石的补强材料等。

五、常见土工合成材料特性及应用

(一)短纤土工布

短纤针刺土工布是以短纤维为原材料,采用梳理铺网设备有针刺设备加工而成。产品具有耐酸碱、耐腐蚀、耐老化、强度高、尺寸稳定、过滤性好等优良性能,主要作用是为工程的增强、隔离、反滤、排水提供保障,广泛用于水利、公路、铁路等领域,如表 9-2 所示。

(二)防渗土工布

防渗土工布是以塑料薄膜作为防渗基材,与无纺布复合而成的土工防渗材料。它的防渗性能主要取决于塑料薄膜的防渗性能。国内外防渗应用的塑料薄膜主要有聚氯乙烯(PVC)和聚乙烯(PE),它们是一种高分子化学柔性材料,比重较小,延伸性较强,适应变形能力高,耐腐蚀,耐低温,抗冻性能好。其主要机理是以塑料薄膜的不透水性隔断土坝漏水通道,以其较大的抗拉强度和延伸率承受水压和适应坝体变形;而无纺布亦是一种高分子短纤维化学材料,通过针刺或热粘成形,具有较高的抗拉强度和延伸性。它与塑料薄膜结合后,不仅增大了塑料薄膜的抗拉强度和抗穿刺能力,而且由于无纺布表面粗糙,增大了接触面的摩擦系数,有利于复合土工膜及保护层的稳定。同时,它们对细菌和化学作用有较好的耐侵蚀性,不怕酸、碱、盐类的侵蚀。

(三)复合土工布膜

复合土工膜是土工合成材料大家族中的一员,大量用于公路、铁路、水利、大型建筑、电厂灰坝建设、有色金属尾矿处理、环保工程、水土保持等方面。

复合土工膜主要有不同层次的土工材料,经黏合等工艺复合在一起。水工用的复合土工膜厚度为 0.2 m 的加稳定剂的聚乙烯薄膜,在清水条件下工作年限可达 40～50 年,在污水条件下工作年限为 30～40 年,寿命年限足以满足大部分水工工程防渗要求的使用年限。

(四)经编复合土工布

经编复合土工布是以玻璃纤维(或合成纤维)为增强材料,通过与短纤针刺无纺布复合而成的新型土工材料。

经编复合土工布不同于一般机织布。其最大特点是经线与纬线的交叉点不弯曲,各自处于平直状态。用捆绑线将两者捆扎牢固,可全面较均匀同步,承受外力,分布应力,且当施加的外力撕裂材料的瞬时,纱线会沿初裂口拥集,增加抗撕裂强度。

经编复合时,即利用经编捆绑线在经纬纱与短纤针刺土工布的纤维层间反复穿行,使三者编结为一体。因而经编复合土工布既具有高抗拉强度、低延伸率的特点,又兼有针刺非织造布的性能。因此经编复合土工布是一种可用于加筋增强、隔离防护,并具有三维整体法向及水平均有较好的聚水、异水的作用。因其固体基质和气孔均呈连续相,成为多孔隙的过滤效应,是一种多功能的土工复合材料。它是当今国际上高水平的应用土工复合的基材。经编复合土工布具有加筋、隔离和防护的功能。

复习题

1. 土工合成材料的基本特性有哪些?
2. 土工合成材料的分类有哪些?

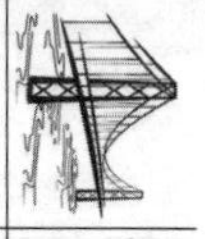

表 9-2　短纤土工布测试指标

规格(g/m^2)	100	150	200	250	300	350	400	450	500	600	800	备注
单位面积质量偏差	−8%	−8%	−8%	−8%	−7%	−7%	−7%	−7%	−6%	−6%	−6%	—
厚度(mm)≥	0.9	1.3	1.7	2.1	2.4	2.7	3.0	3.3	3.6	4.1	5.0	—
幅宽偏差	−0.5%											—
断裂强力(kN/m)≥	2.5	4.5	6.5	8.0	9.5	11.0	12.5	14.0	16.0	19.0	25.0	纵横向
断裂伸长率	25%~100%											
CBR 顶破强力(kN)≥	0.3	0.6	0.9	1.2	1.5	1.8	2.1	2.4	2.7	3.2	4.0	—
等效孔径 $O_{90}(O_{95})$mm	0.07~0.2											—
垂直渗透系数(cm/s)	$K\times(10^{-1}\sim10^{-3})$											K=1.0~9.9
撕破强力(kN)≥	0.08	0.12	0.16	0.20	0.24	0.28	0.33	0.38	0.42	0.46	0.60	纵横向

模块十
装饰材料

装饰材料是指用于建筑物或建筑构件表面主要起装饰作用的材料。建筑装饰材料是材料中的一个分支,水泥、混凝土、钢材等结构材料搭起了建筑物的骨架,而装饰材料则是给建筑物披上了美丽的“外衣”。

项目一　装饰材料的种类认知与应用

一、建筑装饰石材

建筑装饰石材是指具有可锯切、抛光等加工性能,用于建筑工程各表面部位的装饰性板材或块材,包括天然装饰石材和人造装饰石材两大类。天然装饰石材主要有天然大理石和天然花岗岩,人造装饰石材主要有水磨石、人造大理石等。

(一)天然装饰石材

1. 天然大理石

天然大理石是石灰石与白云石经过地壳高温、高压作用形成的一种变质岩,通常为层状结构,主要化学成分为碳酸钙和碳酸镁。从大理石矿体开采出来的块状石料称为大理石荒料,大理石荒料经锯切、磨光等加工后就成为大理石装饰板材。

天然大理石结构致密,抗压强度高,吸水率小,硬度不大,易于加工。经过锯切、磨光后的板材光洁细腻,如脂如玉,纹理自然,花色品种可达上百种,装饰效果美不胜收。大理石的主要缺点有两个:一是硬度低,如用大理石铺设地面,磨光面容易损坏,其耐用年限一般为30～80年;二是抗风化能力差,除个别品种(如汉白玉等)外,一般不宜用于室外装饰。

天然大理石主要用于建筑物的室内饰面,如建筑物的墙面、地面、柱面、服务台面、窗台、踢脚线以及高级卫生间的洗漱台面等处,也可加工成工艺品和壁画。

2. 天然花岗岩

天然花岗岩是典型的深成岩,主要成分是石英、长石及少量云母和暗色矿物(橄榄石类、辉石类、角闪石类及黑云母等),岩质坚硬密实,属于硬石材。花岗岩矿体开采出来的块状石料称为花岗岩荒料，花岗岩荒料经锯切、磨光等加工后就成为花岗岩装饰板材。我国花岗岩储量丰富，国产花岗岩较著名的品种有济南青、将军红、白虎涧、莱州白（青、黑、红、棕黑等）、岑溪红等。

天然花岗岩结构致密，质地坚硬，抗压强度高，吸水率小，耐磨性、耐腐蚀性、抗冻性好，耐久性好，耐久年限可达200年以上，经加工后的板材呈现出各种斑点状花纹，具有良好的装饰性。天然花岗岩的缺点主要有：一是花岗岩的硬度大，开采加工较困难；二是花岗岩质脆，耐火性差，当温度超过800 ℃时，花岗岩中的石英晶态转变造成体积膨胀，从而导致石材爆裂，失去强度；三是某些花岗岩含有放射性元素，对人体有害。石材的放射性应符合《建筑材料放射性核素限量》（GB 6566—2010）的规定。

天然花岗岩装饰板材主要用作建筑室内外饰面材料，以及重要的大型建筑物基础、踏步、栏杆、堤坝、桥梁、路面、城市雕塑等；还可用于吧台、服务台、收款台及家具装饰。磨光花岗岩板的装饰特点是华丽而庄重，粗面花岗岩装饰板材的特点是凝重而粗犷。应根据不同的使用场合选择不同物理性能及表面装饰效果的花岗岩。

（二）人造装饰石材

天然石材虽然有着自身的很多优点，但资源有限，花色固定，价格昂贵。随着现代建筑业的发展，对装饰材料提出了轻质、高强度、品种多样等要求，人造石材就在这样的背景下应运而生。人造石材的花纹图案可以人为控制，胜过天然石材，而且具有质量轻、强度高、耐腐蚀、耐污染、施工方便等许多优点，因此被广泛应用在各种室内外装饰、卫生洁具等方面，成为现代建筑装饰材料中的重要组成部分。人造石材主要品种有各种水磨石和人造大理石等。

1. 水磨石

水磨石是以水泥为胶结材料，大理石渣为主要骨架，经成型、养护、研磨、抛光等工序制成的人造石材。水磨石按施工方法不同分为现浇水磨石和预制水磨石两种。水磨石一般是以普通水泥混凝土为底层，以添加颜料的白水泥和彩色水泥与各种大理石渣拌制的混凝土为面层组成。

水磨石板具有美观、强度高、施工方便等特点，颜色可以根据具体环境的需要任意配制，花色品种很多，并可以在施工时拼铺成各种不同的图案。水磨石板广泛地适用于建筑物的地面、柱面、窗台、踢脚线、台面、楼梯踏步等处，是常用的人造石材之一。

2. 人造大理石

人造大理石按照生产所用的材料，可分为水泥型人造大理石、聚酯型人造大理石、复合型人造大理石、烧结型人造大理石四类，其中最常见的是聚酯型人造大理石。它是以不饱和聚酯树脂为胶黏剂，配以天然大理石或方解石、白云石、硅砂、玻璃粉等无机矿物粉料，以及适量的阻燃剂、稳定剂、颜料等，经配料混合、浇注、振动、压缩、挤压等方法固化制成的一种人造石材。由于其颜色、花纹和光泽等均可以仿制天然大理石、花岗岩或玛瑙等的装饰效果，故称之为人造大理石。人造大理石由于质量轻、强度高、耐腐蚀、耐污染、施工方便等优点，是室内装饰装修比较广泛的材料。更方便的是，其装饰图案、花纹、色彩可根据需要人为地控制，厂商可根据市场需求生产出各式各样的图案组合，这是天然石材所不及的。人造大理石具有良好的可加工性，可用加工天然大理石的办法对其进行切割、钻孔等。

二、建筑装饰陶瓷

陶瓷是指用黏土类及其他天然矿物（瓷土粉）等为原料，经过粉碎加工、成型、煅烧等过程而得到的无机多晶产品。陶瓷是陶器、炻器和瓷器的总称。陶器通常有一定的吸水率，断面粗糙无光，不透明，敲之声音粗哑，有的无釉，有的施釉。瓷器的坯体致密，基本上不吸水，有半透明性，通常都施有釉层。炻器的性能介于陶器和瓷器之间。

传统的陶瓷主要是制造艺术品和容器。随着建筑及装饰业发展，陶瓷在保留原有功能的同时，越来越向建筑装饰材料领域发展，并成为重要的建筑装饰材料。随着人民生活水平的提高，建筑陶瓷的应用更加广泛，其品种、花色和性能也有很大的变化。其中以陶瓷墙地砖的使用最为广泛，它以成本低廉、施工简易、外形美观和容易清洁等特点，体现出建筑装饰设计所追求的"实用、经济、美观"的基本原则。

（一）内墙面砖

内墙面砖是适用于建筑物室内装饰的薄型精陶制品，又称釉面砖，表面施釉，烧成后表面光亮平滑，形状尺寸多种多样，颜色丰富多彩，并且具有不易沾污、耐水性好、耐酸碱性好、热稳定性较强、防火性好等优点。它主要被用于浴室、厨房、卫生间、实验室、医院等的内墙面及工作台面、墙裙等处。经专门设计的彩绘面转，可镶拼成各式壁画，具有独特的装饰效果。

（二）墙地砖

陶瓷墙地砖是外墙面砖和地面砖的统称。外墙砖和地砖虽然它们在外观形状、尺寸及使用部位上都有不同，但由于它们在技术性能上的相似性，使得部分产品既可用于墙面装饰，又可以用于地面装饰，成为墙地通用面砖。因此，通常把外墙面砖和地面砖统称为陶瓷墙地砖。

（三）陶瓷锦砖

陶瓷锦砖俗称"马赛克"，是以优质瓷土烧制成的小块瓷砖（长边不大于 40 mm），有挂釉和不挂釉两种，目前各地产品多不挂釉。产品出厂前已按各种图案正面粘贴在牛皮纸上，每张牛皮纸制品为一联。

陶瓷锦砖具有美观、不吸水、防滑、耐磨、耐酸、耐火以及抗冻性好等性能。主要用于室内地面装饰，如浴室、厨房、餐厅、精密生产车间等的地面，也可用于室内、外墙饰面，可镶拼成有较高艺术价值的陶瓷壁画，提高其装饰效果，并可增强建筑物的耐久性。

（四）建筑琉璃制品

琉璃制品是以难熔黏土做原料，经配料、成型、干燥、素烧、表面涂以琉璃釉料后，再经烧制而成的。琉璃制品属于精陶瓷制品，颜色有金、黄、绿、蓝、青等，品种分为三类：瓦类（板瓦、筒瓦、沟头等）、脊类和饰件类（博古、兽等）。

琉璃制品表面光滑，色彩绚丽，造型古朴，坚实耐用，富有民族特色。其彩釉不易剥落，装饰耐久性好，比瓷质饰面材料容易加工，且花色品种很多，主要用于具有民族风格的房屋以及建筑园林中的亭台、楼阁等。

（五）陶瓷壁画、壁雕

陶瓷壁画、壁雕，是以凹凸的粗细线条、变幻的造型、丰富的色调，表现出浮雕式样的瓷砖。陶瓷壁雕砖可用于宾馆、会议厅等公共场合的墙壁，也可用于公园、广场、庭院等室外环境的墙壁。

同一样式的壁画、壁雕砖可批量生产，使用时与配套的平板墙面砖组合拼贴，在光线的照射下，形成浮雕图案效果。由于壁画砖铺贴时需要按编号粘贴瓷砖，才能形成一幅完整的壁画。因此要求粘贴必须严密、均匀一致。每块壁画、壁雕在制作、运输、储存各个环节，均不得损坏，否则造成画面缺损，将很难补救。

（六）陶瓷卫生洁具

陶瓷卫生洁具主要是精陶质的，它采用可塑性黏土、高岭土、长石和石英为原料，坯体成型后经过素烧和釉烧而成。陶瓷卫生洁具颜色清澄、光泽度好、易于清洗、经久耐用。其主要产品有洗面器、大小便器、水箱水槽等，主要用于浴室、盥洗间、厕所等处。

三、建筑装饰玻璃

玻璃是用石英砂（SiO_2）、纯碱（Na_2CO_3）、长石（$R_2O \cdot A1_2O_3 \cdot 6SiO_2$，式中 R_2O 指 Na_2O 或 K_2O）、石灰石（$CaCO_3$）等为主要原料，在 1 550 ~ 1 600 ℃高温下熔融、成型和经急冷而成的固体材料。为了改善玻璃的某些性能和满足特种技术要求，常常在玻璃生产过程中加入辅助性原料，或经特殊工艺处理，可制成具有特殊性能的玻璃。

（一）玻璃的基本性质

1. 力学性质

玻璃的力学性质决定于其化学组成、制品形状、表面性质和加工方法。凡含有未熔物质、结石和裂纹等质量问题的玻璃，都会造成应力集中，急剧地降低其力学性能。

在建筑中，玻璃经常受到弯曲、拉伸、冲击和震动，很少受压，所以玻璃的力学性质的主要指标是抗拉强度和脆性指标。玻璃的实际抗拉强度为 30 ~ 60 MPa，普通玻璃的脆性指标为 1 300 ~ 1 500，脆性指标越大，说明脆性越大。

2. 化学稳定性

玻璃具有较高的化学稳定性，但长期受到侵蚀性介质的腐蚀，也会变质和破坏。大部分玻璃都能很好地抵抗酸的腐蚀，但氢氟酸例外。相对而言，铝镁玻璃、硼硅玻璃的化学稳定性较高。

3. 热物理性能

玻璃的导热性很差，在常温中热导率仅为铜的 1/400，但随着温度升高热导率增大。玻璃的热膨胀系数决定于其化学组成及纯度，纯度越高热膨胀系数越小。玻璃的热稳定性决定了温度急剧变化时玻璃抵抗破裂的能力。玻璃的热膨胀系数越小，热稳定性越高。玻璃制品的体积越大、厚度越厚，热稳定性越差。

4. 光学性能

玻璃具有良好的光学性质，既能通过光线，还能反射和吸收光线。光线能透过玻璃的性质称为透射；光线被玻璃阻挡，按一定角度折回称为反射或折射；光线通过玻璃后，一部分被损失掉，称为吸收。利用玻璃的这些性能，人们研制出很多具有特殊性能的玻璃品种，如吸热玻璃、热反射玻璃等。

玻璃对光线的吸收能力随着其化学组成和颜色的变化而发生改变。无色玻璃可透过各种颜色的光线，但吸收红外线和紫外线，各种有色的玻璃能透过同色光线而吸收其他颜色的光线。透过玻璃的光能和入射玻璃的光能之比称为透过率或透光率，是玻璃的重要性能指标。清洁的普通玻璃透过率达 85% ~90%。当玻璃中含有杂质或添加颜色后，其透过率将

大大降低，彩色玻璃、热反射玻璃的透过率可以低至19%以下。

（二）玻璃装饰材料的主要品种

1. 普通平板玻璃

普通平板玻璃又称净片玻璃、白片玻璃，目前主要采用浮法生产，厚度为2～12 mm。普通平板玻璃具有一定的机械强度，产量高、品种多，劳动生产率高，经济效益好，但容易破碎，紫外线通过率低。普通平板玻璃是玻璃家族中产量最大、应用最多的一种，目前主要用于装配门、窗，起采光、透视、保温、隔声、挡风雨的作用，要求具有良好的透明度、表面平整无缺陷。

2. 安全玻璃

普通玻璃的最大弱点是易碎，特别是玻璃破碎后具有尖锐的棱角，很容易对人体造成意外伤害。因此，开发出相对安全的玻璃就显得十分重要和必要。常用的安全玻璃有钢化玻璃、夹层玻璃和夹丝玻璃。

(1)钢化玻璃

钢化玻璃是玻璃经过物理钢化（淬火）和化学钢化处理的方法而制成的，又称强化玻璃。当钢化玻璃玻璃破碎后，玻璃将破裂成无数尖锐棱角的玻璃小块，不易对人身安全造成伤害，故称为安全玻璃。

钢化玻璃的机械强度高，为普通玻璃的4～5倍；具有良好的弹性和热稳定性，良好的弹性使钢化玻璃不易破碎，安全性得以进一步提高；钢化玻璃的热稳定性要高于普通玻璃，有良好的耐热冲击性和耐热梯度（能承受204 ℃的温差变化），在急冷急热作用时，不易发生炸裂。钢化玻璃的缺点是不能任意切割、磨削，这使它的使用方便性大大降低。在使用时，必须使用现有规格的产品或在生产前提前向厂家预定产品型号。

钢化玻璃主要用于建筑物的门窗、幕墙、隔断、护栏（护板、楼梯扶手等）、家具以及电话厅、车、船等门窗、采光天棚等；可做成无框玻璃门；用于玻璃幕墙可大大提高抗风压能力，防止热炸裂，并可增大单块玻璃的面积，减少支撑结构。

(2)夹层玻璃

夹层玻璃是在两片或多片平板玻璃之间嵌夹透明、有弹性、黏结力强、耐穿透性好的透明塑料薄片，在一定温度、压力下胶合成的复合玻璃制品。夹层玻璃常用的塑料胶片为聚乙烯醇缩丁醛（PVB），厚度为0.2～0.8 mm。夹层玻璃的原片层数有2、3、5、7、9层，建筑上常用的为2～3层。

夹层玻璃的安全性十分突出。当玻璃破碎时，由于中间有塑料衬片产生的黏合作用，仅产生辐射状的裂纹和少量的玻璃碎屑而不落碎片，大大提高了产品的安全性。夹层玻璃的抗冲击能力很强，夹层玻璃比同等厚度的普通平板玻璃的抗冲击能力高几倍，可作为防弹玻璃。夹层玻璃中由于PVB胶片的作用，还具有节能、隔声、防紫外线等功能。此外，夹层玻璃还具有良好的耐热、耐寒、耐湿、隔声、保温等性能，长期使用不变色和老化。

夹层玻璃主要用于有振动或冲击作用的，或防弹、防盗及其他有特殊安全要求的建筑门窗、隔墙、工业厂房的天窗和某些水下工程，也可作为汽车、飞机的挡风玻璃等。

(3)夹丝玻璃

夹丝玻璃是将预先编织好的、直径一般为0.4 mm左右的、经过热处理的钢丝网（或铁丝）压入已加热到红热软化状态的玻璃之中制成。夹丝玻璃如遇外力破坏，即使玻璃无法抵抗冲击造成开裂,但由于钢丝网与玻璃黏结成一体,其碎片仍附着在钢丝网上,避免了碎片飞溅伤人,故属于安全玻璃。夹丝玻璃的防火性能好,当遇到火灾时,夹丝玻璃具有破而不缺、裂而不散的特性,能有效地阻止火焰的蔓延。

夹丝玻璃主要用于高层建筑、公共建筑的天窗、仓库门窗、防火门窗、地下采光窗以及其他要求安全、防振、防盗、防火以及建筑物的墙体装饰、阳台围护等。由于夹丝玻璃中含有很多金属物质,破坏了玻璃的均匀性,降低了玻璃的机械强度,使其抗折强度和抗外冲击能力都比普通平板玻璃有所下降。金属丝网与玻璃在热膨胀系数、热导率上的巨大差异,使夹丝玻璃在受到快速的温度变化时更容易开裂和破损,耐急冷急热性能较差。因此夹丝玻璃不能用在温度变化大的部位。

3. 节能型玻璃

随着建筑中大面积玻璃窗、玻璃幕墙的应用,玻璃在建筑节能中的作用被广泛重视,对玻璃的节能效果要求也越来越高。节能型玻璃具有良好的保温隔热性能,主要品种有吸热玻璃、热反射玻璃、中空玻璃等。

(1)吸热玻璃

吸热玻璃可以全部或部分吸收阳光中携带大量热量的红外线,从而降低通过玻璃的透过热量,又可以保持良好的透明度。吸热玻璃的生产是在普通玻璃中加入着色氧化物,如氧化铁、氧化镍、氧化钴及硒等,使玻璃带色并具较高的吸热性能,也可在玻璃表面喷涂氧化锡、氧化镁、氧化钴等有色氧化物薄膜而制成。

吸热玻璃能大量吸收太阳的辐射热,吸收太阳可见光,具有一定的透明度,能够吸收较多的紫外线,耐久性好,色泽经久不衰。吸热玻璃可产生冷房效应,大大节约了空调运行费用。

吸热玻璃广泛应用于建筑装饰工程门窗、外墙及车、船等的挡风玻璃等场合,起到采光、隔热、防眩等作用。它还可以按不同的用途进行加工,制成磨光、夹层、中空玻璃等。由于吸收了大量太阳热辐射,吸热玻璃的温度会升高,容易产生玻璃不均匀的热膨胀而导致“热炸裂”现象。因此,在吸热玻璃使用的过程中,应注意采取构造性措施,减少不均匀热胀,以避免玻璃破坏。

(2)热反射玻璃

热反射玻璃又称镀膜玻璃,是将平板玻璃经过深加工后得到的一种玻璃制品。热反射玻璃是在玻璃表面涂以银、铜、铝、镍等金属及其氧化物的薄膜,或采用电浮法等离子交换法,向玻璃表层渗入金属离子以置换玻璃表面层原有的离子而形成热反射膜。普通平板玻璃的辐射热反射率为7%左右,而热反射玻璃可达30%左右。

热反射玻璃具有良好的隔热性能,可节约空调运行费用;热反射玻璃具有单向透像的特性,运用在建筑外墙门窗和玻璃幕墙上,在白天室外看不到室内情况,而在室内却可以清晰地看到室外的情景,对建筑物内部起到遮蔽和帷幕的作用;热反射玻璃具有镜面效应,用热反射玻璃作幕墙,可将周围的景象及天空的云彩影射在幕墙上,构成一幅绚丽的图画。另外,热反射玻璃还具有化学稳定性高、耐刷洗性好、装饰性好等特点。

热反射玻璃特别适合用于炎热地区。热反射玻璃在建筑工程中,主要用于玻璃幕墙、内外门窗及室内装饰等。用于门窗工程时,常加工成中空玻璃或夹层热反射玻璃,以进一步提高节能效果。

(3)中空玻璃

中空玻璃是由两片或多片平板玻璃构成,中间用边框隔开,充入干燥的空气或其他惰性气体,四周边部用胶接、焊接或熔接的办法密封。制作中空玻璃的玻璃原片大部分是选用普通平板玻璃,也可选用钢化玻璃、吸热玻璃、镀膜反射玻璃以及压花玻璃、彩色玻璃等。

中空玻璃中玻璃与玻璃之间留有一定的空气层,其一般的厚度在 6 ~ 12 mm 之间。正是由于空气层的存在,使玻璃具有了较高的保温、隔热、隔声、防结露等功能,节能效果显著。采用双层中空玻璃,冬季采暖的能耗可降低 30% ~ 50%。

中空玻璃主要用于需要采光,但又要求保温隔热、隔声、无结露的门窗、幕墙、采光顶棚等,还可用于花棚温室、冰柜门、细菌培养箱、防辐射透视窗及车船的挡风玻璃等。

4. 磨砂玻璃

磨砂玻璃又称毛玻璃、暗玻璃,是指经研磨、喷砂或氢氟酸溶蚀等加工,使其表面(单面或双面)均匀粗糙的平板玻璃。用硅砂、金刚砂、石榴石粉等做研磨材料,加水研磨制成的,称为磨砂玻璃;用压缩空气将细砂喷射到玻璃表面而制成的,称喷砂玻璃;用酸溶蚀的称为酸蚀玻璃。

由于毛玻璃表面粗糙,使透过的光线产生漫射,造成透光而不透视,使室内光线柔和,配合适当的灯光设计,能产生特别的装饰艺术效果。一般用于建筑物的浴室、卫生间、办公室等的门窗及隔断,也可用作黑板及灯罩等。

5. 压花玻璃

压花玻璃又称花纹玻璃或滚花玻璃,是用带花纹图案的滚筒压制处于可塑状态的玻璃料坯而制成的,可一面压花,也可双面压花。压花玻璃有一般压花玻璃、真空镀膜压花玻璃、彩色膜压花玻璃等。压花玻璃同磨砂玻璃一样具有透光不透视的特点,但装饰效果较好,一般用于宾馆、饭店、酒吧、游泳池、浴池、卫生间及办公室、会议室的门窗和隔断等。

6. 彩色玻璃

彩色玻璃又称有色玻璃,分透明和不透明两种。透明的彩色玻璃是在玻璃原料中加入一定的金属氧化物,按平板玻璃的生产工艺加工而成。不透明的彩色玻璃是用 4 ~ 6 mm 厚的平板玻璃按照要求的尺寸切割成型,然后经清洗、喷釉、烘烤、退火而成。彩色玻璃的颜色十分丰富,并可拼成各种图案,还有抗腐蚀、抗冲刷、易清洗等特点。主要用于建筑物的内外墙、门窗装饰及有特殊要求的采光部位。

7. 玻璃马赛克

玻璃马赛克是一种玻璃制品,又称玻璃锦砖,是以边长不超过 45 mm 的各种小规格彩色饰面玻璃预先粘贴在纸上而成的装饰材料。一般尺寸为 20 mm × 20 mm、30 mm × 30 mm 和 40 mm × 40 mm,厚为 4 ~ 6 mm,有透明、半透明、不透明的,还有金色、银色斑点或条纹的,其一面光滑,另一面带槽纹,便于与砂浆粘贴。

玻璃马赛克具有如下特点:色彩绚丽多彩、典雅美观;价格较低,玻璃马赛克饰面造价为釉面砖的 1/3 ~ 1/2,为天然大理石、花岗岩的 1/7 ~ 1/6;质地坚硬、性能稳定;具有耐热、耐寒、耐气候、耐酸碱等性能;吃灰深,黏结较好,因而安装铺贴后不易脱落,耐久性较好;施工方便;不易沾污,天雨自涤,永不褪色。玻璃马赛克适用于各类建筑的外墙饰面及壁画装饰等。

8. 空心玻璃砖

空心玻璃砖是由两块玻璃加热熔结成整体的玻璃空心砖，中间充以干燥空气制成。空心玻璃砖按形状分有正方形、矩形和各种异形产品；按空腔的不同分为“单腔”和“双腔”两种。所谓“双腔”是在两个凹型砖坯之间再夹一层玻璃纤维网膜，从而形成两个空腔，“双腔”空心玻璃砖具有更高的热绝缘性能。

空心玻璃砖属于不燃烧体，能有效地阻止火势蔓延。空心玻璃砖的隔热性能良好，热导率为2.9～3.2 W/(m·K)。因此，玻璃砖砌筑的外墙具有很好的隔热作用，在节约能源的同时，获得了冬暖夏凉的效果。空心玻璃砖还具有优良的隔绝噪声的作用，隔声量为50 dB。

空心玻璃砖具有独特的透光性能。使用玻璃砖砌筑墙体，能够形成大面积的透光墙体，并且能隔绝视线通过，从外部观察不到内部的景物。

空心玻璃砖一般用来砌筑非承重的透光墙壁，建筑物的内外隔墙、淋浴隔断、门厅、通道等处，特别适用于体育馆、图书馆等用于控制透光、眩光和日光的场合。西餐厅、迪厅、咖啡厅、酒吧等空间环境要求光线较暗，同时重视室内光环境氛围的营造。所以，空心玻璃砖也常常配用在这些场所之中。

四、装饰涂料

涂料是一种可涂刷于基层表面，能很好地与基层黏结形成完整保护膜的材料。常用于建筑装饰工程中，主要起装饰和保护作用。装饰涂料以其色彩艳丽、品种繁多、施工方便、维修便捷、成本低廉等优点，在装饰材料市场中占有十分重要地位，成为新产品、新工艺、新技术最多的、发展最快的建筑装饰材料之一。

建筑涂料由以下成分组成：主要成膜物质（基料、胶黏剂和固化剂）、次要成膜物质（颜料及填料）、溶剂（稀释剂）和辅助材料（助剂）四部分。

（一）内墙涂料

内墙涂料要求具有以下特点：色彩丰富，耐碱、耐水性、耐洗刷性好，无毒、环保。据统计，人们平均每天至少80%的时间生活在室内环境中。因此，内墙涂料无毒、无污染，对人体的健康极为重要。内墙涂料中甲醛等有害物质含量应符合《室内装饰装修材料内墙涂料中有害物质限量》(GB 18582—2008)的规定。

1. 合成树脂乳液内墙涂料

合成树脂乳液内墙涂料，是以合成树脂乳液为成膜材料制成的内墙涂料。常用的品种有苯-丙乳胶漆、乙-丙乳胶漆、氯偏共聚乳液内墙涂料、聚醋酸乙烯乳胶内墙涂料等，广泛应用于室内墙面装饰，但不宜用于容易受潮的墙面，如厨房、卫生间、浴室等。

2. 水溶性内墙涂料

常用的有聚乙烯醇水玻璃内墙涂料和聚乙烯醇缩甲醛内墙涂料。聚乙烯醇水玻璃内墙涂料是以聚乙烯醇水溶液加水玻璃所组成的液体为基料，混合适当比例的填充料、颜料及表面活性剂，配制而成的水溶性内墙涂料。聚乙烯醇缩甲醛内墙涂料又称为803内墙涂料，它是以聚乙烯醇与甲醛不完全缩合反应而生成的聚乙烯醇半缩甲醛水溶液为胶结材料，加入适当的颜料、填料及相应的助剂，经混合、搅拌、研磨、过滤等工序制成的一种涂料。

聚乙烯醇缩甲醛内墙涂料是聚乙烯醇水玻璃内墙涂料的改良产品，前者在耐水性、耐擦洗性等方面略优于后者。

3. 多彩内墙涂料

多彩内墙涂料，又称为多彩花纹涂料，是一种较常用的墙面、顶棚装饰材料。其配制原理是将带色的溶剂型树脂涂料慢慢地掺入甲基纤维素和水组成的溶液中，通过不断搅拌，使其分散成细小的溶剂型油漆涂料滴，形成不同颜色油滴的混合悬浊液，即为多彩内墙涂料。多彩内墙涂料按其介质的不同可分为水包油型、水包水型、油包油型和油包水型4种，多彩涂料的涂层由底层、中层、面层涂料复合而成。底层涂料主要起封闭潮气的作用，防止涂料由于墙面受潮而剥落，也保护涂料免受碱性的侵蚀，一般使用具有较强耐碱性的溶剂型封闭漆；中层涂料起到黏结面层和底层的作用，并能有效消除墙面色差，起到突出多彩面层涂料的鲜艳色彩、光泽和立体感的作用，通常应选用性能良好的合成树脂乳液内墙涂料；面层涂料即为多彩涂料，喷涂到墙面之后，可获得丰富亮丽的色彩。面层涂料要求施工气温在10 ℃上下，因为当气温过低时，面层涂料稠度将增加。

4. 仿瓷涂料

仿瓷涂料是以多种高分子化合物为基料，配以多种助剂、颜料和无机填料，经过加工而制成的一种具有良好光泽涂层的涂料。由于其涂层具有瓷器的优美光泽，装饰效果良好，故也称为仿瓷涂料或瓷釉涂料。

仿瓷涂料使用方便，可在常温下自然干燥，其涂膜具有耐磨、耐沸水、耐化学品、耐冲击、耐老化及硬度高的特点，涂层丰满、细腻、坚硬、光亮。仿瓷涂料应用面广泛。可在水泥面、金属面、塑料面、木料等固体表面进行刷涂与喷涂，广泛使用在公共建筑内墙、住宅的内墙、厨房、卫生间、浴室等处。

5. 天然真石漆

天然真石漆是以天然石材为原料，经特殊工艺加工而成的高级水溶性涂料。它具有阻燃、防水、环保等优点，并且模拟天然岩石的效果逼真、施工简单、价格适中。天然真石漆的装饰性能优秀，装饰效果典雅、高贵、立体感强。

（二）外墙涂料

外墙涂料主要用于装饰和保护建筑物的外墙面，使建筑物美观整洁，从而达到美化城市环境的效果。外墙涂料还具有保护建筑物、延长建筑物使用寿命的作用。外墙涂料要求耐水性、耐候性和抗老化性好。外墙的清洁工作是具有高难度的，特别是高层建筑的外墙清洁工作，因此外墙涂料的耐污染性和易清洁性是很重要的。外墙涂料的施工及维修工作，很多都是高空作业，具有较大的施工难度和风险性，因此要求施工及维修要方便。

1. 过氯乙烯外墙涂料

过氯乙烯外墙涂料是以过氯乙烯树脂（氯含量61% ~65%）为主，掺用少量的其他树脂，共同组成主要成膜物质，再添加一定量的增塑剂、填料、颜料和稳定剂等物质，经混炼、塑化、切片、溶解、过滤等工艺制成的一种溶剂性的外墙涂料。过氯乙烯外墙涂料是合成树脂用作外墙装饰最早的外墙涂料之一。

过氯乙烯外墙涂料的主要特点有：涂膜的表干很快，全干较慢，冬季晴天亦可全天施工；具有良好的耐候性、耐水性；色彩丰富、涂膜平滑；热分解温度低，一般应在低于60 ℃的环境下使用；具有良好的大气稳定性和化学稳定性；有效期长短适中，一般有效使用期为5 ~ 8年。

2. 丙烯酸酯外墙涂料

丙烯酸酯外墙涂料是以热塑性丙烯酸酯合成树脂为主要成膜物质,加入溶剂、颜料、填料、助剂等,经研磨制成的一种溶剂型涂料。丙烯酸酯系列外墙涂料是性能良好的建筑外墙装饰涂料,在我国得到广泛的应用。

丙烯酸酯外墙涂料的主要特点为:配色自由,可以按照设计要求配置各种颜色;施工方便,可采用刷涂、滚涂、喷涂等多种施工方法;低温施工性能良好,即使在零度以下施工也能保证成膜良好;对墙面有很好的渗透作用,附着力很强,不易脱落;耐候性好,在长期的日晒雨淋环境中,不易变色、粉化。

3. BSA 丙烯酸外墙涂料

BSA 丙烯酸外墙涂料是以丙烯酸酯类共聚物为基料,加入各种助剂及填料制成的水乳型外墙涂料。该涂料具有无味、不燃、干燥迅速、施工方便等优点,用于民用建筑、工业厂房等建筑物的外墙饰面,具有良好的装饰效果。

4. 聚氨酯丙烯酸外墙涂料

聚氨酯丙烯酸外墙涂料是由聚氨酯丙烯酸酯树脂为主要成膜物质,添加颜料、填料及助剂,经研磨配制而成的双组分溶剂型涂料,适用于建筑物混凝土或水泥砂浆外墙的装饰,装饰效果可保持 10 年以上。

5. 彩砂外墙涂料

彩砂涂料,外形粗糙如砂,是以丙烯酸共聚乳液为胶黏剂,以丙烯酯或其他合成树脂乳液为主要成膜物质,以彩色陶瓷颗粒或天然带色的石屑为骨料,添加多种填料、助剂制成的一种砂壁状外墙涂料。

彩砂涂料又称仿石型涂料、真石型涂料、石艺漆等,是外墙涂料中颇具特色的一种装饰涂料。彩砂涂料的品种有单色和复色两种。其中,单色有红色、铁红色、棕色、黄色、绿色、黑色、蓝色等多种系列。复色则由这些单色组成,按照需要进行配色。

6. 氯化橡胶外墙涂料

氯化橡胶外墙涂料是由天然橡胶或合成橡胶在一定条件下通入氯气,经聚合反应获得白色粉末状树脂,再将其溶解于煤焦油类溶剂,加入增塑剂、颜料、填料和助剂等配制而成的一种溶剂型外墙涂料。

氯化橡胶外墙涂料的主要特点有:干燥迅速,在 25 ℃以上的气温环境中 2 h 可表干,8 h 可刷第二道;对施工环境的温度要求不高,能在 $-20 \sim 50$ ℃的环境中施工;附着力好,对水泥混凝土和钢铁表面具有较好的附着力;耐水、耐碱、耐酸及耐候性好。

(三)地面涂料

地面涂料的主要功能是装饰与保护室内地面,使地面清洁美观。地面涂料应具有以下特点:良好的耐碱性、耐磨性、抗冲击性,良好的耐水性和耐擦洗性。

1. 过氯乙烯地面涂料

过氯乙烯地面涂料是以过氯乙烯树脂(氯含量 61% ~65%)为主要成膜物质,掺入少量树脂(如松香改性酚醛树脂)、填料、颜料、稳定剂、增塑剂等,经捏和、混炼、塑化切粒、溶解等工艺而制成的一种溶剂型地面涂料。它是我国将合成树脂用作建筑物室内水泥地面装饰的早期产品之一。

过氯乙烯地面涂料的主要特点有:耐老化和防水性能好,良好的耐磨性、耐水性、耐腐蚀

性,涂料干燥快,施工对温度要求不高,冬季低温时亦可施工。

2. 环氧地面涂料

环氧地面涂料是以环氧树脂为主要成膜物质的双组分常温固化型涂料。该涂料由甲、乙两组分组成。甲组分是以环氧树脂为主要成膜物质,加入填料、颜料、增塑剂、助剂等组成;乙组分是由以胺类为主的固化剂组成。

环氧地面涂料的特点有:涂层坚硬,与基层的黏结力强,耐久性、耐磨性好,有一定的韧性;具有良好的耐化学腐蚀、耐油,耐水等性能;可根据需要涂刷成各种图案,装饰性良好。

3. 聚氨酯地面涂料

聚氨酯弹性地面涂料是由双组分常温固化的聚氨酯材料组成,即聚氨酯预聚物部分(甲组分)和固化剂、颜料、填料、助剂(乙组分)按一定比例混合,研磨均匀制成。聚氨酯地面涂料有薄质罩面涂料与厚质弹性地面涂料两类。前者主要用于木质地板,后者用于水泥地面。因能在地面上形成无缝且具有弹性的耐磨涂层,因此又称为聚氨酯弹性地面涂料。

聚氨酯地面涂料是一种厚质涂料,具有优良的防腐性能和绝缘性能、耐磨性好、耐油、耐水、耐酸、耐碱。它还具有一定弹性,并可加入少量的发泡剂形成含有适量泡沫的涂层。

聚氨酯地面涂料黏结力强,能与地面形成一体,整体性好,步感舒适,色彩丰富。其缺陷在于施工复杂,更重要的是在其颜料中含有对人体有毒的物质,因此施工时必须注意通风、防火等保护措施。

五、纤维装饰织物

建筑装饰材料中,很多品种都含有一定量的纤维原料,本部分所指的纤维类装饰材料主要是壁纸、墙布和地毯。

(一)壁纸

1. 塑料壁纸

塑料壁纸是以纸为基层,以聚氯乙烯薄膜为面层,经过复合、印花、压花等工序制成的。由于塑料壁纸的原材料便宜,并具有耐腐蚀、难燃烧、可擦洗、装饰效果好等优点,因此成为世界各国壁纸的主要品种。

2. 麻草壁纸

麻草壁纸属于天然材料面壁纸,它是以纸为底层,以编织的麻草为面层,经复合加工而制成的。它具有阻燃、吸声、散潮、不变形等特点,并具有自然、古朴、粗犷的天然质感,能够满足人们渴望接近自然的心理要求和审美取向。麻草壁纸适用于酒吧、咖啡厅、舞厅以及饭店、宾馆的客房和商店的橱窗设施等有一定风格和品位的装饰工程。

3. 金属壁纸

金属壁纸是以纸为基材,再粘贴一层金属箔(如铝箔、铜箔、金箔等),经过压合、印花而成的。金属壁纸有光亮的金属光泽和良好的反光性,通过良好灯光设计的配合,常常给人以金碧辉煌、庄重大方、豪华气派的感觉。它具有无毒、无味、无静电、耐湿、耐晒、可擦洗、不褪色等优点,经常被用于高级宾馆、酒楼、饭店、咖啡厅、银行、舞厅等的墙面、柱面和顶棚。

4. 植绒壁纸

植绒壁纸是在原纸上用高压静电植绒方法制成的一种装饰材料,它以绒毛为面料,因而具有特殊的质感效果。植绒壁纸外观色泽柔和、尊贵高雅、手感舒爽,还具有阻燃、吸声等良好的特性,非常适用于宾馆客房、会议室、卧室等希望墙面质感柔和的场所。

（二）墙布

墙布是以天然纤维或人造纤维制成的布为基料，表面涂以树脂，并印刷上图案和色彩制成的，也可以用无纺成型法制成。它的色彩丰富绚丽、手感舒适、弹性良好，是一种室内常用的建筑装饰材料。

1. 玻璃纤维墙布

玻璃纤维墙布是以中碱玻璃纤维布为基料，表面涂以耐磨树脂，印上彩色图案而制成的。其特点是：色彩鲜艳、花色繁多、不褪色、不老化、防火、耐潮、可用肥皂水洗刷、施工简单、粘贴方便。玻璃纤维墙布适用于宾馆、饭店、展览馆、会议室、餐厅、住宅等内墙装饰。

2. 纯棉装饰墙布

纯棉装饰墙布是以纯棉布经预处理、印花、涂层制作而成的，其特点是：强度大、静电小、蠕变性小、无光、吸声、无毒、无味、对施工和用户无害等，属于健康型绿色产品，可用于宾馆、饭店、会议室、居室内墙面的装饰。纯棉装饰墙布适用于以砂浆墙面、混凝土墙面、白灰浆墙面、石膏、胶合板、纤维板和石棉水泥等板材为基层墙面的粘贴。

3. 无纺墙布

无纺墙布是采用棉、麻等天然纤维或涤纶、腈纶合成纤维，经过无纺成型、上树脂、印制彩色花纹而成的一种装饰材料。无纺墙布弹性好、不易折断、表面光洁而又有羊绒质感、色彩鲜艳、图案雅致、不褪色、耐磨、耐晒、耐湿、强度高、具有吸声性和一定的透气性、可擦洗。适用于各种建筑物的室内墙面装饰，尤其是涤纶棉无纺贴墙布，除具有麻质无纺贴墙布的所有性能外，还具有质地细洁、光滑等特点，特别适用于高级宾馆、高级住宅等建筑物内墙面装饰。

（三）地毯

地毯是一种高级地面装饰材料，有着悠久的使用历史。地毯不仅具有隔热、保温、吸声、吸尘、弹性好、脚感舒适等优良品质，而且具有典雅高贵、纹理精致、品位高尚等装饰特性，所以一直为世界各国人民所喜爱。

地毯按供应方式的不同可分为整幅整卷地毯、方块地毯、花式方块地毯、小块地毯等。

地毯按材质的不同，可分为纯毛地毯、混纺地毯、合成纤维地毯、塑料地毯、橡胶地毯、植物纤维地毯等。地毯按编制工艺不同可分为手工编织地毯、簇绒地毯、无纺地毯等。

1. 纯毛地毯

纯毛地毯是以粗绵羊毛为主要原料制成的一种地毯。由于羊毛不易变形、不易磨损、不易燃烧、不易污染，而且弹性好、隔热性能优良，因此，纯毛地毯的主要特点是弹性大、拉力强、光泽足，为高档铺地装饰材料。

2. 化纤地毯

化纤地毯也叫合成纤维地毯，是以各种化学纤维为主要原料，经过机织法或簇绒法等加工成面层织物后，再与麻布背衬材料复合处理而成的一种地毯。其用于制作地毯的化学纤维主要有尼龙、腈纶、丙纶及涤纶等数种。

虽然羊毛堪称纤维之王，但它价格高，资源有限，而且易受虫蛀、霉变。化学纤维有易燃、老化等缺点，但经处理后可以得到与羊毛接近的耐燃、防污、耐老化能力，加上其价格远低于羊毛，资源丰富，因此化纤地毯已成为常用的地毯类型。化纤地毯不霉、不蛀、质轻、耐磨性好、富有弹性、脚感舒适、步履轻便、吸湿性小、易于清洗、铺设简便且价格较低等，适用

于宾馆、饭店、招待所、接待室、餐厅、住宅居室、活动室及船舶、车辆、飞机等地面装饰铺设。

3. 混纺地毯

混纺地毯是指将羊毛与合成纤维混纺后再织造的地毯，其性能介于纯毛地毯和化纤地毯之间。由于合成纤维的品种多，且性能也各不相同。当混纺地毯中所用纤维品种或掺量不同时，混纺地毯的性能也不尽相同，如在羊毛中掺加15%的尼龙纤维，织成的地毯比纯毛地毯更耐磨损；在羊毛纤维中加入20%的尼龙纤维，可使地毯的耐磨性提高5倍，装饰性能不亚于纯毛地毯，且价格下降。

4. 塑料地毯

塑料地毯是以聚氯乙烯树脂为基料，加入填料、增塑剂等多种辅助材料和添加剂，然后经混炼、塑化，并在地毯模具中成型而制成的一种新兴地毯。这种地毯具有质地柔软、色泽美观、脚感舒适、经久耐用、易于清洗及重量轻等特点。塑料地毯一般是方块地毯，常见规格有500 mm×500 mm、400 mm×600 mm、1 000 mm×1 000 mm等多种。其用于一般公共建筑和住宅地面的铺装材料，如宾馆、商场、舞台等公用建筑及高级浴室等。

5. 橡胶地毯

橡胶地毯是以天然橡胶为原料，用地毯模具在蒸压条件下模压而成的，所形成的橡胶绒长度一般为5～6 mm。橡胶地毯的供货形式一般是方块地毯，常见产品规格有500 mm×500 mm、1 000 mm×1 000 mm。橡胶地毯除具有其他材质地毯的一般特性，如色彩丰富、图案美观、脚感舒适、耐磨性好等之外，还具有隔潮、防霉、防滑、耐蚀、防蛀、绝缘及清扫方便等优点，适用于各种经常淋水或需要经常擦洗的场合，如浴室、走廊、卫生间等。

6. 剑麻地毯

剑麻地毯是植物纤维地毯的代表，它采用剑麻纤维（西沙尔麻）为原料，经过纱纺、编织、涂胶和硫化等工序制成。产品分素色和染色两类，有斜纹、鱼骨纹、帆布平纹、半巴拿马纹和多米诺纹等多种花色品种，幅宽4 m以下，卷长50 m以下，可按需要裁切。剑麻地毯具有耐酸碱、耐磨、尺寸稳定、无静电现象等特点，较羊毛地毯经济实用，但弹性较其他类型的地毯差，可用于楼、堂、馆、所等公共建筑地面及家庭地面。

六、金属装饰材料

金属材料是指一种或两种以上的金属元素或金属与某些非金属元素组成的合金材料的总称。金属材料以其优良的物理力学性能、特殊的装饰作用和质感，广泛应用于建筑装饰工程中。建筑物上装饰主要用钢板和铝合金板材及其制品。

钢板或铝板材在装饰工程中的应用主要有以下两个方面：

1. 装饰用钢板和铝板

装饰用钢板和铝板主要用于内外墙面、幕墙、隔墙、屋面等部位。不锈钢板、铝板进行技术和艺术加工后，使其成为各种色彩绚丽的装饰板，常用作建筑物的墙板、顶棚、电梯厢板、外墙饰面等。

2. 轻型金属龙骨

轻型金属龙骨是以镀锌钢板、薄钢板或铝板由特制轧机以多道工序轧制而成的。它具有强度大、适用性强、耐火性好、安装简便等优点，可装配多种类型的石膏板、钙塑板、吸声板等，用作墙体和吊顶的龙骨支架，美观大方，对室内装饰造型、隔声现代化能起到良好的效果。

七、建筑塑料

塑料是以合成树脂为主要成分,加入各种填充料和添加剂,在一定的温度、压力条件下塑制而成的材料。一般习惯将用于建筑工程中的塑料及制品称为建筑塑料。

塑料在建筑工程中应用广泛,塑料可用作装修装饰材料制成塑料门窗、塑料装饰板、塑料地板等;可制成塑料管道、卫生设备以及隔热、隔声材料,如聚苯乙烯泡沫塑料等;也可制成涂料,如过氯乙烯溶液涂料、增强涂料等;还可作为防水材料,如塑料防潮膜、嵌缝材料和止水带等;还可制成胶黏剂、绝缘材料用于建筑中。目前,塑料已成为继混凝土、钢材、木材之后的第四种主要建筑材料,有着非常广阔的发展前景。

(一)建筑塑料的主要特性

建筑塑料与传统建筑材料相比,具有以下一些优良的特性。

1. 优良的加工性能

塑料可采用比较简单的方法制成各种形状的产品,如薄板、薄膜、管材、异形材料等,并可采用机械化的大规模生产。

2. 比强度高

塑料的密度大都为 0.8 ~ 2.2 g/cm^3,是钢材的 1/5、混凝土的 1/3,与木材相近。塑料的强度较高,比强度(强度与表观密度的比值)接近或超过钢材,为混凝土的 5 ~ 15 倍,是一种优良的轻质高强材料。

3. 隔热性和吸声、隔声性好

塑料制品的热导率小,其导热能力为金属的 1/600 ~ 1/500,混凝土的 1/40,砖的 1/20,泡沫塑料的热导率与空气相当,是理想的隔热材料。塑料变成多孔材料后,可减小振动,降低噪声,是良好的吸声材料。

4. 装饰性好

塑料制品不仅可以着色,而且色泽鲜艳持久,图案清晰,可通过照相制版印刷,模仿天然材料的纹理达到以假乱真的效果,还可通过电镀、热压、烫金制成各种图案和花型,使其表面具有立体感和金属的质感。

5. 耐水性和耐水蒸气性强

塑料属憎水性材料,一般吸水率和透气性很低,可用于防水、防潮工程。

6. 耐化学腐蚀性和电绝缘性好

7. 经济性好

塑料制品是消耗能源低、使用价值高的材料。生产塑料的能耗低于传统材料,其范围为 63 ~ 188 kJ/m^3,而钢材为 316 kJ/m^3,铝材为 617 kJ/m^3。塑料制品在安装使用过程中,施工和维修保养费用低,有些塑料产品还具有节能效果,如塑料窗保温隔热性好,可节省空调费用;塑料管内壁光滑,输水能力比铁管高 30%,节省能源十分可观。因此,广泛使用塑料及其制品有明显的经济效益和社会效益。

塑料制品对酸、碱、盐等有较好的耐腐蚀性,特别适合作化工厂的门窗、地面、墙壁等。塑料一般是电的不良导体,电绝缘性可与陶瓷、橡胶媲美。

建筑塑料作为建筑材料使用也存在一些缺点,有待进一步改进。塑料的主要缺点有以下几点。

(1)耐热性差,易燃烧,且燃烧时放出对人体有害的气体。

(2)刚度小,易变形。

(3)在日光、大气、热等外界因素作用下,塑料容易产生老化,性能发生变化。

(二)建筑塑料的组成

1. 合成树脂

合成树脂为塑料的主要成分,在塑料中的含量为30%～60%。合成树脂在塑料中起胶黏剂的作用,能将其他材料牢固地胶结在一起。塑料的主要性能和成本决定于所采用的合成树脂。

2. 填充料

填充料又称填充剂,是塑料中不可缺少的原料,在塑料中的含量为40%～70%。填充料的主要作用是调节塑料的物理化学性能,同时节约树脂,降低塑料的成本。如加入玻璃纤维填充料可提高塑料的机械强度;加入石棉填充料可增加塑料的耐热性;加入云母填充料可增加塑料的电绝缘性等。常用的填充料有木粉、纸屑、废棉、废布、滑石粉、石墨粉、石灰石粉、云母、石棉和玻璃纤维等。

3. 添加剂

添加剂是为了改善塑料的某些性能,以适应塑料使用或加工时的特殊要求而加入的辅助材料,常用的添加剂有增塑剂、固化剂、着色剂、稳定剂等。

(1)增塑剂

增塑剂主要作用是提高塑料加工时的可塑性,使其在较低的温度和压力下成型,改善塑料的强度、韧性、柔顺性等机械性能。对增塑剂的要求是不易挥发,与合成树脂的相溶性好,稳定性好,其性能的变化不得影响塑料的性质。常用的增塑剂有邻苯二甲酸二丁酯、邻苯二甲酸二辛酯、磷酸三甲酚酯、樟脑等。

(2)固化剂

固化剂是调节塑料固化速度,使树脂硬化的物质。通过选择固化剂的种类掺量,得所需要的固化速度和效果。常用的固化剂有胺类、酸酐、过氧化物等。

(3)着色剂

加入着色剂的目的是将塑料染制成所需要的颜色。着色剂除满足色彩要求外,还应具有分散性好、附着力强、不与塑料成分发生化学反应、不褪色等特性。

(4)稳定剂

稳定剂的作用是使塑料长期保持工程性质,防止塑料的老化,延长塑料制品的使用寿命。常用的稳定剂有抗老化剂、热稳定剂等,如硬脂酸盐、铅化物及环氧树脂等。此外,为使塑料获得某种性能还可加入其他添加剂,如阻燃剂、润滑剂、发泡剂、抗静电剂等。

(三)常用建筑塑料的种类

塑料按照受热时行为的不同,分为热塑性塑料和热固性塑料。热塑性塑料经加热成型,冷却硬化后,再经加热还具有可塑性;热固性塑料经初次加热成型并冷却固化后,再经加热也不会软化和产生塑性。常用的热塑性塑料有聚氯乙烯塑料(PVC)、聚乙烯塑料(PE)、聚丙烯塑料(PP)、聚苯乙烯塑料(PS)、改性聚苯乙烯塑料(ABS)、有机玻璃(PMMA)等;常用的热固性塑料有酚醛树脂塑料(PF)、不饱和聚酯树脂塑料(UP)、环氧树脂塑料(EP)、有机硅树脂塑料(SI)、玻璃纤维增强塑料(GRP)等。

常用建筑塑料的特性与用途如表10-1所示。

表10-1　常用建筑塑料的特性与用途

名称	特性	用途
聚氯乙烯(PVC)	耐化学腐蚀性和电绝缘行优良,力学性能较好,难燃,但耐热性差	有硬质、较轻质、轻质发泡制品,可制作管道、门窗、装饰板、壁纸、防水材料、保温材料等,是建筑工程中应用最广泛的一种塑料
聚乙烯(PE)	柔韧性好,耐化学腐蚀性好,成型工艺好,但刚性差,易燃烧	主要用于防水材料、给排水管道、绝缘材料等
聚丙烯(PP)	耐化学腐蚀性好,力学性能和刚性超过聚乙烯,但收缩率大,低温脆性大	管道、容器、卫生洁具、耐腐蚀衬板等
聚苯乙烯(PS)	透明度高,机械强度高,电绝缘性好,但脆性大,耐冲击性和耐热性差	主要用来制作泡沫隔热材料,也可用来制造灯具平顶板等
改性聚苯乙烯(ABS)	具有韧、硬、刚相均衡的力学性能,电绝缘性和耐化学腐蚀性好,尺寸稳定,但耐热性、耐候性较差	主要用于生产建筑五金和各种管材、模板、异形板等
有机玻璃(PMMA)	有较好的弹性、韧性、耐老化性,耐低温性好,透明度高,易燃	主要用作采光材料,可代替玻璃但性能优于玻璃
酚醛树脂(PF)	绝缘性和力学性能良好,耐水性、耐酸性好,坚固耐用,尺寸稳定,不易变形	生产各种层压板、玻璃钢制品、涂料和胶黏剂
不饱和聚酯树脂(UP)	可在低温下固化成型,耐化学腐蚀性和电绝缘性好,但固化收缩率较大	主要用于生产玻璃钢、涂料和聚酯装饰等
环氧树脂(EP)	黏结性和力学性能优良,电绝缘性好,固化收缩率低,可在室温下固化成型	主要用于生产玻璃钢、涂料和胶黏剂等产品
有机硅树脂(SD)	耐高温、低温,耐腐蚀,稳定性好,绝缘性好	用于高级绝缘材料或防水材料
玻璃纤维增强塑料(GRP)	强度特别高,质轻,成型工艺简单,除刚度不如钢材外,各种性能均很好	在建筑工程中应用广泛,可用作屋面材料、墙体材料、排水管、卫生器具等

八、隔热材料

在建筑工程中,习惯上把用于控制室内热量外流的材料称为保温材料;把防止室外热量进入室内的材料称为隔热材料。保温材料和隔热材料的本质是一样的,它们统称为隔热材料。

当前世界正面临着能源危机,能源危机在许多地区已成为制约经济发展的主要因素。作为建筑物来说,节约能源的有效手段就是加强建筑物的保温,防止热量散失。为了使建筑物内有较稳定的温度,为人们创造舒适的环境,凡建筑物与外界接触的部位都应做保温处理。在屋面施工中应设保温层、隔热层,外墙施工必须保证墙体的保温能力,这些都离不开隔热材料。因此,隔热材料在建筑工程中具有十分重要的地位。

(一)隔热材料的基本要求

建筑工程中对隔热材料的基本要求是:热导率不宜大于0.23 W/(m·K),表观密度不

大于 600 kg/m^3，抗压强度不小于 0.3 MPa。

隔热材料按照隔热原理可以分为反射性隔热材料和和空隙性隔热材料。具有反射性的材料，如铝箔等，由于大量热辐射在表面被反射掉，使通过材料的热量大大减少，从而达到了隔热目的。材料反射率越大，隔热性越好。大多数隔热材料中有大量空隙，空隙中有大量封闭的气体，利用空气导热性差的原理来实现隔热。由于大多数隔热材料的空隙率较大，抗压强度都很低，常把隔热材料和承重材料复合使用。另外，空隙率较大的隔热材料，吸水性、吸湿性较强，而隔热材料吸收水分后会严重降低隔热效果，故隔热材料在使用时应注意防潮防水，需在表层加防水层或隔汽层。

（二）工程中常用隔热材料

1. 膨胀珍珠岩及其制品

膨胀珍珠岩是以天然珍珠岩颗粒为原料，经高温加热后膨胀而成的多孔轻质颗粒。膨胀珍珠岩的堆积密度为 40 ~ 300 kg/m^3，其颗粒结构为蜂窝煤状，它保温性好，化学稳定性好，不燃烧，耐腐蚀，是良好的保温、吸声与防火材料。膨胀珍珠岩除可作为填充材料外，还可以与水泥、水玻璃、沥青等结合制成膨胀珍珠岩隔热制品，广泛用于屋面、墙体、管道及设备的保温工程中。

2. 膨胀蛭石及其制品

天然蛭石是含水的矿物，经过晾晒、破碎、煅烧可产生 5 ~ 10 倍的膨胀，从而形成蜂窝状的内部结构，膨胀蛭石的堆积密度为 80 ~ 200 kg/m^3，保温性、耐火性好，耐碱但不耐酸，电绝缘性差，吸水性较强。在屋面保温工程中常常用散粒状膨胀蛭石，在墙体、楼板和地面保温工程中常采用水泥或水玻璃黏结的各种膨胀蛭石制品，还可以制成膨胀蛭石轻骨料混凝土墙板等轻质构件应用于建筑工程中。

3. 矿物棉及其制品

矿物棉是以无机矿物（矿渣、岩石、砂等）和辅助材料为主要原料，经高温熔融成为液体，再经高速离心或喷吹等工艺制成的棉丝状无机纤维。其中以工业废料矿渣为主要原料生产的矿物棉称为矿渣棉（简称矿棉），以玄武岩、辉绿岩等天然岩石为主要原料生产的矿物棉称为岩棉。矿物棉的表观密度通常为 50 ~ 200 kg/m^3，制品的表观密度为 80 kg/m^3 左右。其表观密度越小，保温性越好，而表观密度越大，则强度越高。建筑工程中常根据保温性和强度的综合要求来选择不同密度等级的矿物棉及制品。

矿物棉质量轻、耐高温、防蛀、耐腐蚀性好，具有良好的保温、吸声、防火性能。矿物棉可制作各种板材、毡、管、壳等制品如装饰吸声板、防火保温板、防水卷材、管道保温毡、屋面保温层、隔声防火门等，广泛应用于建筑物墙体和屋面的保温隔热与设备、管道的保温隔热等。

4. 玻璃棉

玻璃棉是玻璃纤维的特例，它是利用玻璃液吹制或甩制成的絮状短粗纤维相互缠绕、交叉，形成整体状态下的均匀微细多孔材料。其纤维直径约为 0.02 mm，表观密度为 10 ~ 120 kg/m^3，是一种质量很轻的保温、隔声和吸声材料。玻璃棉主要应用于要求保温、隔声和吸声效果较高的天棚、墙体等，也可用于管道隔热和低温保冷工程。

5. 泡沫塑料

泡沫塑料是以各种有机树脂为主要原料生产的超轻质高强保温材料，建筑工程中较常用的有聚苯乙烯、聚氯乙烯、聚乙烯、脲醛、聚酯、环氧树脂等泡沫塑料。泡沫塑料保温材料的特点是质量轻（表观密度多为 20 ~ 50 kg/m^3）、隔热性好、耐低温性好、吸水率小、可加工性好。但泡沫塑料的强度较低，使用温度也不能过高，一般在 70 ~ 120 ℃以下。泡沫塑料在建筑工程中主要用于墙体保温、保温管材或板材的夹心层、水泥泡沫塑料复合板材或保温砖等。

6. 加气混凝土

加气混凝土是以钙质材料（水泥、石灰等）、硅质材料（砂、粉煤灰、粒化高炉矿渣等）、发气剂（铝粉）以及其他辅助材料生产的多孔材料。加气混凝土表观密度一般为 300 ~ 1 000 kg/m^3，保温性好，适合于大多数情况下的保温工程；施工加工方便，可锯、可钉、可刨。此外，加气混凝土的原材料来源广泛，成本低，因此在建筑物墙体和屋面工程中广泛应用。

建筑工程中生产的加气混凝土产品有各种砌块、墙板、屋面板等，主要用于砌筑有保温性要求的墙体和墙体保温填充或粘贴，也可用作屋面保温板或屋面保温块、管道或设备保温等。

7. 隔热涂料

隔热涂料常用的有反射隔热涂料和辐射隔热涂料。反射隔热涂料是通过选择合适的树脂、金属或金属氧化物颜料及生产工艺，制得高反射率涂层，反射太阳光来达到隔热目的。辐射隔热涂料是通过辐射的形式把建筑吸收的日照光线和热量以一定的波长反射到空气中，从而达到良好的隔热效果。

九、吸声、隔声材料

目前，我国城市噪声污染日趋严重，噪声污染与空气污染、水污染一起被列为 21 世纪环境污染控制的主要内容。通常当建筑物室内的声音大于 50 dB，建筑师就应该考虑采取措施；声音大于 120 dB，将危害人体健康。因此，采用隔声材料降低建筑物内的噪声至关重要。目前，人们已经普遍关注住宅、工厂、影剧院等的声学问题，在建筑物内合理控制声音可以给人们提供一个安全、舒适的工作、生活、娱乐环境。

（一）吸声材料

1. 材料的吸声性

当声波传播到材料表面时，一部分被反射，另一部分穿透材料，其余的部分则传递给材料，在材料的孔隙中引起空气分子与孔壁的摩擦和黏滞阻力，使相当一部分的声能转化为热能而被材料吸收掉。当声波遇到材料表面时，被材料吸收的声能 E（包括透过材料的那部分声能）与全部入射声能 E_0 之比，称为材料的吸声系数 α，用公式表示如下：

$$\alpha = \frac{E}{E_0} \tag{10-1}$$

对于一般材料，吸声系数为 0.1。材料的吸声系数越大，吸声效果越好。材料的吸声性能除与声波的入射方向有关外，还与声波的频率有关。同一种材料，对于不同频率的吸声系数不同，通常取 125 Hz、250 Hz、500 Hz、1 000 Hz、2 000 Hz、4 000 Hz 等 6 个频率的吸声系数来表示材料吸声的频率特征。凡 6 个频率的平均吸声系数大于 0.2 的材料，称为吸声材料。

吸声材料大多为轻质、疏松、多孔材料，如玻璃棉、矿物棉、石膏板、纤维板、泡沫塑料等。在音乐厅、影剧院、播音室等内部的墙面、地面、顶棚等部位，应适当采用吸声材料，以改善声波在室内的传播质量，保证良好的音响效果。

2. 工程中常用吸声材料

吸声材料的类型有多孔吸声材料、柔性吸声材料、帘幕吸声体、悬挂空间吸声体、薄板振动吸声结构、穿孔板组合共振吸声结构、空腔共振吸声结构等。建筑工程中常周的吸声材料及吸声系数如表 10-2 所示。

表 10-2　工程中常用吸声材料及吸声系数

分类及材料名称		厚度(cm)	各种频率(Hz)下的吸声系数						使用注意事项
			125	250	500	1 000	2 000	4 000	
无机材料	吸声砖	6.5	0.05	0.07	0.10	0.12	0.16	—	
	石膏板(有花纹)	—	0.03	0.05	0.06	0.09	0.04	0.06	贴实
	水泥蛭石板	4.0	—	0.14	0.46	0.78	0.50	0.60	贴实
	石膏砂浆(掺水泥、玻璃纤维)	2.2	0.24	0.12	0.09	0.30	0.32	0.83	墙面粉刷
	水泥膨胀珍珠岩板	5.0	0.16	0.46	0.64	0.48	0.56	0.56	
	水泥砂浆	1.7	0.21	0.16	0.25	0.40	0.42	0.48	
	砖(清水墙面)		0.02	0.03	0.04	0.04	0.05	0.05	
有机材料	软木板	2.5	0.05	0.11	0.25	0.63	0.70	0.70	贴实
	木丝板	3	0.10	0.36	0.62	0.53	0.71	0.90	钉在木龙骨上，后留 10 mm 或 5 mm 空气层两种
	三夹板	0.3	0.21	0.73	0.21	0.19	0.08	0.12	
	穿孔五夹板	0.5	0.01	0.25	0.55	0.30	0.16	0.19	
	木花板	0.8	0.03	0.02	0.03	0.44	0.04	—	
	木质纤维板	1.1	0.06	0.15	0.28	0.68	0.33	0.31	
多孔材料	泡沫玻璃	4.4	0.11	0.32	0.52	0.48	0.52	0.33	贴实
	脲醛泡沫塑料	5.0	0.22	0.29	0.40	0.86	0.95	0.94	贴实
	泡沫水泥(外粉刷)	2.0	0.18	0.05	0.22	0.41	0.22	0.32	紧靠基层粉刷
	吸声蜂窝板	—	0.27	0.12	0.42	0.86	0.48	0.30	紧贴墙
	泡沫塑料	1.0	0.03	0.06	0.12	0.41	0.85	0.67	
纤维材料	矿棉板	3.13	0.10	0.21	0.60	0.95	0.85	0.72	贴实
	玻璃板	5.0	0.06	0.08	0.18	0.44	0.72	0.82	贴实
	酚醛玻璃纤维板	8.0	0.25	0.55	0.80	0.92	0.98	0.95	贴实
	工业毛毡	3.0	0.10	0.28	0.55	0.60	0.60	0.56	紧靠墙面

(二)隔声材料

建筑上将能减弱或隔绝声波传播的材料称为隔声材料。隔声可分为隔绝空气声(通过空气传播的声音)和隔绝固体声(通过固体的撞击或振动传播的声音)两种。隔声材料主要用于建筑物的外墙、门窗、地板、隔墙、隔断等。

隔绝空气声，主要服从声学中的“质量定律”，即材料的表观密度越大，质量越大，隔声

性能越好。因此，应选用密度大的材料作为隔声材料，如混凝土、实心砖、钢板等。如采用轻质材料或薄壁材料，需辅以多孔吸声材料或采用夹层结构，如夹层玻璃就是一种很好的隔声材料。

隔绝固体声最有效的措施是采用不连续的结构处理，即在墙壁和承重梁之间、房屋的框架和墙壁及楼板之间加入具有一定弹性的衬垫材料，如软木、橡胶、毛毡、地毯或设置空气隔离层等，以阻止或减弱固体声波的继续传播。

固体声的隔绝主要是吸收，这和吸声材料的原理是一致的。而空气声的隔绝主要是反射，隔声原理与材料的吸声原理不同。隔空气声材料的表面比较坚硬密实，对于入射其上的声波具有较强的反射，使投射的声波大大减少，从而起到隔声作用。而吸声材料的表面一般是多孔松软的，对入射其上的声波具有较强的吸收和投射，使反射的声波大大减少。这是吸声材料和隔声材料的主要区别，因此，吸声效果好的多孔材料隔声效果不一定好。

项目二　装饰材料的选用

对与装饰材料的选用应充分考虑材料在功能、色彩效果、安全性、经济性等方面对人的影响。

一、满足使用功能的原则

在选用装饰材料时，首先应满足与环境相适应的使用功能，对外墙应选用耐候性好、不易褪色、耐污性好的材料；地面应选用耐磨性好的材料；而厨房、卫生间应选用耐污性、防水性好的材料。

二、满足装饰效果的原则

装饰材料的色彩、光泽、质感和花纹图案等性质都影响装饰效果，在选用时应最大限度地发挥各种装饰材料的装饰效果。例如，装饰材料的色彩对装饰效果的影响就非常明显。在选用材料时应当根据设计风格和使用功能合理选择色彩。如儿童房应选用活泼的色彩，以适应儿童天真活泼和充满想象力的特点。

三、安全性原则

在选用装饰材料时，要妥善处理好安全性的问题，应优先使用绿色环保材料，优先使用不燃或难燃的安全材料，优先使用无辐射、无有毒气体挥发的材料，优先使用施工和使用时都安全的材料，努力创造一个安全、健康的生活和工作环境。

四、经济性原则

装饰工程的造价往往在整个建筑工程总造价中占有很高的比例，一般为50%以上，而酒店等对装饰效果要求很高的工程，这个比例更是高达80%以上。因此，装饰材料的选择必须考虑其经济性。这就要求在不影响使用功能和装饰效果的前提下，尽量就地取材，避免材料的长途运输，尽量选择质优价廉的材料，选择工效高、安装简便的材料，选择耐久性高的材料。与此同时，不但要考虑装饰工程的一次性投资，也要考虑其维修费用和环保效应，以保证总体上的经济性。

五、考虑地区特点的原则

建筑物所处的地区与这座建筑物所选用的建筑装饰材料之间有极大的关系。首先，地区的气象条件，如温度、湿度变化等都影响建筑装饰材料的选择，如南方住宅常采用陶瓷地砖铺设，清洁、凉爽、美观，北方寒冷地区宜选用有一定保温隔热性的木地板较为合适；风力的大小影响到室外饰面材料的选择；地理位置所造成的太阳高度角的变化，影响到墙面材料的色彩选用和塑料饰品的老化等。其次，该地区的风俗习惯和建筑特点也对室内外装饰材料的选择产生影响。总之，对一个特定地区在装饰方面的习惯用材及气象特点应给以高度重视，在装饰设计和选用材料时要认真借鉴考虑。

复习题

1. 建筑装饰材料的选用原则是什么？
2. 天然大理石的主要特性有哪些？
3. 天然花岗岩适用于什么地方？
4. 常用的陶瓷装饰制品有哪些？
5. 钢化玻璃的特性有哪些？
6. 常用的节能型玻璃有哪些特点？
7. 装饰涂料由哪些成分组成？
8. 地毯按材质不同有哪些类型？
9. 介绍几种常见壁纸及其特色。
10. 钢材在装饰工程中主要用于哪些方面？
11. 铝合金的应用主要有哪三方面？
12. 建筑塑料的组成材料有哪些？
13. 建筑工程中常用的塑料有哪些？
14. 在建筑中使用隔热材料有什么重要意义？
15. 隔热材料有哪些类型？
16. 建筑工程中常用的隔热材料适用于什么地方？
17. 什么是吸声材料的吸声系数？
18. 隔绝空气声应选用什么类型的材料？

参考文献

[1] 葛勇. 土木工程材料学. 北京：中国建材工业出版社，2007.

[2] 杨胜，袁大伟，张福中，等. 建筑防水材料. 北京：中国建筑工业出版社，2007.

[3] 武桂芝，张守平，刘进宝. 建筑材料. 郑州：黄河水利出版社，2009.

[4] 华东水利学院. 水工设计手册(第4卷材料结构)：2版. 北京：中国水利水电出版社，2013.

[5] 湖南大学，天津大学，同济大学，等. 土木工程材料：2版. 北京：中国建筑工业出版社，2011.

[6] 白宪臣. 土木工程材料. 北京：中国建筑工业出版社，2011.

[7] 任胜义，赖伶. 土木工程材料. 北京：中国建材工业出版社，2015.

[8] 马建革，潘志新，马伟. 混凝土缺陷处理技术及应用. 郑州：黄河水利出版社，2009.

[9] 张明征. 高性能混凝土的配制与应用. 北京：中国计划出版社，2003.

[10] 何文敏. 高性能混凝土试验与检测. 北京：人民交通出版社，2012.

[11] 冷发光，何唯平. 特种混凝土与沥青混凝土新技术及工程应用. 北京：中国建材工业出版社，2012.

[12] 徐超，邢皓枫. 土工合成材料. 北京：机械工业出版社，2010.

[13] 王钊. 土工合成材料. 北京：机械工业出版社，2005.

[14] 郭学明. GRC幕墙与建筑装饰构件的设计、制作及安装. 北京：机械工业出版社，2016.

[15] 罗忆，黄圻，刘忠伟. 建筑幕墙设计与施工：2版. 北京：化学工业出版社，2012.